L'émergence par la science

*Pour une recherche scientifique citoyenne
au Congo-Kinshasa*

Emile BONGELI YEIKELO YA ATO

L'EMERGENCE PAR LA SCIENCE

Pour une recherche scientifique citoyenne au Congo-Kinshasa

L'Harmattan

© L'Harmattan, 2017
5-7, rue de l'École-Polytechnique ; 75005 Paris
http://www.editions-harmattan.fr
ISBN : 978-2-343-11524-5
EAN : 9782343115245

En mémoire du Professeur Benoît Verhaegen qui, avant, après et plus que l'Université,
m'a initié à la réflexion scientifique.

"Patrimoine de l'humanité et outil désormais incontournable pour le développement, la science se présente comme l'enjeu majeur du siècle à venir. Pour nos pays, sa maîtrise est non seulement une nécessité vitale, mais un impératif politique, économique et culturel, au-delà même de son propre discours, un moyen de participer, par un langage universel, au progrès de l'humanité. Encore faudra-t-il en saisir la logique et l'intérioriser culturellement".
(Mwabila Malela)

"La contre-recherche que je propose doit d'abord tenir compte du manque constant de capitaux dans le tiers-monde.[Dans une telle recherche], le chercheur doit mettre en doute ce qui apparaît comme évident aux yeux de tous, puis persuader ceux qui détiennent les pouvoirs de décision d'agir...
Il lui faut, enfin, survivre dans un monde qu'il cherche à changer de façon si profonde que ses concitoyens, ceux qui font partie de la minorité privilégiée, considéreront qu'il cherche à miner le sol sur lequel nous vivons
...
Pour lutter contre la tendance à un sous-développement accru et la vaincre, il faut apprendre à rire des solutions reconnues. Ce n'est pas là une tâche facile, mais ainsi, nous serons à même de changer des choix et des exigences qui rendent le sous-développement inévitable".
(Ivan Illich)

REMERCIEMENTS

Mes sincères remerciements à tous ceux qui, de près ou de loin, ont aidé à la réalisation de cet ouvrage. Singulièrement, je pense à :

Ma famille, avec sa gouvernante permanente, Mama Fatou Bongeli Katshelewa, épouse et mère attentionnée ;

Jean Kasongo Elonga, alias Kelon, mon inséparable jeune frère, ami, contradicteur et collaborateur ;

Professeur Léon Matangila, Doyen de la Faculté des Lettres et Directeur Général de L'Harmattan/RDC et la libraire Régine Ibololo Mamweta.

Mes collaborateurs scientifiques Coco Yumaine Mayanga et ses collègues de l'Université de Kinshasa ; Junior Kabuika et le groupe de mes assistants de l'Université Pédagogique Nationale de Kinshasa ; Marcel Mfumutete, William Kalala et les amis du Centre d'Études Politiques (CEP) de la Faculté des Sciences Sociales, Administratives et Politiques de l'Université de Kinshasa;

Mes respectés Collègues Membres du Conseil d'Administration ainsi que l'ensemble du personnel de la Régie des Voies Aériennes ;

Mes compagnons de jour comme de nuit, singulièrement la douce Maryline Kuminga Obonga, mes chauffeurs et gardes de corps, dont le très regretté et inoubliable Bellarmin Yuku Mapasa qu'une courte maladie a emporté dans l'au-delà, l'arrachant ainsi à notre affection ;

Tous ceux qui, de près ou de loin, ont contribué à me rendre apte à l'écriture.

Que tous se sentent remerciés.

Émile BONGELI Yeikelo ya Ato

Introduction

> « *Cherchez et vous trouverez... Celui qui cherche trouve...* » *(Matthieu 7 : 7-8).*
>
> « *Le mot ''recherche'' ne doit pas... intimider ; toute personne intéressée par un sujet peut l'approfondir et il n'est pas besoin pour cela d'avoir une licence et un doctorat.* » *(Susan George).*

« *Dis-moi ce que tu cherches, je te dirai qui tu seras* » constitue l'idée-force qui va guider cette étude sur la recherche scientifique en RDC. Amorcer une réflexion sur cette question me paraît opportun en ce moment où les Congolais semblent ne pas savoir comment se servir de leurs intelligences pour affronter les défis essentiels qui menacent leur existence.

Ici, on dépense sans compter d'énormes quantités d'énergie pour discuter de la Constitution, de la religion, des matches des ligues européennes de football... On passe énormément de temps à regarder les séries télévisées euro-américaines ou à suivre des chaînes de propagande occidentale...Mais rarement on se met ensemble pour débattre des questions qui touchent à la survie du pays, des communautés et des individus, soumis à des caprices de la nature et des autres pays et hommes mieux organisés dans un contexte de mondialisation incontournable. Ici, on semble tourner délibérément le dos à l'activité intellectuelle cognitive qui, seule, peut engager les humains à mener des actions collectives et individuelles réfléchies, susceptibles de rendre leur existence moins incertaine et plus aisée.

La recherche scientifique est une activité cérébrale propre à l'homme, qui permet de le distinguer des autres êtres vivants relevant du monde animal. Il s'agit de la quête des connaissances par l'homme en vue d'améliorer son agir et son être, de se doter des sagesses nécessaires, des visions idéales, des organisations appropriées et des instruments et outils utiles, dans le but de rendre la vie humaine moins dure sur cette terre naturellement et foncièrement inhospitalière et hostile. Pour échapper à l'animalité originelle, à la bestialité sauvage, l'espèce humaine est obligée de déployer ses facultés intellectuelles qui, grâce aux connaissances recherchées et trouvées, pourraient lui permettre de s'aménager un espace artificiel pour une existence relativement apaisée.

En effet, la misère humaine reste, de toute évidence, imputable au manque de connaissances. L'homme reste l'être vivant le plus fragile du règne animal. Pour sa survie, il lui faut recourir à des outils intermédiaires, alors qu'au contraire, les autres espèces animales portent en elles, naturellement sur le plan physique et instinctivement sur le plan mental, tout ce dont elles ont besoin pour vivre : se nourrir, se protéger contre les intempéries, se défendre contre diverses attaques, se reproduire, se soigner, etc. En d'autres termes, l'homme, par ses seuls organes, ne peut, à l'instar des autres animaux, résister aux assauts d'une nature qui lui reste horriblement terrifiante. Il doit recourir à des médiations instrumentales pour faire face aux intempéries, chercher de quoi se nourrir, se défendre face à de nombreux éléments qui menacent son instinct de survivre, de se nourrir, de se reproduire, de se soigner, de se défendre et de toujours mieux le faire, même en se servant intelligemment de ce qui lui paraît nuisible ou menaçant.

Cette extrême vulnérabilité naturelle de l'homme, la mythologie biblique juive, à laquelle se réfèrent nombre de Congolais de toutes catégories, l'attribue au *péché originel,* probablement commis par nos supposés premiers parents, Adam et Ève. Ces derniers, pour avoir désobéi à Dieu le Créateur en goûtant au *fruit interdit,* auraient été, avec toutes leurs descendances (nous tous, êtres humains), maudits par la Divinité. Ainsi, dira le Créateur à Adam : « *Tu as mangé le fruit que je t'avais défendu. Eh bien, par ta faute, le sol est maintenant maudit. Tu auras beaucoup de peine à en tirer ta nourriture pendant toute ta vie; il produira pour toi épines et chardons. Tu devras manger à la sueur de ton front, jusqu'à ce que tu retournes à la terre d'où tu as été tiré. Car tu es fait de poussière, et tu retourneras à la poussière »*[1].

Cette légende se fonde sur la vie pratique, car la nature se dresse bel et bien contre les humains. Au moindre signe de paresse ou de distraction de ces derniers, au moindre relâchement de l'effort intellectuel et/ou physique de leur part, la nature reprend instantanément ses droits, souvent dangereusement menaçants contre la survie de leur survie.

Mais en même temps, toujours selon la Bible, Dieu aurait assigné au même homme, contre qui il a dressé la terre, la mission de la peupler, de se l'asservir et de la *dominer*. Ainsi, en recommandant à l'homme de remplir la terre, le Créateur Suprême lui a adressé ces paroles: «*...Soyez les maîtres des poissons dans la mer, des oiseaux dans le ciel et de tous les animaux qui se meuvent sur la terre... Sur toute la surface de la terre, je vous donne les plantes produisant des graines et les arbres qui portent des fruits avec pépins et noyaux qui vous serviront de nourriture ».*[2]

Le paradoxe de l'homme physiquement impuissant contre une nature, délibérément créée puissante, hostile et violente par le Créateur Suprême, se trouve résolu par la dotation divine d'un cerveau prodigieux à cet être fragile, qui lui confère cependant une immense puissance de domination sur cette

---
[1] Genèse 3, 17-19, in *La Bible,* Alliance Biblique Universelle, 1995, pp. 7-8.
[2] *Idem,* pp. 5-6.

nature, à condition d'en faire bon usage. En effet, le cerveau humain, pour être productif, doit être préparé, notamment par l'éducation globale de l'homme, en ce compris la transmission des connaissances acquises ainsi que des modes de sagesse utiles pour une vie individuelle et sociale paisible et aisée.

Bien exploité, le cerveau humain, ce précieux don du Bon Dieu, se révèle toujours infiniment et incommensurablement productif. Cependant, un cerveau humain opérant isolément ne vaut pas la moindre peine. Par contre, quand des cerveaux humains s'interconnectent, quand les humains mettent en commun leurs savoirs respectifs, ils peuvent soulever des montagnes.

L'homme doit donc chercher à savoir pour agir avec efficacité, à savoir toujours plus pour toujours améliorer son agir social et, donc, aussi son bien-être sur cette terre qui, bien que maudite, peut rendre la vie belle. L'activité intellectuelle est donc liée à la vie humaine et, plus on la déploie, mieux on vit, plus on acquiert de la puissance pour braver tous les aléas de la vie. L'homme est donc un être essentiellement intellectuel, pensant, croyant, cherchant constamment à savoir, à savoir plus et mieux pour agir plus et mieux dans son intérêt et celui de sa communauté. Toutes ses actions, toutes ses pensées sont d'essence cérébrale. Même une activité supposée essentiellement physique s'exerce inévitablement sur un fond intellectuel, de réflexion ou d'irréflexion.

C'est ici que je situe l'origine du besoin de la recherche par l'homme des connaissances susceptibles de le rendre plus maître de son destin au sein d'un monde voulu terrifiant par Dieu contre lui et qui lui reste fatalement menaçante. C'est cette nécessité qui constitue le fondement de la recherche dite scientifique. Il s'agit, pour l'homme et sa communauté, de cette quête permanente des connaissances pour accroître davantage et de manière permanente leurs capacités de vivre de moins en moins sous l'emprise d'une nature naturellement terroriste et agressive. Le tout réside donc sur les activités de son cerveau.

En d'autres termes, *sans cerveau*, l'homme n'est pas homme. L'*humain* se distingue du *bestial*, l'*humanité* de la *bestialité*, l'*intelligence* de l'*instinct*, grâce à un usage plus élaboré, plus rationalisé du cerveau humain qui peut générer des conditions artificielles pour une vie meilleure. *"Car,* écrit F.B. Mabasa, *comme cela est évident dans les pays technologiquement avancés et dans les pays émergents, la science et la technique jouent un rôle central dans le développement économique et social".* L'Afrique en général et, pour le cas d'espèce, la RDC devraient donc faire le bon choix de *"cultiver l'esprit caractéristique des sociétés récréées par les sciences et les technologies ; un esprit où le rationalisme ouvert fonctionne comme principe de vie, comme une loi de la société, comme une règle de gouvernement..."*[1]

La recherche scientifique constitue donc, pour un peuple, un moyen de se construire un *cerveau collectif*. Un pays sans recherche scientifique *citoyenne* peut donc être considéré comme un pays *sans cerveau*, sans autonomie, sans idéal, sans ambition. Tel est le fondement de ce livre qui s'attèle à le démontrer dans le cas de la République Démocratique du Congo, pays sans structure de recherche fiable, donc *pays sans cerveau*. Et dans ce cas, tranche Mwabila M., *"une société sans principes court inévitablement à sa propre ruine. L'histoire en donne maints exemples. Que l'on songe au tout puissant empire romain emporté par la propension aux plaisirs de ses seigneurs. N'ont-ils pas inventé le* vomitorium *pour se donner l'illusion de prolonger les délices de la table ? Ils n'étaient pas en panne d'imagination, les maîtres de Rome, enclins aux facilités des jouissances allant jusqu'à brûler Rome pour chanter la gloire des flammes. Devant la marche inexorable du temps, ils n'ont pas pu rattraper l'instant qui coulait à leurs pieds en emportant l'un des empires qui semblait se figer dans la durée"*[2]. L'élite politique et intellectuelle de la RDC ne paraît pas éloignée de cette description honteuse de l'élite politique romaine !

Recherche scientifique est une expression bien usitée en RDC. Mais l'activité concernée y reste très peu d'usage. On peut même avancer, sans peur d'être contredit, qu'elle est inexistante dans ce pays, hormis dans les cercles universitaires où, bien qu'institutionnalisée, elle reste non ou mal organisée et sans objectifs définis. La recherche s'y pratique essentiellement pour des motivations de promotions individuelles. Elle reste partout ailleurs mal vue, car perçue, non seulement comme synonyme de misère pour celui qui s'y adonne, mais aussi comme activité sans finalité pratique.

Pour les autorités publiques en RDC, la recherche scientifique relève de *l'académisme* que tous fustigent globalement au profit d'un pragmatisme dont les résultats, les bons, se font toujours attendre. Le politique lui consacre toute une Administration et le Ministère ayant cette attribution est mouvant : tantôt fusionné à l'Enseignement Supérieur et Universitaire, tantôt autonome, lorsqu'il y a nécessité d'augmenter les postes à partager par des politiciens. Mabika Kalanda[3], qui avait déjà posé le principe de remise en

---

[1] Frédéric-Bienvenu MABASI Bakabana, *L'invention des possibles. La rationalité technoscientifique face au défi du sous-développement en Afrique subsaharienne*, Academia- L'Harmattan, Louvain-la-Neuve, 2014, p. 7.

[2] MWABILA Malela, *De la déraison à la raison. Appel aux intellectuels Zaïrois pour un nouveau débat sur la société,* Nouvelles Éditions Sois-Prêt, Kinshasa, 1995, p. 15.

[3] MABIKA-KALANDA, *La remise en question, base de la décolonisation mentale*, Études congolaises - Remarques africaines, Bruxelles, 1967.

question comme base de la décolonisation mentale des Africains en général et des Congolais en particulier, fut le premier à occuper le poste de Ministre à la création de ce Ministère voué au nomadisme et à l'instabilité. Il avouait lui-même que ce Ministère avait été imaginé pour le bloquer, parce qu'on le soupçonnait de pouvoir un jour fomenter une contestation rationnelle contre le pouvoir existant à l'époque.

Parlant de l'efficacité de la recherche scientifique dans un article sur la recherche en pays dominé, Ilunga Kabongo faisait ce constat d'échec, dans un style qui lui était particulier : *« Depuis vingt ans que nous sommes indépendants, je n'ai pas encore entendu parler d'une seule invention scientifique à portée pratique significative touchant l'un quelconque des secteurs vitaux de la vie nationale : agriculture, alimentation, génie civil, santé, éducation ou transport. Ainsi, par exemple, malgré la richesse de notre sol et sous-sol, ou de nos forêts, une certaine vitalité de la médecine dite traditionnelle et un nombre croissant de docteurs en médecine et en pharmacie, pas un seul médicament proprement indigène contre l'une quelconque des grandes endémies qui affligent la population n'a été ni inventé, ni mis sur le marché sur une échelle significative. Pourquoi ? Enfin, lorsqu'on se tourne vers les réalisations faites depuis vingt ans, il serait difficile d'indiquer dans le domaine de l'art et du génie par exemple un ouvrage important que l'on puisse considérer comme proprement zaïrois, routes, aéroports, grands édifices publics, barrages électriques, etc. Et dans le domaine des sciences de l'homme, il n'est pratiquement pas de réformes - à part juridique, et pour cause !- qui portent en soubassement l'empreinte d'une recherche scientifique sérieuse : regardez l'économie, l'organisation politico-administrative, les finances et le commerce, la structure agraire et foncière, l'enseignement, etc. »*[1] Trente-cinq ans après le constat d'Ilunga Kabongo, soit 55 ans après l'indépendance, peut-on avancer le contraire ? Voilà la question qui motive cette réflexion.

Pour sa part, à la question de savoir *« pourquoi cela ne va-t-il pas en nos pays »*, Mwabila M. pointe du doigt la *déraison* qui trône sur la *raison* dans tous les domaines de l'action sociale, y compris dans la sphère politique. Ainsi qu'il le dit lui-même, *« la prépondérance de l'espace politique en nos pays est de l'ordre de la déraison ; champ essentiel il est vrai pour la gestion de l'État, mais non exclusif pour conditionner la prospérité qui, elle, en appelle au primat de la science et de la technologie. Non que le champ politique échappe au traitement scientifique, il s'accommode plutôt mal du regard critique de la science sur sa pratique ».*[2] Il dénonce dès lors *« les causes liées à notre propre déraison*

---
[1] ILUNGA KABONGO, La problématique de la recherche scientifique en société bloquée : le fond du problème, *Zaïre-Afrique*, n° 145, Mai 1980, pp. 275-288.
[2] MWABILA M., *op. cit.*, p. 9-11.

*(mauvais choix politique et économique, maîtrise insuffisante de la science, primauté des sentiments sur la raison...) l'emportent sur celles induites de l'extérieur. En trente-cinq ans d'indépendance, il est temps de renoncer à la bonne conscience que procure les alibis... »*Il propose ainsi *«la logique scientifique comme guide incontournable de la pensée critique et des orientations sociales »*et invite *« à un débat sur la société, débat largement fondé sur les acquis de la science ».*

Je vais également souligner la grande responsabilité de l'État dans l'élaboration et la mise en œuvre des politiques publiques scientifiques et technologiques arrimées aux défis qui se posent dans la société congolaise.

C'est dans cet ordre d'idées qu'est conçu ce livre qui comprend trois chapitres. Le premier fait état des généralités sur la recherche scientifique dans le monde. Le second porte sur l'état des lieux de la recherche scientifique au Congo-Kinshasa. Dans le troisième et dernier chapitre, j'essaie de proposer quelques pistes de recherches utiles pour la RDC à son stade actuel. En annexe, je reproduis un extrait de ma thèse doctorale qui porte sur ma réflexion de jeunesse sur la recherche scientifique et qui reste, malheureusement, encore d'actualité !De quoi établir que l'émergence de toute nation va de pair avec le développement, la considération et la prise en compte de l'activité scientifique. Les deux autres extraits reproduits en annexe l'illustrent bien, dans le cas nippon et israélien.

1. Éloge de la techno science

> « *Les découvertes de Copernic, Galilée, Descartes, Newton et de tous ceux qui ont été à l'origine de la révolution scientifique ont contribué à faire accepter l'idée que, quels que soient le rôle ou les plans de Dieu, la connaissance rendait le progrès inévitable dans les sociétés humaines* ». (Al Gore)

Universalité de la recherche chez les humains

> « *Comment fait-on la recherche scientifique ? Comment trouve-t-on ? Comment les idées viennent-elles aux chercheurs ? La créativité est-elle innée ou peut-on la développer, la cultiver ? Ce sont ces questions que l'on se pose souvent, surtout si on n'est pas directement impliqué dans la recherche... il n'y a pas de réponse à ces questions, tout simplement parce qu'il n'y a pas de recette pour trouver, pour découvrir, pour inventer... Je crois plutôt à la bonne étoile, à l'inspiration, à l'intuition, à l'analogie, à la déduction, à la synthèse, à l'illumination soudaine, à la bonne fée et à sa baguette magique, au hasard, à l'accident, à la chance, aux tâtonnements et même à l'erreur, facteurs qui interviennent tous, à plus ou moins fortes doses, dans toute découverte scientifique et, bien attendu, au travail, souvent acharné* ». (Claude Brezinski)

La recherche est une activité intellectuelle propre à l'espèce humaine, du plus primitif au plus moderne des hommes. L'être humain, reconnu comme faible et impuissant face à une nature inhospitalière, est naturellement, essentiellement, foncièrement et universellement un être intellectuel, c.à.d. un être pensant, cherchant, connaissant, croyant et agissant en fonction des connaissances acquises et transmises de génération en génération au travers des mécanismes éducatifs appropriés, selon les sociétés. C'est cette caractéristique qui marque la différence entre l'homme et les autres espèces animales. Il n'y a que les hommes qui s'adonnent à ce genre d'activité cérébrale, contrairement aux autres êtres animés qui, eux, s'en remettent à leurs instincts respectifs.

L'homme a donc toujours cherché à connaître, à percer les mystères de la nature dont il ne peut arriver au bout de l'hostilité qu'en s'efforçant de maîtriser les lois qui la régissent physiquement. On peut illustrer cela en puisant quelques exemples dans la vie des hommes que l'on peut considérer comme proches de la primitivité, dans leur état naturel.

En effet, les peuples des chasseurs sauvages, pour extraire leurs proies de la nature en vue de leur alimentation, devraient imaginer (intellectuellement) toute sorte de stratagèmes, en fonction de différentes caractéristiques propres aux espèces ciblées, mais aussi de l'environnement des sites considérés. En rapport avec les caractéristiques observées propres à chaque espèce de proie (son volume et poids, sa vitesse de mobilité, ses capacités de nuisance, ses moyens de défense, ses voies de passage, son mode de vie, ses modes d'alimentation, ses lieux de prédilection...), des astuces particulières avaient été imaginées, mises au point et implémentées. D'où l'invention et la fabrication de toute sorte d'armes (flèches, arc, machette, poisons, filets, trous, pièges, etc.,) qui sont toutes des œuvres de l'esprit, des techniques et des objets intellectuellement conçus par des hommes pour répondre à leurs défis existentiels, selon les méthodes propres à chaque communauté, opérant dans des sites particuliers, pour des types de chasse spécifiques.

Les pygmées d'Afrique centrale, quant à eux, maîtres de la forêt, se soignent essentiellement par des médicaments à base de plantes médicinales découvertes grâce à l'observation des comportements des animaux. En effet, dans leur logique, tout à fait rationnelle pour ce cas d'espèce, les *intellectuels* ou *chercheurs* pygmées considèrent que l'homme est un animal de chair et de sang comme les autres animaux. Mais, ces derniers étant naturellement dotés d'instinct approprié pour chacune des espèces animales, qui permet à celles-ci de survivre (se nourrir, se soigner, s'abriter, se reproduire, se défendre...) sans devoir réfléchir en déployant d'énormes énergies intellectuelles comme les humains, il est normal d'en déduire que ce qui agit positivement ou négativement sur le corps des animaux sauvages pourrait avoir les mêmes effets sur le corps de l'homme.

Il s'agit là d'une véritable épistémologie, bien qu'embryonnaire quand on la compare au niveau de théorisation épistémologique atteint aujourd'hui. Grâce à ces formes de constitution des connaissances, des plantes aux vertus médicinales ont été détectées et conditionnées pour servir les humains, y compris les hommes *modernes* qui n'hésitent pas à recourir aux recettes de la pharmacopée pygmée pour soigner certaines affections pathologiques. Aussi, comparé à la recherche de la pierre philosophale des alchimistes moyenâgeux, cette épistémologie pygmée, c.à.d. ce mode pygmée de constitution des connaissances, basé sur l'observation concrète in situ du comportement des animaux sauvages, constitue un progrès certain. En effet, même de nos jours, des savants modernes ont recours aux mêmes procédés consistant à se mettre à l'affût des animaux, particulièrement des hominoïdes, pour observer leurs comportements thérapeutiques et produire des recettes médicinales adaptées à l'usage des humains, exactement comme le font les herboristes pygmées, sauvages de leur état.

Cette pratique répond bien à la définition moderne de la recherche scientifique qui désigne, essentiellement, l'ensemble des actions entreprises par les hommes aux fins de produire et de développer leurs connaissances sur les faits de la nature et ceux de l'environnement social. On peut considérer que les connaissances produites sur base des observations pertinentes sont *scientifiques,* dans la mesure où elles ne relèvent pas des spéculations purement métaphysiques.

Même lorsqu'elles sont remises en question, ces connaissances n'en ont pas été moins scientifiques, car la science évolue sur base d'incessantes remises en question. L'esprit scientifique est essentiellement un esprit de remise en cause permanente, des questionnements incessants, des *doutes méthodiques*. Les connaissances nouvelles sont produites sur base et à partir d'interminables contestations des connaissances acquises à des niveaux et stades déterminés. Si bien que l'on peut considérer la science comme l'art de prouver que ce que l'on considère comme vrai ne l'est pas scientifiquement.

Savoirs et puissance des Nations

Il est historiquement prouvé que la grandeur d'une Nation ne se mesure ni à sa puissance démographique, ni à la richesse de son territoire, bien que ces deux éléments puissent en constituer des atouts. Mais cette grandeur repose bel et bien sur ses ressources en intelligence. Le cas de la RDC le prouve suffisamment, celui d'un pays où la misère se vit sur tous les atouts de puissance, faute de savoirs scientifiquement acquis. L'histoire des Nations fortes illustrent bien cette assertion.

A ce propos, Kasongo-Numbi K.[1] divise les époques économiques en trois temps. Le premier est celui de la *cueillette,* c.à.d. la chasse et la collecte des produits de la nature. C'est le temps des grands creuseurs, de grands grimpeurs et de grands chasseurs, des hommes virils qui, suffisamment forts physiquement, peuvent rentabiliser ces métiers manuels, exigeants en force musculaire.

Les hommes découvrent, dans un deuxième temps, l'agriculture et l'élevage. Ils deviennent sédentaires et utilisent partiellement l'intelligence pour opérer le choix des terres et de semences, dresser les animaux domestiqués, recruter de la force physique (d'où l'esclavagisme) et organiser la vie sociale. Ici, la productivité des terres dépend non seulement de la force

---

[1] KASONGO-NUMBI Kashemukunda, *L'Afrique se recolonise. Une relecture du demi-siècle de l'indépendance du Congo-Kinshasa,* L'Harmattan, Paris, 2008, pp. 300-310.

physique, mais aussi des aléas d'une nature imprévisible : climat (pluie ou sécheresse), maladies (des hommes et des plantes), écosystème... Cela dépend aussi des turpitudes humaines, tels la guerre, l'organisation agraire, le régime foncier... L'homme exerce une emprise limitée sur les phénomènes naturels et se trouve parfois impuissant face aux institutions sociales créées par lui, même quand celles-ci le coincent négativement. Alors, confronté à ces pesanteurs souvent qualifiées de maléfiques, il se confie aux forces mystiques pour les conjurer. D'où la naissance des grandes religions, censées protéger les humains croyants en Dieu (ou aux dieux et déesses) des effets pervers des activités démoniaques.

La suprématie des idées religieuses conduira à la confrontation entre la foi et la raison. *« La foi exige le respect littéral des Écritures sacrées, expression directe de Dieu. Elle est à la base de la discipline reine, la théologie, qui veillait à l'orthodoxie de toute forme de pensée et châtiait les déviants (excommunication, bûcher, inquisition, supplices). L'Église, gardienne de l'interprétation des textes, imposait le dogme, organisait la vie, régnait sur les esprits, dictait les normes de la morale, de la science, de l'esthétique et du droit, définissait le bien, le vrai, le beau et le juste. »*[1]

C'est le mouvement intellectuel dit *Renaissance* qui met fin au règne de la théologie en exaltant la rationalité de la pensée, en différenciant la philosophie de la théologie, l'humanisme (l'homme concret au centre de tout) de la religion (Dieu virtuel, maître de l'univers).*« La vérité logique, résultat de la déduction, va s'opposer à la vérité dogmatique, fruit de la révélation. L'humanisme s'épanouit de la puissance scientifique et technique. Galilée, Léonard de Vinci, Michel Servet, Copernic s'appliquent à comprendre les lois de l'univers. Libérés de l'emprise de la foi, ils s'adonnent à une tâche proprement profane : maîtriser la nature. »*[2] Le rationalisme voit le jour à l'âge des lumières, un nouveau système de pensée prend la relève de l'ancien. De nouvelles pratiques s'instaurent, sur des bases rationnelles, scientifiques.

C'est ainsi que survint enfin la révolution industrielle. Celle-ci a marqué une nouvelle étape dans la production des richesses. Mise au point en Angleterre, l'industrialisation gagne toute l'Europe. L'espace arable et la force physique perdent de leur influence dans la création des richesses, ce qui explique l'abolition de l'esclavagisme. Cependant, des espaces au sous-sol contenant des minéraux sont recherchés à travers la planète. D'où la colonisation qui consiste à conquérir de vastes espaces territoriaux et à soumettre les habitants à la domination en vue de faciliter l'exploitation des ressources naturelles.

---

[1] Ignacio RAMONET, *Géopolitique du chaos,* Gallimard, Paris, 2007, pp. 196-197.
[2] *Ibidem.*

Dans ce système de production, l'intelligence se trouve valorisée au détriment de la force physique, « *surtout à partir de la deuxième moitié du XIXème siècle où la recherche scientifique vient redynamiser la technique empirique sur laquelle était basée l'industrie britannique du début"*. Pour David S. Landes, « *ce ne fut qu'à la fin du XIXème siècle que la science prit la tête et devança la technique (...) que tous les avantages anciens - ressources, richesses, puissance - furent dévalorisés, et que l'esprit domina la matière. A partir de ce moment-là, l'avenir appartint à tous ceux qui avaient le caractère, les bras et le cerveau requis* ».[1] Pendant cette période de l'émergence de l'intelligence, les femmes, alors dominées au sein des sociétés où était valorisée la force physique en raison de leur faiblesse par rapport aux hommes, commencent à émerger du fait de leur égalité-similitude (certains savants parlent plutôt de leur supériorité) en intelligence par rapport aux hommes. « *La femme commence à occuper des postes à responsabilités dans les institutions de l'État* ».

La savoir triomphe de la force physique et devient source de puissance. Dans cette *deuxième vague*, poursuit l'auteur, « *on ne vend plus seulement des biens matériels, mais aussi le savoir. Le commerce se développe, car on s'enrichit plus vite et consomme plus aussi. La production de l'argent par les services d'intermédiation naît. Le centre de toutes les villes est l'usine... Le cœur du monde est l'Angleterre où est née l'industrie. Les pluies n'ont pas de conséquences sur la production du charbon ou de l'acier. L'intelligence de l'homme contrôle fortement sa productivité. Les plus audacieux proclament la mort de Dieu. La matière inerte (matière première, produits matériels de l'usine) est la source de la puissance et du bien-être* ».

Même l'agriculture ne dépend plus comme avant des caprices climatiques, la météorologie moderne permettant de les contrôler, en plus du fait que la science permet déjà de provoquer des pluies artificielles. La médecine permet d'éradiquer, grâce à l'émergence des sciences biologiques, plusieurs maladies jusqu'alors attribuées à des forces obscures ou à des sorciers, ce qui améliorera la qualité de la vie, dont l'espérance se retrouve sensiblement prolongée dans la durée.

La troisième vague, toujours selon la classification des époques économiques de Kasongo-N., surgit avec l'invention de l'informatique qui prélude du déclin de l'ère industrielle. « *L'électron et l'onde qu'elle utilise vont remplacer la matière par la création des images et des sons. C'est la période du symbolique. Les plus riches ne sont plus les grands industriels"*, mais plutôt *"des vendeurs soit de symboles soit de l'information.* »L'Angleterre avait généré la révolution industrielle (biens

---

[1] David S. LANDES, *Richesse et pauvreté des Nations,* Albin Michel, 2000, p. 368, cité par KASONGO-NUMBI K., *op. cit.,* p. 302.

matériels), le Japon fut le promoteur de la révolution numérique (symbole, information, biens virtuels). Dans cette dernière révolution, les USA qui ont inventé l'ordinateur et l'informatique vont surclasser le Japon initiateur.

Dans cette ère nouvelle qui domine encore le monde, la qualité des marchandises s'évalue par la qualité de l'intelligence renfermée : ordinateur, appareil de télécommunication, logiciel, robot, produit NTIC, High Tech ainsi que tout autre bien ou service intelligent. Les matières premières minérales ne constituent plus la source de puissance et cèdent la place à la matière grise qui miniaturise les objets fabriqués, les rend portables, nomades et rend, en conséquence, obsolète l'utilisation de grandes quantités de ces matières premières minérales (minerais divers, hydrocarbures) dont les cours finiront par s'effondrer pour de bons, malgré le dopage aujourd'hui généré par l'arrivée dans le cercle des pays industrialisés des grands pays émergents, notamment, la Chine, l'Inde et le Brésil.

On peut noter, en passant, le rôle croissant des femmes et des personnes vivant avec handicap physique (catégories jusque-là considérées comme vulnérables parce que physiquement amoindries) dans la société nouvelle au sein de laquelle la force intellectuelle a supplanté la force physique.

Secrets des nations colonisatrices

La puissance des Nations s'obtient et se consolide par l'acquisition et la maitrise des techniques et outils stratégiques mis au point, multipliés et améliorés par les découvertes scientifiques et leurs applications. Les puissances européennes doivent leur ère de gloire à la recherche et la maîtrise des connaissances stratégiques.

Ce sont les progrès accomplis dans l'art de la navigation, dans la science géographique et dans la fabrication des armes à feu toujours plus performantes qui ont permis à l'Europe de coloniser le monde. L'Espagne a le mérite d'avoir fait la découverte des terres nouvelles d'Amérique grâce à la récupération de Christophe Colomb, célèbre navigateur portugais éconduit par son pays. Au XVIème siècle, ce même pays doit sa prépondérance mondiale au recrutement des spécialistes italiens génois en cartographie, en navigation maritime et en commerce. Ici, comme on le voit, les dirigeants portugais et italiens de l'époque, en négligeant leurs savants, avaient fait la passe aux Espagnols qui ont eu la clairvoyance de croire aux savoirs scientifiques qui auguraient d'une nouvelle ère, l'ère de la rationalité.

Le nouvel ordre était donc désormais celui de la rationalité. En effet,« *le progrès de la science et des techniques, tout au long du XIXème siècle, confirment la puissance de l'ordre rationnel. Ils vont favoriser l'expansion conquérante de l'Europe hors de ses frontières. Et, paradoxalement, le triomphe du rationalisme européen va signifier, pour les autres peuples de* *la Terre, une catastrophe culturelle. Les puissances européennes, grâce à la redoutable force de leur machinerie militaire, asservissent, colonisent, exploitent les hommes des cinq continents. Les autres cultures ne perçoivent du génie rationaliste que son arrogance, sa suffisance, sa brutalité, avant de périr souvent par le fer et le feu ».*[1]

Durant 400 ans, les pays européens sont restés maîtres du monde grâce aux technologies et stratégies appliquées à l'art de la guerre. Après avoir perfectionné, amélioré et multiplié, par la science, les armements chinois, les Européens n'ont eu de rivaux que les Turcs qui, eux-mêmes, dupliquaient les armes conçues en Europe. Jusqu'à la fin de la seconde guerre mondiale, « *la capacité innovatrice de l'Europe en matière d'armements est restée très grande... C'est l'Europe qui, lors de ce conflit, a renouvelé la stratégie d'utilisation des chars de combat par grandes unités de force mécanisées, celle de la guerre sous-marine par les 'meutes' de sous-marins, par l'aviation d'assaut, par les bombardements terroristes. Ces innovations dans l'emploi d'armes connues ne sauraient éclipser les progrès techniques : le radar, le schnörkel, l'avion à réaction, les fusées téléguidées et les fusées balistiques* ».[2] Depuis lors, l'Europe a perdu le monopole dans l'innovation technologique en armements et a même été dépassée par des non européens qui ont mis au point l'arme nucléaire et autres pour la conquête de l'espace.

Parlant de l'hégémonie européenne durant ces quatre derniers siècles, Jean-Marie Le Breton souligne l'impact des développements scientifiques européens dans les divers domaines du savoir humain en ces termes : « *Un socle solide a été constitué par la percée réalisée dans le domaine des sciences et par leur application aux techniques. Nulle part plus qu'en Europe l'esprit scientifique n'a été aussi rigoureux. La plupart des grandes inventions, au cours des quatre derniers siècles, ont été l'œuvre des Européens. Il est impossible de séparer la science de l'état d'esprit qui a contribué à la puissance de l'Europe... Le monde s'est 'européanisé', il est vrai de manière superficielle* ».Cependant, mêmes les cultures qui ont résisté à la pénétration européenne n'ont pu survivre et s'épanouir qu'en recourant à « *d'importants emprunts à l'Europe* ».[3]

En Europe même, la succession dans la hiérarchie de puissance, de l'Espagne à l'Angleterre, en passant par la France, s'est effectuée selon le niveau de maîtrise scientifique et technologique. L'Espagne avec la maîtrise des mers, la France avec l'armement (notamment les canons) et l'Angleterre avec l'industrialisation. S'agissant de cette dernière, elle avait réussi à établir

---

[1] Ignatio RAMONET, *op. cit.,* pp. 198-199.
[2] J.-M. Le BRETON, *Grandeur et destin de la vieille Europe, 1492-2004. Essai historique,* L'Harmattan, Paris, 2004, p. 295.
[3] *Ibidem.*

« sa domination dans l'industrie et supplanter les autres pays. L'Europe occidentale et les États-Unis firent alors du développement économique une priorité » et prirent une série de mesures politiques(dont l'établissement de l'éducation scientifique de masse pour améliorer la force du travail) qui *« leur permirent de rejoindre la Grande-Bretagne pour former l'actuel club des nations riches. Certains pays d'Amérique du Sud adoptèrent ces politiques de façon incomplète et sans grande réussite. La concurrence britannique désindustrialisa pratiquement toute l'Asie, et l'Afrique, après que Londres eut mis fin à sa traite, en 1807, devient exportatrice d'huile de palme, de cacao et de minerais. »*

En fait, les pays où l'imitation de l'Europe (ou mieux l'européanisation) a réussi sont ceux qui ont imité la source du succès, en l'occurrence l'activité scientifique et technologique. Dans ce domaine, les pays de l'Europe occidentale qui se sont livrés dans une compétition interne positive (bien que ponctuée par des guerres intra-européennes), ont su progresser. En dehors de cette aire géographique qu'est l'Europe développée, tous les pays qui ont réussi à rattraper le train de la modernisation sont ceux qui ont réussi à s'emparer de l'outil scientifique et technologique, grâce au *big push (grande poussée)* réalisé par leurs gouvernements respectifs. Aucun autre argument ne peut tenir pour élucider ce mystère : ni la géographie, ni les richesses naturelles, ni la religion (Max Weber a été remis en question), ni la population (Malthus a été démystifié), etc., rien n'explique les retards, les stagnations ni les avancées fulgurantes ou moyennes si ce n'est le degré d'intégration de la culture scientifique et technologique dans le mental collectif.

C'est là que réside le secret du miracle japonais :*« Le Japon est en effet le pays qui a connu le succès le plus grand au XXème siècle : bien qu'étant un pays pauvre en 1820, il a réussi à combler l'écart avec l'Occident. De même, la croissance de la Corée du Sud et de Taïwan a été spectaculaire. L'Union soviétique est une autre réussite, mais moins complète. La Chine est peut-être en train de réussir la même chose aujourd'hui ».*[1] Par contre, en ce qui concerne les pays d'Afrique, s'écrie un intellectuel africain,*« pourquoi penserait-on que l'Afrique changerait de cap demain ou après-demain lorsque l'on se rend compte que c'est à peu près le seul continent où la recherche scientifique est absente ou insignifiante? »*[2]

Voilà donc l'arme centrale qui a permis à l'ensemble des Nations européennes de dominer le monde pendant des siècles, de l'exploiter en sa

---

[1] Robert C. ALLEN, *Introduction à l'histoire économique mondiale,* La Découverte, Paris, pp. 16-19.
[2] SHANDA TONME, *La crise de l'intelligentsia africaine,* L'Harmattan, Paris, 2008, p. 31.

faveur et au détriment des autres peuples hors Europe, mais surtout de laisser des traces indélébiles dans un monde aujourd'hui intensément européanisé. Les pays européens, même en concurrence interne permanente, offrent l'exemple des sorties de crise rassurantes, entraînant des progrès même à travers de ruineux déchirements internes... grâce à la recherche scientifique et technologique.

Comme on l'a dit plus haut, les puissances qui amenuisent aujourd'hui l'hégémonie européenne ont imité les mêmes Européens dans ce qu'ils avaient de plus précieux : l'esprit scientifique dans la volonté de puissance. Cette volonté s'élabore aussi sous forme de guerre quasi ouverte que se livrent les grandes puissances dans la course à la puissance, aucune ne voulant être dépassée par une autre. C'est ce qui fait que les pays d'Europe occidentale, malgré les guerres qui les ont déchirés, se sont tous développés grâce à une compétitivité entre nations qui a abouti, après 1945, à une politique économique et sociopolitique fédératrice afin de mettre fin aux conflits internes récurrents et de se constituer en une Union Européenne puissante face aux autres nations fortes, notamment les USA qui avaient mis à profit l'autodestruction de l'Europe pour s'emparer du leadership mondial. Ces derniers, d'ailleurs, n'ont d'ailleurs jamais vu d'un bon œil la consolidation d'une Europe unie et se sentiraient plus à l'aise si cette vieille Europe était divisée et déchirée en interne.

Ce continent, berceau de la civilisation dite moderne basée sur la techno science, se bute à des difficultés énormes pour se maintenir en union, comme le prouvent le départ fracassant de la Grande Bretagne connue sous le nom de Brexit et les succès électoraux des nationalistes fondamentalistes et xénophobes. On attribue ces interminables crises qui gangrènent l'UE à un déficit d'intelligence. L'on parle dès lors de l'activité intellectuelle *fatiguée*[1] de la *vieille Europe,* d'une Europe constipée, en dégénérescence, en déclin…

L'acharnement des Américains, leaders du monde occidental, à traquer les nouveaux venus dans la science nucléaire vise justement à empêcher l'émergence de nouvelles puissances nucléaires qu'eux seuls ont le droit de posséder. Nul n'a donc le droit de les concurrencer en la matière, ni de gêner leurs ambitions hégémoniques. Ainsi, les puissances dites de l'Axe (Allemagne, Japon et Italie), les pays arabes et autres musulmans (Pakistan, Iran), la Corée du Nord, etc., ne peuvent disposer de fabriques d'armes au-delà d'un certain seuil d'autodéfense. La France doit ses armes nucléaires à la témérité du charismatique De Gaulle qui avait dû extraire la France de l'OTAN pour ce faire. La Russie, l'Inde et la Chine sont trop forte pour qu'on les retienne dans ce domaine. Toute la géopolitique mondiale se joue

---

[1] Cfr le concept américain de la *Vieille Europe* !

ainsi autour de ces enjeux de puissance et de lutte permanente pour acquérir plus de puissance, de préférence au détriment des autres.

En ce qui concerne la RDC, il lui sera impossible de s'armer de manière souveraine. Aucune puissance actuelle ne le lui permettrait pour des raisons géopolitiques. C'est pourquoi, j'ai eu à suggérer pour elle la possibilité de développer d'autres formes de puissance, pas nécessairement militaire (la communauté des maîtres du monde ne le lui permettra jamais), comme dans le domaine alimentaire où, malheureusement, elle s'illustre et se complait honteusement dans une dépendance injustifiable. Sans une quelconque forme de puissance, fille de l'esprit et des savoirs scientifiques, elle restera clouée à son état actuel d'État-bébé et continuera à subir toutes les humiliations et harcèlements qui lui sont imposés.[1]

Le savoir scientifique vs sens commun

> *« Mais les idées les plus bizarres et les plus irrationnelles peuvent se montrer fécondes. La vérité est sans doute que, dans toute découverte, le rationnel et l'irrationnel se côtoient ». (Claude Brezinski)*

En fait, qu'entend-on par savoir scientifique ? Parler de cette forme de savoir implique qu'on la différencie d'autres types de savoir, non scientifiques ceux-là, mais pas nécessairement faux, car l'épistémologie des sciences établit qu'il existait et existe encore des savoirs réels mais pas nécessairement *scientifiques*, car ne répondant pas aux critères exigés par la science.

En effet, comme déjà dit, l'homme a toujours cherché à comprendre et à donner du sens à son environnement physique et social. L'expérience de la vie ainsi que la pratique quotidienne font s'accumuler chez l'homme une somme de connaissances pas nécessairement scientifiques, tout en n'étant pas nécessairement exempte de sagesse. On parle alors de *sens commun,* constitué des connaissances non scientifiques au sens strict, mais bien répandues dans les masses populaires. Le *sens commun* est donc ce savoir détenu et cru par tous les individus dans une communauté et qui guide leur façon d'expliquer ce qui se passe quotidiennement, de manière simplifiée et sécurisante pour le commun des mortels.

Il s'établit dès lors la reconnaissance de l'*évidence,* mystifiée au point d'exclure, dans ce contexte, toute forme de remise en question du mythe de l'évidence. C'est pourtant cette remise en question des savoirs acquis

---

[1] E. BONGELI, *D'un État-bébé à un État congolais responsable,* L'Harmattan, Paris, 2008, pp. 167-216.

qu'ambitionne la science. N'est-il pas évident que la terre est plate plutôt que ronde, que le soleil tourne autour de la terre plutôt que l'inverse ? C'est ce qui explique l'inquisition que faisaient et font encore peser sur les savants aux savoirs contestataires les religieux, intellectuels, dirigeants et autres faiseurs d'opinions, fabricants du *bon sens commun,* qui orientent, plus que d'autres membres des communautés humaines, les pratiques sociales.

La pratique scientifique est d'émergence récente. Avant elle, note David Rompré, *« d'autres modes d'explication du monde ont été dominants »* dont l'explication *mythique*, l'explication *cosmologique*, l'explication *religieuse* et l'explication *philosophique(métaphysique)*. Tous ces modes de production de connaissances subsistent encore de nos jours, mais ne résistent que lorsqu'ils se résignent à s'accommoder à l'explication scientifique, mode aujourd'hui dominant de production de connaissances fiables, vérifiables, critiquables, reproductibles sous toute condition égale, utilisables et vectrices de force et de puissance réelle pour leurs détenteurs-utilisateurs.

Un élément essentiel caractérise les connaissances scientifiques. C'est l'acceptation de leurs permanentes remises en question, contrairement au sens commun qui ne tolère pas la moindre contestation. C'est ce qui explique les progrès accomplis dans l'éloignement des frontières de l'ignorance. Les scientifiques, généralement non sans raison, attribuent l'entretien et le prolongement de l'ignorance à tous ces modes cités de production des connaissances généralement erronées, de vraies-fausses vérités, qui en plus, ne tolèrent point les moindres doutes.

Les cas sont nombreux également, et surtout dans le domaine des sciences de l'homme, où l'évidence, la croyance, l'habitude, le snobisme... s'incrustent dans la culture au point d'oblitérer toute forme de doute, de remise en question, pourtant base de la recherche scientifique. En effet, les hommes ont un penchant à protéger leurs certitudes mêmes imaginaires et sont donc peu enclins à douter de leurs acquis culturels. Les sciences sociales font donc peur, surtout lorsqu'il s'agit de remettre en question les élites, soucieuses avant tout de protéger leurs privilèges sociaux.

Ainsi par exemple, oser se poser des questions sur l'impact des religions sur la société congolaise peut emmener l'auteur à être jeté dans l'opprobre face à une opinion publique manipulée par les gourous religieux étonnamment sanctifiés, à la limite de la sacralisation. Tout le monde croit donc aux bienfaits imaginaires des croyances religieuses. Cependant, une étude scientifique véritable pourrait déceler et étaler, preuves objectivables et démontrables à l'appui, tous les maux apportés et entretenus par les églises et sectes religieuses, tant dans la vie quotidienne que dans le mental des Congolais, surtout jeunes. Une telle étude aura alors établi, kyrielle de preuves à l'appui, que ce que l'on croit vrai n'est pas scientifique, c.à.d. ne peut être démontré dans les faits.

De même, oser toucher à la sacro-sainte école peut donner lieu à des préjugés négatifs à l'encontre de celui qui oserait nier l'indiscutable équation *école = développement*. Pourtant, quand on se réfère aux faits vécus, observables et vérifiables, on se rend vite compte des résultats décevants apportés par l'école actuelle au devenir de la RDC, comme d'ailleurs de l'Afrique en général où des systèmes éducatifs hérités de la colonisation n'ont pas subi des réformes appropriées pour leur adaptation à des contextes locaux spécifiques. Les sciences sociales permettent donc, dans pareils cas, de corriger la perception, de systématiser la pensée, de fixer de nouvelles certitudes, non imaginaires cette fois, d'accumuler des savoirs susceptibles d'éclairer l'action sociale en vue d'induire des transformations sociales positives.

On peut donc déduire que *« les enseignements du sens commun ne peuvent être à la base des sciences, ne serait-ce que par la nécessité intellectuelle de désanthropologiser les représentations... Même si elles sont certaines, les observations de sens commun ne sauraient convenir à la science, car elles surpassent en complexité les théories les plus parfaites ».*[1] L'alternative la plus crédible, celle qui a fait ses preuves dans le monde, c'est la science et la technique, toutes fondées sur l'esprit de rationalité, l'esprit scientifique.

C'est cela que recommande Mabasi aux sociétés africaines qui doivent, selon lui, *« choisir de cultiver davantage les valeurs d'une rationalité objectivante, structurante, instrumentaliste parce qu'elles constituent un possible, une alternative pour une pleine assomption de leur histoire, pour une autocréation de l'existence à laquelle les peuples d'Afrique aspirent profondément et pour une maîtrise des mécanismes de production des biens indispensables à leur survie. Cela implique que ces valeurs ne sont plus perçues comme étrangères à nos cultures et nos modes d'exister, susceptibles de violer nos traditions, mais au contraire intégrées et assumées comme des disponibles universels nécessaires à l'amélioration de nos conditions d'existence ».*[2]

En quoi donc consistent les savoirs scientifiques tant vantés et tant recherchés ? Que faut-il entreprendre pour en organiser la production et l'utilisation en vue du bien-être du genre humain ?

---

[1] Angèle KREMER-MARIETTI et Jean DHOMBRES, *L'épistémologie : état des lieux et positions,* Ellipses, Paris, 2006, pp. 25-26.
[2] MABASI, *op. cit.,* p. 113.

La recherche scientifique

> *« On ne peut atteindre la perfection que si la recherche devient mode de vie »*. (Yehudi Menuhin, 1916-1999)

C'est à Francis Bacon (1561-1642) que revient le grand mérite d'avoir posé les principes requis pour une véritable recherche scientifique qui vise à produire le savoir vrai, plus ou moins fiable, mais tout aussi critiquable, donc susceptible de dépassement, d'amélioration. Le savant anglais est parti de la dénonciation des *« idola, c'est-à-dire des fantômes qui hantent l'esprit, les conduisent à l'erreur et qu'il faut chasser »*[1], empêchant dès lors l'esprit humain de se tordre dans la voie difficile de la réflexion au profit de la facilité de croire à des pseudo-vérités produites et véhiculées à partir des spéculations métaphysiques.

D. Rompré note qu'il faut retenir de Bacon *« la rupture que son idée de domination de la nature a marqué dans l'histoire des idées ; cette nature qu'il ne faut pas seulement contempler mais conquérir afin qu'elle serve les hommes. Or, Bacon a pris soin de préciser qu'on ne peut triompher de la nature qu'en lui obéissant, c'est-à-dire à la condition de reconnaître en elle des régularités qu'il sera ensuite possible de prévoir, d'utiliser. Le pouvoir du savoir »*. Bacon lui-même dit ceci au sujet des objectifs de la science : *« La fin de la science doit-être, en rejetant les vaines spéculations et tout ce qui se présente de frivole et de stérile, de ne penser qu'à conserver tout ce qui se trouve de solide et de fructueux. Par ce moyen, la science ne sera plus une sorte de courtisane, instrument de volupté, ni une espèce de servante, instrument de gain, mais une sorte d'épouse légitime destinée à donner des enfants, à procurer des avantages réels et des plaisirs honnêtes »*.[2]

Aussi, le scientifique doit-il être outillé pour pouvoir accéder à certains faits, objets (choses) ou phénomènes non observables à travers nos organes de sens, pour mesurer les mesurables, pour expérimenter les expérimentables, pour voir les invisibles à l'œil nu... En d'autres mots, il se pose, surtout en sciences exactes, le problème de l'instrumentation, de l'outillage scientifique, qui devient de plus en plus sophistiqué au fur et à mesure que les connaissances croissent : laboratoires, ateliers, champs expérimentaux, intrants, appareillage, cobayes...

Il se pose également un problème de normes standardisées pour permettre aux différents scientifiques de parler le même langage, de développer les mêmes méthodologies rigoureuses pour assurer la

---

[1] David ROMPRÉ, *La sociologie, une question de vision*, L'Harmattan-Les Presses de l'Université Laval, Paris, 2000, p. 14.
[2] *Idem*, p. 15.

reproductibilité des résultats ainsi fiabilisés, d'utiliser les mêmes concepts pour désigner les mêmes phénomènes, de recourir aux mêmes unités conventionnelles de mesure pour désigner les mêmes quantités équivalentes, etc. Cette uniformisation des normes permet aux scientifiques d'établir des relations intersubjectives et assure une fiabilité des vérités scientifiques établies, prouvables et vérifiables en tout temps et en tout lieu, mais aussi susceptibles de critiques. Ainsi, *« les connaissances scientifiques obéissent à des règles heuristiques propres, à partir desquelles les chercheurs en science pensent, et avec lesquelles ils font avancer leur science au cours de leurs patientes recherches ».*Car, *« du point de vue des scientifiques, la science détermine, c'est-à-dire qu'elle délimite, fixe, établit, par exemple, la cause précise d'un objet : elle formalise l'expérience ».*[1]

La nécessité de langage et de formulation appropriés aux spécificités de chaque discipline scientifique implique la nécessaire *codification* qui, selon Zuckerman et Merton, renvoie au souci de*« consolidation de la connaissance empirique en un ensemble à la fois sommaire (succinct) et interdépendant de formulations théoriques. Les différentes sciences et spécialités scientifiques diffèrent du point de vue de l'importance de leur codification. Il a été souvent remarqué que l'organisation intellectuelle de la physique ou de la chimie diffère de celle de la botanique ou de la zoologie au regard de la manière dont les éléments de connaissance particuliers sont liés par des idées générales ».*[2]Il s'avère en conséquence que pour chaque science, il y a un corpus de connaissances, de concepts de théories et de méthodologies validés, souvent exprimés dans des langages appropriés à chaque domaine considéré.

Ainsi, bien qu'il puisse exister un *ethos commun* à la science (le singulier en désigne le sens par extension), il n'en existe pas moins des disciplines scientifiques différentes les unes des autres par la pluralité de leurs objets et méthodes et par leurs impacts sociaux différentiels. Cependant, *« malgré leurs spécificités et à l'exception des mathématiques qui sont des langages démonstratifs formels, les différentes sciences ont en commun l'idée générale d'observation, d'expérimentation et d'explication des phénomènes »*[3], sciences sociales comprises.

Cependant, il importe également de souligner la spécificité des sciences humaines qui, tout en répondant aux critères de rigueur méthodique propre à la science en général, n'en sont pas moins différentes des sciences de la nature. En effet, à vouloir trop singer les méthodologies des sciences

---

[1] A. KREMER-MARIETTI et J. DHOMBRES, *op. cit.*, pp. 29-30.
[2] Cités par M. Dubois, *Introduction à la sociologie des sciences,* PUF, Paris, 1999,p. 79.
[3] Yves Gingras, *Sociologie des sciences,* PUF/Que sais-je ?, Paris, 2013, p. 9.

naturelles, les réflexions sur l'homme peuvent se révéler stériles si l'on ne tient pas compte des caractéristiques propres à leur objet : l'homme qui est un être pensant, libre, changeant et bougeant ainsi que la société des hommes dont la complexité ne permet guère sa réduction à la simple somme des individus qui le composent.

Les sciences humaines ne peuvent donc pas être *exactes*, non parce que ses scientifiques *« sont incapables d'exactitude, mais parce que leur objet rend hasardeux, voire impossible ne serait-ce que l'application de la méthode expérimentale. D'où l'impossibilité de formuler des lois universelles qui tiennent vraiment. L'homme, pris individuellement ou collectivement, est un objet complexe qu'il est difficile à soumettre à des expériences scientifiques »*[1].

Comme il s'agit des sciences complexes où le chercheur entretient généralement des liens indéfinissables avec l'objet de son étude, on opère souvent par paradigme dont j'avais parlé ailleurs[2] et à quoi je compte consacrer de nouveau une réflexion particulière dans la recherche sociale en pays réduit, comme je n'ai eu cesse de le répéter, au statut risible d'État-bébé, soumis à la domination étrangère pérenne. Je souligne déjà que les paradigmes en sciences sociales ne sont pas totalement exempts de partialité de la part du chercheur vis-à-vis de son objet. S'il faut entendre par paradigme une vision du monde qui oriente le chercheur ou un groupe de chercheurs sur les questions à étudier, sur les méthodes d'approche à opérationnaliser ainsi que sur les objectifs fixés à la recherche, on doit admettre que les défis sociaux, les méthodes pour les appréhender ainsi que les objectifs à atteindre sur le plan des transformations positives attendues diffèrent selon les communautés et selon les chercheurs. Les paradigmes ne peuvent donc que différer.

Ainsi, par exemple, la définition de l'Organisation des Nations Unies ne peut être la même pour un Occidental que pour moi, ressortissant d'un pays où deux dirigeants, pour s'être manifestement opposés (avec raison, bien qu'avec maladresse) aux thèses occidentales, ont été assassinés sous la "protection" des troupes de l'ONU ! Si pour l'Occidental, l'ONU est un organisme international de maintien de la paix dans le monde, moi je vais paraphraser le Français Charles De Gaule et qualifier l'ONU de *machin au service de l'Occident*. Dans ce cas, ni la définition occidentale de l'ONU, ni la mienne, ni même celle de De Gaule (qui la qualifiait alors de *"ce machin au service des Américains"*, à une époque où la France se battait pour s'affirmer dans le monde après les humiliations subies en 1940-45) ne sont

---

[1] D. ROMPRÉ, *op. cit.*, p. 23.
[2] E. BONGELI, *Sociologie et sociologues africains. Pour une recherche sociale citoyenne au Congo-Kinshasa*, L'Harmattan, Paris, 2001, pp. 50-53.

fausses, chacun la concevant en fonction de son statut particulier et en fonction des intérêts stratégiques en jeu.

Très peu de pays dominés croient encore à l'ONU, ostensiblement et arrogamment fichée au service des seuls intérêts américains et occidentaux. Dans la vague des migrations incontrôlées qui s'abat dangereusement aujourd'hui sur l'Europe, jamais l'ONU ne pointera du doigt la responsabilité des dirigeants occidentaux (Bush, Mitterrand, Blair[1], Sarkozy, Hollande, Merkel, Obama, Cameron...) dans les tensions qui s'observent dans le monde et qui conduisent à des déplacements des peuples infortunés vers l'Europe. Mais qu'en diraient les Syriens, Irakiens, Afghans, Somaliens, Érythréens et autres Africains, contraints à des errements migratoires (semblables à ceux que j'ai moi-même vécus durant mon enfance dans la jungle inhospitalière et impénétrable de la forêt équatoriale) ?

Ces migrations inattendues, qui semble entreprendre au dépourvu les dirigeants occidentaux, aujourd'hui dépassés et paniqués, étaient pourtant prévisibles. En effet, les scientifiques du Sud dominé avaient bien prévenu que les politiques d'écrasement et d'exploitation sans ménagement menées par les puissants pays occidentaux contre les pays du Sud allaient un jour provoquer l'embrasement du monde. Cette vérité sera à jamais cachée aux citoyens occidentaux supposés libres, mais totalement aseptisés par des propagandes et publicités diverses, distraits par des opportunités des loisirs multiples, manipulés par des femmes et hommes politiques va-t-en-guerre et peu scrupuleux ! Très peu d'analystes qui passent en boucle sur les médias internationaux évoquent la responsabilité des hommes politiques occidentaux avec leurs pratiques bellicistes ! C'est dire toute la partialité qui entache condamnée à l'obsolescence tant que les chercheurs du domaine, à quelques exceptions près, n'auront pas compris que les conceptions occidentales de l'économie (basés sur des paradigmes méthodologiques prétendument parées de vertus de neutralité à travers des recours injustifiés à des formulations mathématiques) ne pourront jamais émanciper l'Afrique, tant que la capacité de saisie de nos réalités économiques soumises à de rudes épreuves restera réduite par des rideaux idéologiques qui les émaillent.

Les sociologues africanistes, en recourant délibérément aux paradigmes méthodologiques occidentaux dominants, parce qu'élaborés par des peuples dominants, ne devront pas s'attendre à produire un jour des connaissances libératrices des peuples sous oppression multiforme, ni transformatrices de

---

[1] Tony Blair est le seul à s'être repenti d'avoir favorisé l'avènement de l'Organisation État Islamique en participant aveuglement à la guerre de Bush en Irak. C'est seulement maintenant que le Parlement britannique vient d'envisager l'interpellation de David Cameron pour avoir soutenu le Français Nicolas Sarkozy dans l'opération de déstabilisation de la Lybie.

leurs environnements pollués par des théories euro-centriques partiales, ruineuses et asphyxiantes.

Cela est aussi vrai, bien que dans une moindre mesure, dans le domaine des sciences exactes. En effet, si on considère seulement les choix des sujets de recherche, on se rend compte que ceux-ci diffèrent selon les priorités qui défient les communautés, les enjeux divergents d'une communauté à une autre, les moyens en présence affectés à la recherche... Si, par exemple, en Amérique, on se préoccupe de la maîtrise de l'espace pour des raisons qui tiennent aux ambitions hégémoniques légitimes des Américains, il serait insensé pour les chercheurs congolais de singer leurs homologues américains.

En effet, il est plus profitable pour le Congo que la recherche scientifique, à ce stade, se préoccupe d'abord de la nutrition humaine, de la santé des populations soumises à des maladies tropicales soignables, éradicables, mais *négligées* par la recherche occidentale (la seule qui opère en la matière), de nourrir la population, d'industrialiser le pays sur base de la production agricole développée, de construire les routes et infrastructures, d'éduquer le peuple à la citoyenneté responsable, de concevoir un système éducatif performant et utile, de conformer des formes adaptées de structure étatique, de bâtir une Administration forte en rapport avec les besoins d'émergence du pays, etc.

Ainsi que je l'avais noté ailleurs en déplorant la triste et irréfléchie inexistence au pays de la recherche scientifique, *« le pays reste péniblement tributaire des résultats des autres qui le font avant tout en fonction de leurs propres paramètres et intérêts. En effet, l'homme ne s'adonne à la recherche que pour répondre à de nombreux défis naturels et sociaux qui se posent à sa communauté à une période déterminée de son histoire. Les connaissances sont donc produites à partir des cadres sociaux qui diffèrent d'une société à une autre. Si on peut admettre que la science est universelle (encore qu'il faille le démontrer), force est de reconnaître qu'il n'en est pas de même en matière d'applications des savoirs acquis (technologies) pour résoudre les problèmes concrets qui se posent aux hommes, différemment selon les communautés considérées ».*[1] On peut, à la limite, assimiler la prodigieuse progression des activités économiques informelles comme résultats d'une activité savante des populations pour échapper à leur asphyxie programmée par le système formel. L'intellect a toujours été fécondé par les crises qui s'abattent sur les hommes et les communautés.

Toutefois, en tout état de cause, la connaissance scientifique constitue le savoir dont l'efficacité est jusqu'ici reconnue. Quand la Bible juive décrète

---

[1] E. BONGELI, *La Mondialisation, l'Occident et la Congo-Kinshasa,* L'Harmattan, Paris, 2011, p. 196.

que *le peuple meurt faute de connaissance,* il s'agit, à coup sûr, des connaissances scientifiques à rechercher qui, légitimement, fondent l'espoir des humains de se rendre maîtres d'une nature si hostile à leur existence.

On est donc fondé à renforcer l'optimisme apporté par la science et à l'opposer au fatalisme terrifiant brandi par les religions et autres croyances mystiques. Fondée, non pas sur l'irrationalité et l'aveuglement dogmatiques des anciens philosophes et théologiens (dont certains modernes dans des sectes profondément nocives et polluantes qui infestent dangereusement l'environnement social congolais), la science, dans toute sa totalité, fondée sur la rigueur dans les raisonnements rationnels et logiques basés sur les réalités observables et mesurables, pourra un jour solutionner, comme elle l'a déjà démontré, plusieurs des défis qui se posent à l'humanité.

C'est elle qui fonde la puissance et l'émergence des peuples. Lui tourner le dos, comme en RDC, constitue la voie la plus sûre empruntée pour accéder à l'impuissance, la dépendance, la dégénérescence, la déchéance, la fatalité et, à terme, la disparition. L'Europe en sait quelque chose, elle qui, pendant 1000 ans, a stagné sous le joug de la papauté chrétienne qui imposait, contre la raison éclairante de la science, la déraison aveuglante et l'obscurantisme des crédulités d'essence dogmatique.[1]

Recherche scientifique et production des connaissances

De nos jours, la recherche scientifique se trouve à la base de la transformation des vies des hommes modernes. La prospérité économique et sociale, l'organisation de la vie sociale, les activités productives, les infrastructures économiques et sociales, la qualité de la vie individuelle et collective, la santé, l'éducation, la protection de l'environnement, etc., sont tributaires de la capacité des peuples et des États d'exploiter les résultats des recherches scientifiques pluridimensionnelles, internes ou importées.

Étant à la base des progrès humains sur tous les plans, la production et l'exploitation des connaissances font aujourd'hui l'objet de plusieurs réflexions stratégiques nationales et multinationales, si bien que l'histoire économique du monde démontre que les pays les plus avancés sont ceux qui abritent les structures de recherche les plus performantes. Ainsi, l'Europe, source de la recherche scientifique telle qu'elle est pratiquée aujourd'hui, se préoccupe fort de son recul en la matière, alors que les États-Unis et les pays d'Asie, avec en tête le Japon, suivi notamment de la Chine, des deux Corées (aux systèmes politiques opposés) et de l'Inde, y progressent de manière inexorable.

---

[1] Rodrigues TREMBLAY, *Pourquoi Bush veut la Guerre. Religion, politique et pétrole dans les conflits internationaux,* Les Intouchables, Montréal, 2003, pp. 17-34.

Yves Piertrasanta lance un adage : *«Regarde ce qu'est la recherche aujourd'hui, tu auras une idée de ce que tu seras demain ».*En effet, s'explique-t-il,*« la recherche façonne, modèle, influence notre vie dans son évolution, son devenir. Notre devenir. C'est en cela qu'elle nous concerne directement... L'état de la recherche, le degré d'avancement de ses travaux, les investigations qu'elle mène, décident bel et bien de notre existence. Nous devons donc nous en préoccuper, surveiller la direction qu'elle prend. La moraliser le cas échéant... Selon ce que l'on demandera aux scientifiques, selon les moyens qui leur seront attribués, des objectifs qui leur seront fixés, c'est notre mode de vie, notre vie et surtout celle de nos enfants, de nos petits enfants, des générations futures, que la recherche prépare ».*[1] Il est donc à la fois insensé et irresponsable pour un pays de ne pas se préoccuper de la recherche et des chercheurs, comme c'est le cas en RDC condamnée dès lors à l'ignorance, à l'obscurantisme des métaphysiques philosophico-religieuses et donc à la faiblesse chronique et compromettante.

Recherche fondamentale et recherche appliquée

> *« On peut disserter longtemps sur la différence entre découverte et invention. On découvre quelque chose qui préexistait... alors que l'on invente quelque chose de nouveau, comme un objet, un instrument, une technique ou un vaccin. Cependant, la frontière entre invention et découverte est floue... »* (Claude Brezinski)

Pour définir la ***recherche fondamentale***, je recours à ce qu'en dit le document français *« Encadrement communautaire des aides d'État à la recherche et au développement »* (Journal officiel 2006/C 323/01 du 30/12/2006). On y conçoit la recherche fondamentale comme *« des travaux expérimentaux ou théoriques entrepris essentiellement en vue d'acquérir de nouvelles connaissances sur les fondements de phénomènes ou de faits observables, sans qu'aucune application ou utilisation pratiques ne soient directement prévues. »*

Pour l'*Agence Nationale de la Recherche*, organisme français de financement de la recherche, *« la recherche fondamentale consiste en des travaux expérimentaux ou théoriques entrepris principalement en vue d'acquérir de nouvelles connaissances sur les fondements des phénomènes et des faits observables, sans envisager une application ou une utilisation particulière».*

---

[1] Yves PIERTRASANTA, *Ce que la recherche fera de nous,* L'Harmattan, Paris, 2004, pp. 13-14.

Le Code Général des Impôts en France définit la recherche fondamentale comme « *les activités [...] qui, pour apporter une contribution théorique ou expérimentale à la résolution des problèmes techniques, concourent à l'analyse des propriétés, des structures, des phénomènes physiques et naturels, en vue d'organiser, au moyen de schémas explicatifs ou de théories interprétatives, les faits dégagés de cette analyse* ».

On conçoit dès lors la recherche fondamentale comme la source de tout progrès, en cela qu'elle vise la compréhension des phénomènes naturels ainsi que des lois qui les régissent. Elle débouche sur la formulation des théories et des modèles explicatifs qui servent aux savants pour des applications (technologiques) d'utilité humaine. Toutes les inventions humaines résultent d'elle car c'est pratiquement toujours cette forme de recherche qui est à l'origine de nouvelles découvertes sur la matière et la nature qui inspirent toutes les performances des compétences techniques.

Comme le notent R. Bimbot et I. Martelly[1], la recherche fondamentale constitue la *source de concepts révolutionnaires*, permet de *comprendre les phénomènes naturels*, ce qui constitue *une étape indispensable à leur maîtrise pratique*. La recherche fondamentale féconde la mise au point *de nouveaux outils. Le monde d'aujourd'hui*, selon ces auteurs, est le *reflet de la recherche fondamentale d'hier*. Parlant de la recherche en France, ils dénoncent la tendance actuelle, pour la France, à favoriser les recherches appliquées plus rapidement productives aux dépens de la recherche fondamentale comme une grave erreur stratégique :« *L'industrie consacre un budget significatif à la recherche appliquée, plus rapidement productive, alors que des organismes publics, comme le CNRS ou l'Université prennent en charge l'essentiel de la recherche fondamentale. Dans un contexte économique difficile, la tentation est grande de réduire les moyens attribués à cette dernière. Mais, si les conséquences d'une telle réduction peuvent tout d'abord passer inaperçues, elles seraient à coup sûr catastrophiques à long terme. Sacrifier la recherche fondamentale constituerait un véritable suicide, intellectuel et économique, pour un pays développé* ». La recherche fondamentale constitue donc un élément essentiel dans le progrès des techniques et, par conséquent, le progrès de l'humanité.

Si, comme on vient de le voir, la recherche fondamentale vise l'acquisition des nouvelles connaissances ou, comme on le dit souvent, l'éloignement le plus loin possible des frontières de l'ignorance, sans nécessairement qu'il ne soit visé une quelconque application utilitaire, la **recherche appliquée**, quant à elle, « *part du besoin d'une application ou d'une amélioration de l'existant* ».

---

[1] René Bimbot et Isabelle Martelly, *La recherche fondamentale, source de tout progrès*, in http./histoire-cnrs.revues.org/9141#/tocto1n4

Ainsi en est-il de la recherche technologique (en sciences de la matière) et de la recherche-action (en sciences humaines) qui, toutes visent, chacune dans son champ d'action, la valorisation, au plan strictement utilitaire pour les humains, des connaissances et découvertes scientifiques fondamentales.

Pour bien marquer la complémentarité entre ces deux formes de recherche, on peut se reporter au cas de la science musicale. La recherche musicale fondamentale a découvert les 7 notes *do, ré, mi, fa, sol, la, si* et en a établi le mode de transcription, avec toutes les nuances prévues. Sur cette base, un nombre incommensurable de combinaisons harmonieuses de ces sons sont imaginées pour répondre à tous les types de styles musicaux agréables aux multiples oreilles culturellement formatées. Toutes les compositions musicales peuvent être solfiées.

En son temps, Descartes, critiquant la philosophie spéculative enseignée dans les écoles, disait ceci des applications utiles à l'humain : *« On peut trouver une pratique par laquelle, connaissant la force et les actions du feu, de l'eau, de l'air, des astres, des cieux et de tous les autres corps qui nous environnent, aussi distinctement que nous connaissons les divers métiers de nos artisans, nous les pourrions employer en même façon à tous les usages auxquels ils sont propres... »*[1] Cette conception pratique du savoir humain confère à l'homme et aux communautés humaines des aptitudes à se doter des *« moyens d'agir sur le monde, de prévoir, de modifier le cours de certains processus, de concevoir des dispositifs propres à mettre en œuvre et à exploiter certaines des forces des ressources matérielles de la nature ».*[2]

Grâce à la science, certains faits de la nature, considérés comme d'essence malveillante, comme les chutes et rapides d'eau, les pluies, le soleil, le vent, le tonnerre, le feu, l'obscurité, le froid, la chaleur, les épidémies, les volcans, etc., ont donné lieu, grâce à de folles et passionnées offensives des scientifiques pour en décrypter les propriétés et caractéristiques physiques et chimiques, à des récupérations technologiques au profit de l'utilité humaine.

C'est cet esprit de conquête de tout par le savoir scientifique, cette obsession à tout connaître et à tout comprendre qui, de l'avis de tous, fonde la force du savoir-faire et, par voie de conséquence, la puissance plurielle des pays occidentaux. Ainsi que l'écrit Mwabila M., *« la réalisation des projets technologiques complexes serait moins aisée sans la connaissance des lois scientifiques et sans un mode d'approche conduit par l'une des méthodes mises au point par la science... La méthode analytique définie par Descartes garde donc toujours toute sa force de pénétration et s'impose*

---

[1] Cité par MWABILA M., *op. cit.*, p. 27.
[2] Ilya PRIGOGINE et Isabelle STENGERS, *La nouvelle alliance. Métamorphose de la science*, Gallimard, Paris, 1979, cités par *Ibidem*.

encore dans des applications allant de l'élaboration des théories scientifiques à la construction des machines les plus complexes ». Il en conclut que*« quelque reproche qu'on puisse formuler à l'encontre du système des valeurs de l'Occident et de l'orientation qu'il imprime aux sciences et aux techniques, il faudra prendre en compte ce formidable héritage légué par lui à l'humanité. Le monde dispose maintenant d'un patrimoine ouvert à chaque nation et qui interpelle chacune d'elle à la poursuite de l'effort commun de l'évolution des sciences et des techniques ».*[1]

La RDC n'est pas exonérée de ce processus proprement humain, mais s'auto-exclut en tournant le dos à la science, en optant pour la *déraison* ténébreuse, fataliste, angoissante, étourdissante et abasourdissante, en lieu et place de la *raison* éclairante, inspiratrice, libératrice et créatrice d'espoir. Elle se marginalise et se condamne dès lors à l'ineptie car la corrélation positive entre l'utilisation de la techno science et le développement socioéconomique des pays est établi de manière non discutable.

La **recherche technologique** constitue donc la finalité utilitaire de la recherche scientifique, en ce qu'elle vise la valorisation des découvertes scientifiques en vue de répondre aux besoins des humains sur terre. En effet, généralement, les découvertes scientifiques fondamentales ne sont pas directement applicables dans leur état brut dans le processus de fabrication, de production ou d'institution des biens et services utiles aux humains. Il faut donc, à la suite de ces découvertes, étudier des combinaisons possibles pour rendre celles-ci fonctionnelles. Il faut, pour ce faire, procéder à des expérimentations pour en déterminer la *« faisabilité technique, les procédés techniques, les implications économiques, la rentabilité, les impacts écologiques et sociaux »* d'éventuelles réalisations utiles pour l'homme.*« Ces tâches sont réalisées par des ingénieurs, avec des équipes de techniciens, dans chacun des domaines concernés ».*[2]

Il est possible, comme c'est généralement le cas, que des inventions techniques précèdent des connaissances scientifiques sur leurs éléments physiques. Dans ce cas, pour rendre ces inventions, ces gadgets mis au point, fiables pour l'utilisation humaine, des études sont menées a posteriori pour comprendre les principes naturels qui rendent ces innovations spontanées possibles, en corriger les imperfections et en améliorer les performances.

Sans cela, les avions modernes, construits à partir de l'invention d'un engin volant par les frères Wright, anonymes fabricants américains de bicyclettes, ne seraient pas fiables aujourd'hui. Ils le sont devenus grâce à des études abondamment entreprises ultérieurement par des scientifiques, ingénieurs et techniciens pour comprendre les mécanismes explicatifs de vol

---

[1] MWABILA M., *op. cit.,* p. 28.
[2] Internet, recherche google.

d'engins lourds. Les nouvelles découvertes scientifiques, même produites en dehors du domaine de l'aviation, ont énormément contribué à rendre les avions plus sûrs, plus sécurisants, plus confortables et plus rapides que tous les autres moyens de transport des personnes et des biens. Il en est de même des découvertes scientifiques dans tous les autres domaines. A chaque accident d'un aéronef, des enquêtes sont menées et aboutissent à des corrections et améliorations qui rendent plus agréable et plus sécurisé le voyage par voie aérienne.

Les ordinateurs miniaturisés à la perfection aujourd'hui en vogue sont construits sur base des procédés mis au point dans la machine à calculer programmable inventée par Charles Babbage en 1837, lui-même inspiré de la machine de Blaise Pascal 1623-1662) et l'invention des cartes perforées par Joseph-Marie Jacquard (1752-1834), perfectionné 100 ans plus tard par Howard Aiken qui présenta son supercalculateur à IBM en 1937, bourré de plusieurs milliers de kilomètres de câbles, après avoir intégré les travaux de Babbage. En 1970, l'invention du microprocesseur, l'Intel 4004, consacra l'explosion de la micro-informatique en 1975. Aujourd'hui, les tout petits téléphones portables sont des ordinateurs de poche tout fait. Toutes ces évolutions positives n'ont pu se réaliser que grâce aux découvertes scientifiques importantes induites par ceux qui se sont mis à travailler dans la recherche fondamentale, parfois dans des domaines qui n'avaient rien à voir avec l'informatique.

Les produits pharmaceutiques ont également profité des découvertes de la recherche fondamentale. Durant mon enfance, rien que pour éliminer les vers intestinaux, la médecine moderne de l'époque ne proposait qu'une série de breuvages indigestes, alors que les enfants d'aujourd'hui n'ont plus comme vermifuges que de simples petites pilules ou sirop, parfois enrobées dans des produits au goût de sucre pour des composés amers. Il en est ainsi pour beaucoup d'autres médicaments, pour certaines pratiques chirurgicales, pour des examens de laboratoires et d'imagerie médicale, pour la vaccination, etc., qui ont tous bénéficié de nombreux apports de la recherche fondamentale. Mais celle-ci n'aurait aucune utilité si la recherche technologique n'exploitait pas, pour le bien des humains, ces ressources et produits, incluant diverses nouvelles découvertes scientifiques, parfois sans lien avec les différents domaines d'application.

En effet, *« l'on dit souvent que ce n'est pas en cherchant à améliorer la bougie que l'on pouvait découvrir l'éclairage électrique. De la même façon, des chirurgiens souhaitant procéder à des micro-interventions en des points quasi inaccessibles du corps auraient-ils inventé le laser pour remplacer leur traditionnel bistouri ? Proposé dans son principe par Einstein dès 1917, mis au point expérimentalement par l'Américain Mainman en 1960, le laser est un pur produit de la recherche fondamentale en physique, dans ce qu'elle a de plus abstrait : la mécanique quantique. Aujourd'hui, ses applications couvrent tous les domaines de la science, de l'industrie à la médecine, de la transmission par fibres optiques à la chirurgie de l'œil ou du système digestif, sans oublier la gravure des vidéodisques ».*[1] Il est donc établi que les découvertes induites par la recherche fondamentale peuvent déboucher sur des applications utiles souvent inattendues. Toutes les théories scientifiques élaborées par Einstein l'ont été sur des bases intuitives et spéculatives. Leurs véracités ont été établies par d'autres recherches en laboratoire et ont connu des applications auxquelles n'avait jamais pensé cet homme de génie.[2]

La *monétisation* et la *marchandisation* des découvertes scientifiques s'effectuent à travers les opérations dites de *Recherche-Développement (R&D)* qui consistent en des activités de mise en application utilitaires des connaissances acquises. Ainsi que l'explique F.-B. Mabasi, la R&D concerne les sciences exactes et combine trois objectifs : *« La recherche fondamentale, la recherche appliquée et le développement. Motivée par la curiosité, la recherche fondamentale vise à faire avancer nos connaissances, tandis que la recherche appliquée vise à obtenir des résultats utiles à l'innovation technologique. Dans son aspect développement, la recherche vise à appliquer les connaissances technologiques à la fabrication d'un matériel opérationnel susceptible de contribuer à l'amélioration des conditions d'existence ».*[3]

La R&D a une histoire qui part de la fin du 19ème siècle qui a vu la science prendre de l'ampleur et, avec elle, les tendances d'application. Le 20ème siècle, siècle de l'industrialisation massive, verra la R&D devenir la norme, avec l'implication des scientifiques, des universités, des États et des entreprises. Des centres de recherches, des laboratoires, des ateliers et d'autres champs et sites d'expérimentation ont été créés à tous les niveaux.

L'Allemagne avait servi de modèle, elle qui avait su ériger des universités en haut lieu de savoirs et de savoir-faire, tant pour leur production (recherche) que pour leur diffusion (enseignement). Les industries créées sur base des connaissances scientifiques se sont mises, dans le cadre de leur compétitivité, à monter leurs propres laboratoires de R&D, contribuant ainsi, en plus des structures universitaires et celles des États, à la création des emplois de chercheurs professionnels. C'est en ce moment que survient la nécessité pour les gouvernements d'élaborer des politiques scientifiques ou mieux, des politiques publiques en matière de science et de

---

[1] Recherche Google.
[2] Les prédictions d'Einstein. Dossiers du magazine *Le Point,* n° 2293 du 18 août 2016.
[3] F. B. Mabasi, *op. cit.,* pp. 114-115.

la technologie, conçues pour faire face aux défis sociaux majeurs propres à chaque pays.

Les États engagés dans cette voie créèrent dès lors *« des agences scientifiques afin de s'occuper des domaines comme l'agriculture et l'alimentation, l'armée, la santé publique, la fabrication industrielle et l'exploitation des ressources naturelles. Un cycle intégré va alors s'établir entre les gouvernements, les universités et les industries, formant les trois pôles de la R&D grâce auxquels celle-ci joue un rôle central dans la promotion de l'innovation et dans l'amélioration des conditions d'existence ».*[1]

La Recherche-action

Ce qui précède est vrai dans les divers domaines des sciences naturelles. Cependant, dans les sciences des sociétés humaines, les diverses disciplines pratiquent également leurs recherches tant au niveau fondamental qu'au niveau de leurs applications, les connaissances scientifiques issues des réflexions théoriques pouvant servir à éclairer la prise des bonnes décisions sociales.

En sciences sociales, la *recherche-action* constitue une méthode pertinente pour une meilleure utilisation de connaissances qui y sont produites sur la vie sociale. La recherche-action est une méthode de recherche qui met l'accent à la fois sur une meilleure compréhension des problèmes et une contribution active à la résolution des problèmes sociaux étudiés. La recherche est ici un moyen de connaissance, d'action et de formation. Le processus combine :

- **l'esprit scientifique**, celui de la remise en cause susceptible de déboucher sur des connaissances nouvelles ;
- **l'action**, parce que la recherche s'effectue sur un terrain où la vérification est possible, et ce, grâce à la mise en œuvre des connaissances acquises dans et en dehors du processus ;
- **la formation**, parce que l'expérience permet de tirer des leçons, de corriger les erreurs et d'adapter l'action à la situation, la même expérience pouvant servir à d'autres situations similaires.

La recherche-action poursuit ainsi à la fois deux objectifs: celui de produire des connaissances le domaine ciblé et celui de changer (transformer) la réalité par l'action. La relation dialectique entre recherche et action constitue une méthodologie appropriée pour étudier un domaine qu'il faut changer sur site d'étude, un domaine en devenir. Elle intègre les préoccupations utilitaires des décideurs et tient compte de l'environnement

---
[1] *Ibidem*, p. 116.

sociopolitique en présence. Elle requiert l'existence d'un acteur collectif, car il s'agit d'une démarche participative de chaque individu impliqué dans l'action collective, les différents acteurs devant participer à l'élaboration collective des réponses adaptées aux défis qui se posent à la collectivité à un moment donné de son histoire.

L'avantage ici est que la dichotomie chercheur-enquêtés s'estompe dans la mesure où tous participent à la fois à l'analyse du sujet qui fait problème et aux actions tendant à la résolution des défis rencontrés. Les groupements bénéficieront dès lors des formations à partir des connaissances produites par eux-mêmes. « *Dans le travail continuel d'une nation, elle encourage les efforts de la population à exposer leurs problèmes, à développer des alternatives et á prendre des décisions de façon autonome. Elle fait de l'évaluation en commun des résultats pour tous les intéressés, la condition pour d'autres mesures d'encouragement. Dans ce sens la recherche-action est fondamentalement participative.*
Avec la suppression de la division du travail de Recherche, *la recherche-action évite l'erreur fréquente des méthodes traditionnelles de recherche et de planification qui considèrent les* concernés *comme* réservoir d'information *passifs et incapables d'analyser leur propre situation et de trouver des solutions à leur problèmes.*
La fixation en commun de l'objectif visé, de l'approche méthodologique et des mesures à long terme par tous les intéressés ainsi que la réalisation d'actions exemplaires déjà au cours de la phase de planification servent à l'essai d'une coopération future. La responsabilité et la prise de décision qui, dans les structures traditionnelles de projet sont l'apanage de tierces personnes, bailleurs de fonds, experts et institutions publiques, reviennent ici aux bénéficiaires de mesures d'encouragement.
L'appui fourni par l'extérieur se limite au conseil et à l'accompagnement quand les artisans développent des activités autonomes et à un soutien quand ils s'efforcent de s'auto--organiser. Il mobilise l'initiative à la base pour se rendre finalement superflu ».[1]

La recherche-action peut ainsi aider les uns et les autres, savants et acteurs sociaux, à s'impliquer activement dans l'action collective, tous éclairés par les connaissances engrangées et consolidées dans le processus. Ici, toutes les intelligences sont mises à contribution, les unes et les autres se complétant harmonieusement pour déboucher sur des actions positives. En RDC, on tire rarement des leçons des échecs historiques et sociaux pour améliorer les diverses pratiques sociales. Faute d'accompagner l'action sociale par la recherche scientifique, toutes les voies choisies au hasard des croyances, des humeurs, des opportunismes... sont des faits d'improvisations

---

[1] Recherche Google

qui, non éclairées par la science, constituent la source méconnue de pérennisation de nos maux.

Notion d'intelligence collective

L'intelligence collective, je le souligne avec insistance, n'est pas à confondre avec des intelligences individuelles dont elle est distincte. Elle n'en est même pas la somme, ce qui explique son caractère de construit social et son extrême complexité. L'intelligence collective fait allusion à la capacité collective de toute une communauté humaine à se prendre en charge pour leurs besoins vitaux, sans devoir nécessairement compter sur les autres. Une communauté intelligente ne demande secours aux autres que lorsque ses efforts propres, locaux, autocentrés nécessitent un supplément de soutien externe.

Fait de groupe, l'intelligence collective peut, à coup sûr, souffrir des pesanteurs négatives des effets de groupe. Cependant, l'union des intelligences présentent des opportunités inouïes, si bien que les leaders les plus célèbres n'ont eu comme mérite que celui d'avoir su canaliser positivement ces intelligences vers la résolution des défis sociaux localisés. L'esprit des fourmis ou des abeilles dans une colonie peut inspirer la compréhension de ce que constitue une intelligence collective. Un documentaire scientifique fait état de l'intelligence collective des gnous qui les sauve et l'intelligence individuelle des zèbres qui en font plus facilement des proies faciles des prédateurs lorsque leurs troupeaux font route et traversée communes.

Cette localisation de l'intelligence collective peut se rapporter à tous les niveaux de société : des plus petites aux plus grandes, des moins complexes aux plus complexes. Elle peut concerner aussi bien la famille, le clan, la tribu, l'entreprise, l'institution, le territoire, la province, le pays, la région, le continent ou, pourquoi pas, le monde[1].

Ma préoccupation porte ici sur une intelligence collective congolaise, qui, seule, peut aider les Congolais à opérer les bons choix des manières de penser, de réagir, d'agir, de coopérer... Bref, des choix positifs pour des comportements utiles aussi bien aux intérêts individuels qu'à l'intérêt collectif ou encore des choix raisonnés des bonnes manières de vivre leur citoyenneté. L'intelligence collective congolaise peut concerner aussi bien des niveaux sociétaux restreints et localisés (famille, village, ville, territoire, province, entreprise, quartier...) que le niveau national (le pays) ou international (sous-région, région, continent, institutions internationales...), ou même planétaire (système-monde).

---

[1] Sur le *Système Monde,* lire E. BONGELI, *La Mondialisation..., op. cit..*

Sur ce, je fais mienne cette définition qui dit de l'intelligence collective qu'elle désigne *« les capacités cognitives d'une communauté résultant des interactions multiples entre ses membres (ou agents) »*. Il n'est pas nécessaire que ces derniers aient tous des connaissances poussées sur leur environnement ni qu'ils aient tous une conscience de la totalité des éléments qui influencent leur communauté. Une connaissance même partielle et une conscience même limitée suffisent pour emmener chacun à s'impliquer par un comportement responsable, même simple, à l'exécution des tâches même*« très complexes grâce à un mécanisme fondamental appelé synergie ou stigmergie ».*[1]

Les formes d'intelligence collective peuvent varier en fonction de la complexité des systèmes collectifs, sophistiqués ou simples. En effet, *"les sociétés humaines en particulier n'obéissent pas à des règles aussi mécaniques que d'autres systèmes naturels, par exemple les colonies d'insectes. Les caractéristiques de l'intelligence collective sont, pour les plus simples d'entre elles :*

- *Une information locale et limitée : chaque individu ne possède qu'une connaissance partielle de l'environnement et n'a pas conscience de la totalité des éléments qui influencent le groupe.*
- *Un ensemble de règles simples : chaque individu obéit à un ensemble restreint de règles simples par rapport au comportement du système global.*
- *Des interactions sociales multiples : chaque individu est en relation avec un ou plusieurs autres individus du groupe.*
- *Une structure émergente utile à la collectivité : chaque individu trouve un bénéfice à collaborer (parfois instinctivement) et sa propre performance au sein du groupe est meilleure que s'il était isolé ».*[2]

En RDC, je crois percevoir un modèle d'intelligence collective silencieuse mais extrêmement positive chez le peuple Nande. Dans cette grande communauté tribale, tous les membres semblent obéir à un code collectif de conduite qui leur fait agir rationnellement pour de significatifs progrès individuels et collectifs. Jusqu'ici, il me semble qu'aucune attention particulière des chercheurs ne semble être portée sur cette communauté d'exception, qui peut inspirer les Congolais en crise de modèles !

---

[1] Ce mot, en sciences, désigne un ensemble de réactions automatiques exécutées par les insectes sociaux pour aboutir à une œuvre cohérente.
[2] http://wilkipedia.org/wiki/Recherche_scientifique#cite_note-1

Convictions imaginaires

Cependant, quelque indispensable que soit l'intelligence collective, elle peut se révéler dangereuse, sclérosante, handicapante, sous-développante, arriérant... si elle est basée sur des prémisses discutables, sur des *idées fragiles,* pour reprendre l'expression de R. Boudon. En effet, lorsqu'un sujet cognitif croit, pour une raison ou une autre, à *« des idées douteuses, fragiles, voire fausses »,* observe Boudon commenté par M. Dubois, *« il lui arrive fréquemment de faire de cette adhésion la conséquence d'une argumentation qu'il lui est possible de reconstruire a posteriori. Cette argumentation représente un agencement logique de propositions, d'arguments... Cependant, alors même que toutes ces propositions sont valides, que le sujet est donc subjectivement fondé à adhérer à la croyance qui est la sienne, son argumentation peut aboutir à une conclusion objectivement fausse ».*[1] Cela arrive à tous les partisans de la logique métaphysique aristotélicienne pour qui, seule la rigueur du raisonnement compte et non le contenu. Il en résulte fréquemment que des syllogismes corrects montés sur des prémisses fausses débouchent sur des conclusions erronées.

Déjà grave de conséquences au niveau individuel, surtout si le sujet aux idées fragiles est socialement bien positionné, la chose devient bien plus préoccupante lorsque les idées fausses sont partagées par une communauté entière, lorsque ces idées erronées forment le socle de l'intelligence collective. Dans ce cas, l'intelligence collective devient nocive, amollit négativement les mœurs sociales, empoisonne les esprits, pousse à des actions sociales individuelles et collectives controversées et débouche sur des résultats mitigés.

C'est le cas actuellement vécu en RDC avec les croyances religieuses et/ou fétichistes qui ramènent les Congolais à vivre le Moyen-âge européen à l'aube du troisième millénaire. Que peut-on attendre d'un pays dont les citoyens croient majoritairement à l'omniprésence divine et/ou satanique et que le sort du pays est prédestiné par la volonté divine ? Que peut-on espérer d'un homme qui attend que s'accomplissent les miracles pour qu'il survive, sinon de la démotivation, de l'irresponsabilité, de la léthargie, de l'inaction, de l'indolence et du fatalisme pessimiste ? Il en sera ainsi tant que persistera cet aveuglement collectif par des enseignements magico-religieux obscurantistes qui font s'incruster des certitudes imaginaires dans le mental collectif congolais.

Le danger est donc grand car les gourous intouchables et incontestables ciblent une jeunesse malléable qu'on habitue aux postulats idéologiques pervers, ce qui fonde ma crainte de voir demain le pays crouler sous l'effet des adultes *anarchiquement* organisés et fondamentalement

---

[1] Michel DUBOIS, *op. cit.*, p. 304.

déresponsabilisés par des religiosités obscures. Rien qu'à observer la fréquence des divorces chez les jeunes encadrés par les gourous religieux aux dépens de l'éducation initiatique ancestrale, on peut se faire une idée sur le mal à venir au pays à la suite d'une spiritualisation sans *ethos*.

Le sujet mérite que l'on insiste, d'autant plus que les religions occupent une place de choix parmi les facteurs sociaux qui influencent l'émergence ou la mise en stigmatisation de la science. Ainsi que le note Y. Gingras, *« les valeurs et doctrines religieuses ont été invoquées autant comme facteur positif expliquant l'institutionnalisation de la science dans l'Angleterre du XVIIème siècle que comme obstacle au développement scientifique ».*[1] Les doctrines du puritanisme protestant ont été invoquées par plusieurs auteurs (R. K. Merton, M. Weber...) comme ayant joué un rôle cardinal au départ dans la légitimation de la science, le catholicisme ayant, quant à lui, posé d'énormes obstacles quand les scientifiques ont commencé leur combat pour leur légitimation et leur reconnaissance sociales.

Les sciences qui contestent les assertions religieuses les plus socialement enracinées, comme l'astronomie ou la biologie depuis Darwin, de même que la sociologie critique des religions ne sont pas les bienvenues dans le monde flou des croyants où on cultive moult *certitudes imaginaires*. En RDC, le mot *science* lui-même est péjorativement connoté dans les milieux des croyants, trop nombreux au pays : *bato ya science (les hommes de science)* désigne des personnalités supposément attachées au mysticisme !

La science peut également être contrainte par des idées politiques des despotes ignorants. Démystificatrice par essence, la science n'intéresse les dirigeants que lorsqu'elle contribue à renforcer leur pouvoir, peu importe l'orientation imprimée, même négativement, à leur leadership. S'il y a eu des scientifiques qui ont développé des pays entiers grâce à des stimulations étatiques, on a vu des politiques cambodgiens éliminer leurs intellectuels, de même qu'on a vu les scientifiques allemands entraînés dans les projets hitlériens funestes. Couteau à double tranchant, bien sûr, mais toujours *positivable* !

Dans tous les cas, seule la croyance aux vertus de la science peut fonder une foi certaine en un avenir prometteur à bâtir collectivement, à l'aide des connaissances scientifiques fiables et non pas d'un Dieu Tout Puissant (qui a déjà tout donné à l'homme) ou d'un Satan malveillant qui n'existe que dans l'imaginaire collectif de nombreux croyants sans cesse angoissés, effrayés, apeurés, terrorisés par des fictions humaines virtuelles, invisibles, insaisissables... Ainsi que l'affirme Al Gore, *« les découvertes de Copernic, Galilée, Descartes, Newton et de tous ceux qui ont été à l'origine de la révolution scientifique ont contribué à faire accepter l'idée que, **quels que***

---

[1] Y. GINGRAS, *op. cit.*, p. 11.

soient le rôle ou les plans de Dieu, la connaissance rendait le progrès inévitable dans les sociétés humaines ».[1]

On ne triche pas avec la nature. Il faut donc libérer les esprits de certaines pesanteurs socioculturelles ancestrales, magico-religieuses ou idéologiques douteuses, sans fondement vérifiable, la science elle-même étant née des contestations légitimes des connaissances vaguement élaborées dans une langue alors inaccessible au commun des mortels, le *latin*.

La science libère de l'ignorance, véritable fléau à extirper de la vie sociale. Il faut donc dénoncer, à la suite de F. Bacon, les *idoles* qui entravent la recherche des connaissances par de rigoureux procédés scientifiques. C'est le sens de la lutte menée par divers scientifiques vers la fin du XIXème siècle pour légitimer la science en en déclarant la fiabilité au détriment d'autres formes de constitution et d'acquisition des connaissances. Ainsi, rapporte Y. Gingras[2], en 1870, A. W. Williamson, président de la Société de chimie de Londres, dans un discours intitulé *Plaidoyer pour la science pure*, demande explicitement *« la reconnaissance par l'État de la science pure comme un élément essentiel de la grandeur nationale et du progrès ».* Pour sa part, en 1883, le physicien H. A. Rowland déclare que *« ceux qui veulent se consacrer à la science pure dans ce pays doivent se préparer à affronter l'opinion publique avec beaucoup de courage ».*

Max Weber, quant à lui, met en lumière l'influence des facteurs sociaux en observant que science et croyance sont intimement liées, que *« la croyance en la valeur de la vérité scientifique est un produit de certaines civilisations et n'est pas une donnée de la nature ».* Il faut donc imposer cette culture d'acceptation de la science comme unique source de vérités, tout en l'ancrant sur des cultures localisées. Cette plaidoirie prend toute sa signification en RDC où des *idoles* de toute sorte empêchent le déploiement des efforts intellectuels requis par les démarches certes fort ennuyeuses de la science.

Le sociologue américain R. K. Merton reprend cette observation de M. Weber et plaide pour l'adoption de certains postulats tacites et l'imposition de certaines contraintes institutionnelles pour que la science s'impose et progresse. En effet, comme dit plus haut, certaines sciences ainsi que leurs pratiques et méthodes d'investigation peuvent heurter certaines valeurs admises ou menacer certains acquits culturels (les croyances religieuses, par exemple) ou certaines faveurs sociales (par exemple, des réflexions sur le Genre dans une société phallocrate, ou encore sur les inégalités dans un

---

[1] Al GORE, *Le futur. Six logiciels pour changer le monde,* Nouveaux Horizons, Paris, 2013, p. 20.
[2] Cité par Y. GINGRAS, *op. cit.,* pp. 17-24.

contexte de système d'exploitation) ou même énerver un pouvoir établi lorsque l'on analyse froidement les pratiques politiciennes négatives.

La rationalité scientifique constitue elle aussi une valeur culturelle qui reste à acquérir, à défendre, à enseigner, à imposer, à prouver... L'antiscience constitue tout autant une valeur culturelle que les scientifiques devraient extirper dans le mental collectif, tâche loin d'être aisée en RDC où même certains universitaires (y compris les dirigeants politiques) se laissent aller dans de flagrantes irrationalités, si on les considère d'un point de vue scientifique.

Certains pragmatistes conspuent souvent les démarches scientifiques au profit des actions concrètes, même quand celles-ci se révèlent sources de déviations politiques, économiques et sociales. Ces attitudes anti-intellectuelles ont été maintes fois épinglées dans l'histoire des sociétés, surtout lorsque les scientifiques s'arc-boutent dans le culte de l'expertise avérée ou pas (comme c'est le cas de la science économique néolibérale ou celui du juridisme déconnecté de la réalité).C'est la lutte permanente entre expert savant et profane ignorant, entre universitaire suffisant et autodidacte limité, entre la précision de la connaissance savante et les tâtonnements ou la déviation du savoir commun... Ce qui appelle à des relativisations circonstanciées selon les cas, surtout dans le domaine des sciences qui concernent l'homme dans la société.

Action publique incitative

La constitution de l'intelligence collective ou sociale suppose une réciprocité dialogique permanente entre citoyens et savants et reste fonction du niveau d'éducation atteint par l'ensemble de la population d'une communauté donnée. Ceci implique nécessairement l'action publique en matière d'éducation, mais pas n'importe laquelle, surtout pas de cette éducation nationale congolaise héritée du système colonial. Maintenue telle quelle, elle se dévoile sa qualité de productrice de cerveaux inutiles, inutilisables, incompréhensibles, formatés, dressés et déconnectés. Je pense plutôt ici à une éducation reconstruite, ancrée dans la réalité et porteuse d'espoir pour l'avenir, donc d'une éducation qui fabrique des cerveaux consciencieux, utiles, utilisables et rentabilisables.

C'est donc là une affaire d'État. Les idéologues libéraux des pays avancés sur le plan scientifique spéculent, comme toujours, sur l'implication négative de l'État dont, comme toujours, ils déconseillent les interventions dans le domaine de la recherche. Ils invoquent, pour ce faire, les déviations signalées sous l'ère soviétique ou sous le règne nazi. Si cela était vrai, il n'en est pas moins vrai qu'à ce jour, plusieurs recherches militaires amorcées par certaines entreprises privées n'auraient pas lieu si elles ne répondaient pas aux besoins de leurs États respectifs, leurs seuls clients en interne en même temps qu'ils jouent aux agents commerciaux des entreprises nationales d'armement. Ne voit-on pas les Présidents et Ministres français se muer en agents marketing pour les armes et autres produits High Tech (avions, navires...)*made in France* ?

Aussi, l'histoire des sciences et des techniques démontre que celles-ci n'ont pu se développer ni être intégrées culturellement que grâce aux actions publiques d'envergure, parfois même d'allure dictatoriale. La puissance publique reste donc, aujourd'hui comme hier, un partenaire incontournable pour booster la science et la technique. Pour les États scientifiquement avancés, les gouvernements ont joué des rôles clés pour accompagner les scientifiques par la mise en place et le financement des premières institutions vouées à la recherche scientifique. Aujourd'hui encore, la recherche militaire, des privés comme des armées, dépendent des commandes et des financements publics. Même les ventes des certains types d'armes sont soumises aux autorisations étatiques, étant entendu qu'on ne peut offrir de puissants moyens de défense ou de développement à des pays ou entreprises pouvant menacer des intérêts des grandes puissances scientifiques.

Ce qui est vrai pour les États scientifiquement assis, l'est encore plus pour les États faibles qui, pour rattraper leur retard ont besoin de brûler les étapes, profitant des circuits d'informations et de communications scientifiques et technologiques les plus variés, surtout avec le développement spectaculaire des NTIC. Que serait devenu la Chine sans l'intervention de la dictature impitoyable tant décriée en Occident des dirigeants fort éclairés du Parti Communiste Chinois ? Si la culture scientifique n'y avait pas été imposée depuis l'époque de Mao, la grande Chine serait aujourd'hui gérée par l'idéologie du Dalaï-Lama, celle des Moines bouddhistes croyants, illuminés, adorateurs, improductifs et mendiants ! Le monde serait autre !

L'action publique reste aussi attendue dans l'éducation qui doit préparer les cerveaux à la recherche scientifique, les universités et grandes écoles publiques jouant le rôle de vastes pépinières de préparations des têtes inspiratrices et fécondantes.

L'action publique devra également, même de manière non démocratique, forger et forcer (imposer) une citoyenneté nouvelle en luttant contre toute forme d'intoxication culturelle en vue d'extirper toutes ces idoles qui poussent à l'idolâtrie et au viol des consciences des citoyens, surtout jeunes. La nécessité d'une intelligence collective positive peut exiger qu'on ne s'encombre pas de prétendues valeurs démocratiques ou de respect des droits de l'homme, principalement inspirés d'une occidentalisation tournée vers les basses jouissances et l'hédonisme distrayant. Qu'on se le dise, les loisirs des masses aujourd'hui en vogue en Occident sont les fruits des travaux laborieux des générations anciennes qui se sont sacrifiées pour bâtir des nations fortes dont les héritiers jouissent aujourd'hui. Les Chirac, Sarkozy, Hollande et leurs collaborateurs ont hérité d'une France forte, aux structures infrastructurelles, économiques, industrielles, politiques, administratives, éducatives et culturelles consolidées par Charles De Gaulle, acteur étatique fondateur de premier plan, aux allures plus dictatoriales que démocratiques.

L'activité scientifique doit donc être soutenue par l'État en vue de forger des idéologies novatrices, créatrices de valeurs nouvelles. Celles-ci naissent des confrontations entre les quiétudes des conceptions installées, acceptées et mises au-dessus de toute suspicion, au-delà de toute menace de remise en question d'une part, et, d'autre part, les stimulations à la critique des situations vécues en rapport avec les défis actualisés d'un monde en perpétuel mouvement. Ces nouvelles valeurs, qui peuvent être inédites « *représentent, selon François Palama, des principes auxquels doivent se conformer les manières d'être et d'agir... qu'une personne ou une collectivité reconnaissent comme idéales et qui rendent désirables et estimables les êtres ou les conduites auxquelles elles sont attribuées. Elles sont appelées à orienter l'action des individus dans une société, en fixant des buts, des idéaux. Elles constituent une morale qui donne aux individus les moyens de juger leurs actes et de se construire une éthique personnelle* ».[1]

C'est là une tâche si cardinale et si stratégique qu'elle ne peut en aucun cas relever du bon vouloir des particuliers aux conceptions floues, à la limite de l'obscurantisme, induites par des vendeurs d'illusions que sont, notamment, les églises et sectes religieuses locales ou étrangères, les *multinationales culturelles* (Ngoma Binda), les ONG, les sectes et partis politiques, les pseudosciences (comme l'insoupçonnée sacro-sainte science économique officielle ainsi que les techniques néolibérales qu'elle induit), bref, tout ce qui inspire des conduites humaines négatives, fondées sur des savoirs fétichistes, ténébreux, aliénant et arriérant les esprits. Fort malheureusement, l'université congolaise ne peut échapper à la suspicion. En effet, inféodée aux universités métropolitaines, du fait de la non *tropicalisation* de ses programmes, la non adaptation des connaissances surtout en sciences humaines, elle peut légitimement - pourquoi pas ? - être suspectée de propagation des savoirs douteux, dans tous les cas inutiles.

Affaire d'État, donc. C'était un des objectifs fondamentaux des pères fondateurs des premiers États-Nations, depuis le Français Louis XI, initiateur du premier État-Nation et ses imitateurs, jusqu'aux dirigeants des États-Nations modernes, ceux qui ont réussi à hisser leurs pays aux faîtes des

---

[1] F. PALAMA Bongo Nzinga, *Penser l'incertain. Application à l'audiosociologie et au schéma audiosociologique,* Presses Universitaires de Kinshasa, Kinshasa, 2015, p. 107.

Nations puissantes. Quand l'État se désintéresse de cette fonction, par ailleurs éminemment régalienne, on aboutit à l'absence suicidaire d'une intelligence collective, avec comme conséquences : l'inexistence d'une intelligentsia locale au sens d'un corps éclaireur d'élite, le manque de repères pour les populations, surtout les jeunes qui tombent dès lors entre les mains manipulatrices des gourous et autres illuminés qui opèrent dangereusement, en plein découvert, au vu et au su de tous, dans l'indifférence générale !

A l'aube du XXIème siècle qui augure le nouveau millénaire, jamais la jeunesse congolaise n'a été aussi dévoyée, gaspillée d'une part par un système éducatif irréfléchi, assombrie d'autre part par d'obscurs enseignements religieux et autres pratiques sectaires, happée dans les loisirs et l'oisiveté par des programmes télévisés distrayants, engloutie dans la manipulation insensée des produits des NTIC dits réseaux sociaux, bref, une jeunesse qui n'inspire que peu d'espoir sur le devenir de la Nation. Allons donc comparer avec ce qui se passe au Japon ou en Corée en la matière, comme le montre clairement le texte en annexe sur le cas nippon !

Organisation de la recherche

Par extension, la recherche scientifique fait également allusion au cadre social, économique, institutionnel et juridique dans lequel se déroulent les activités de quête de connaissances scientifiques. La recherche scientifique, telle qu'elle est organisée à ce jour, a une histoire.

Comme déjà dit, la recherche des connaissances s'effectue depuis que l'homme est homme sur terre. Cependant, souvent entreprise à ses débuts par des individus isolés, travaillant sans normes établies, chacun s'y adonnant à sa manière, la recherche scientifique ne s'est affranchie des spéculations individuelles ainsi que des pratiques *proto-scientifiques* que lorsque, à partir du XVIème siècle, Francis Bacon (1561-1626) suggère que la recherche des connaissances sur la nature au service de l'homme soit organisée pour de meilleurs rendements.

Le progrès scientifique est ainsi reconnu comme porteur d'intérêts socioéconomiques, politiques et militaires certains. Chaque gouvernement responsable devrait en conséquence s'intéresser à ses savants, se mettre à les organiser au sein des institutions appropriées de recherche scientifique, conformément à des politiques scientifiques inspiratrices en vue d'orienter les travaux en la matière.« *Dans son utopie de la* Nouvelle Atlantide, *Bacon imagine en particulier une* Maison de Salomon, *institution préfigurant nos modernes établissements scientifiques, où sont rassemblés tous les moyens d'une exploration scientifique du monde. Cette Maison de Salomon inspirera la création de la Royal Society, en 1660 ».*[1]

C'est à partir des XVIIème et XVIIIème siècles que se créent les premières Académies, qui constituent le début de l'institutionnalisation de la recherche, jusque-là organisée en privé, au gré d'éventuels mécènes. Au XIXème siècle, la recherche se professionnalise réellement, avec l'apparition des premiers chercheurs professionnels. Enfin,« *la Seconde Guerre mondiale a été le déclencheur de la conception de nombre des systèmes d'intégration de la recherche dans la stratégie de développement économique et de défense des États modernes. Vannevar Bush, aux États-Unis, est considéré comme un pionnier de cette organisation, qui a fait pression sur le monde politique pour la création de différentes instances, dont la National Science Foundation ».*[2]

A partir de là, tous les pays aujourd'hui développés se sont chacun doté d'un système spécifique d'organisation de la recherche scientifique. Chaque système est conçu de manière à répondre aux défis complexes qui se posent dans chaque pays concerné. Les préoccupations de recherche se comptent dans tous les domaines de l'activité humaine, tant dans les domaines des sciences naturelles et appliquées que dans ceux des sciences sociales.

Les dispositifs liés aux différentes filières de recherche sont également diversifiés, en rapport avec leurs natures différentes. Ainsi, par exemple, les recherches en chimie, en biologie, en physique, géologie, agronomie... requièrent plus d'instruments de laboratoires, souvent trop coûteux, que ne pourraient en avoir besoin les recherches dans les différentes branches des sciences sociales (droit, sociologie, politologie, anthropologie, économie, démographie, psychologie, management, etc.).

Les institutions de la science

Le terme institution ici renvoie aussi bien aux organisations publiques et privées au sein desquelles se déroulent les activités scientifiques (universités, académies, laboratoires de R&D dans les entreprises, laboratoires publics...) qu'à un ensemble de règles socialement admises et qui permettent aux sciences d'évoluer de manière autonome, en dehors des pesanteurs religieuses, politiques ou civiles. Ce, en vue d'en garantir une relative neutralité, requise pour en fiabiliser les résultats et en assurer la pérennisation. On peut alors dire de la science qu'elle constitue *« une institution lorsqu'elle acquiert une certaine autonomie et possède ses règles propres ».*[3]

---

[1] Wikipedia.
[2] *Ibidem.*
[3] Y. GINGRAS, *op. cit.*, pp. 29-44.

Pourtant, depuis la nuit des temps, la production des savoirs a été l'œuvre de quelques individus passionnés, curieux, follement obsédés par un penchant inexplicable, quelquefois assimilé à la folie, à la compréhension des choses et du monde. Ces hommes d'une autre nature ont souvent été incompris dans leurs communautés respectives. Certains ont même connu ostracisme, emprisonnement ou même peine de mort. Plusieurs intellectuels qui osaient remettre en cause, au nom de l'objectivité scientifique, les pseudo-vérités des rois ou celles, plus confuses, des princes des religions institutionnalisées avaient été victimes d'inquisitions légitimées.

C'est lorsque, au déclin de l'influence de la papauté, les politiques ont commencé à s'intéresser à leurs scientifiques que les premières moutures institutionnelles qui se pérennisent dans la modernité actuelle ont commencé à voir le jour, à l'instar de celles plus anciennes qui, dans l'Antiquité, étaient promues par Ptolémée (Musée et Bibliothèque d'Alexandrie) ou par d'autres princes dont les empires avaient atteint des niveaux avancés de complexité (tels la Mésopotamie, l'Égypte, la Chine ou l'Inde).

Un peu partout, ce sont les nécessités sociales qui ont généré l'émergence des savoirs, même les moins liés aux pratiques ou les plus spéculatifs comme en philosophie, en mathématiques, en astronomie... Yves Gingras, se référant à l'existence des tablettes de calcul dans les écoles de scribes en Mésopotamie, note que « *les savoirs les plus abstraits et les plus généraux, qui dépassaient les besoins immédiats, ont pu émerger comme produits dérivés d'un cadre institutionnel pédagogique qui encourageait à créer des exercices de plus en plus compliqués pour développer chez les élèves des habiletés de calcul. Le savoir pur apparaît ainsi être une conséquence imprévue des conditions institutionnelles de développement des savoirs pratiques* ».[1] L'auteur identifie cette institutionnalisation de la recherche moderne comme l'affaire des mécènes, des universités, des académies et des laboratoires industriels et gouvernementaux.

En effet, le **patronage** (p. 33), à l'origine des sciences, était le fait des princes qui, soit pour des besoins pratiques, soit pour des fins de prestige, soutenaient des savants. Ce système persiste encore de nos jours avec le mécénat, les fondations (Ford, Rockefeller, Konrad Adenauer...). Certains savants avaient disposé de leurs propres ressources pour financer leurs travaux (Lavoisier, Darwin, Descartes...). Différentes prestations au sein des cours princières (comme le préceptorat) ont favorisé l'avancement de certains travaux (Aristote, Galilée, Descartes...). Certains laboratoires financés par des mécènes ont boosté les recherches en botanique, agronomie, médecine, astronomie... Cependant, malgré le caractère aléatoire des productions savantes grâce au patronage, ces connaissances ont connu une

---

[1] *Idem,* pp. 31-41.

diffusion significative à travers l'Europe à la suite de certaines institutions princières, mais surtout à la suite de la création des universités.

Les **universités** (p. 35) apparaissent« *au début du XIIIème siècle et prolifèrent ensuite à travers l'Europe, fournissent une nouvelle institution dont la stabilité facilitera et stimulera le développement des sciences ».* La vague de création des universités par les États européens qui leur reconnaissent une certaine autonomie favorisant le désintéressement et le doute méthodique dans le chef des savants, fera de l'Europe un continent avancé dans la quête des connaissances. Cependant, l'université, tout en offrant des carrières à des personnalités savantes, restera seulement réduite au rôle de transmission des connaissances validées par le corps professoral.

C'est la réforme induite dans les universités allemandes par Wilhem von Humboldt, fondateur, en 1810, de l'Université de Berlin, qui associe, pour la première fois dans le monde, l'enseignement à la recherche scientifique. Cela constitue *« une innovation institutionnelle majeure qui intègre la formation à la recherche dans une institution jusque-là considérée comme un simple lieu de reproduction du savoir et de formation professionnelle (droit, médecine, théologie). La création des séminaires de recherche et de diplômes spécialisés de doctorat (le Philosophae Doctor, PhD) rendra possible une croissance importante du nombre de chercheurs spécialisés dans des disciplines de plus en plus variés ».*

Cette innovation fera de l'Allemagne le centre mondial de la science jusqu'en 1930. Ce modèle *d'université moderne* est resté dominant depuis le XIXème siècle jusqu'à nos jours où les plus grands savants se retrouvent dans les universités ou en sont issus (en sont diplômés). La part des autodidactes s'est considérablement amenuisée et,« *de nos jours, et ce dans la plupart des pays, les universités sont responsables de la majorité des publications savantes, suivies de loin par les instituts de recherche et les laboratoires industriels et gouvernementaux ».*

Les **Académies**, qui sont des sociétés savantes apparues au XVIIème siècle, furent des lieux de légitimation et de visibilité sociale des sciences. Les premières nées de la série de ces institutions qui survivent jusqu'à ce jour sont la *Royal Society* de Londres née en 1662 sous l'instigation de F. Bacon, suivie 4ans après par l'*Académie royale des sciences de Paris,* œuvre de Colbert. Si la *RoyalSociety* est une émanation« de la volonté de ses membres qui, jusqu'aujourd'hui, se cooptent et cotisent, l'*Académie des sciences de Paris* a été officiellement créée par le Roi de France et comprend des membres rémunérés. C'est ce dernier modèle qui sera suivi par la plupart des pays européens.

Pour ne se focaliser que sur des questions posées par la science avec une relative impartialité, toutes les académies interdisaient la religion et la politique *« comme sujets de discussion lors des réunions. Loin d'être seulement symboliques, de tels gestes d'exclusion constituent une façon concrète de construire une autonomie en évitant d'empiéter sur des domaines relevant du politique et du religieux... L'académie se veut donc un microcosme dans lequel les règles de la science dominent et passent avant celles de la politique et de la religion ».*Cependant, alors que ce sont les académies qui constituaient les hauts lieux de la science au moment où les universités croupissaient dans la pauvreté, il faut attendre le XIXème siècle pour voir les universités réformées devenir *« vraiment des centres de production du savoir, reléguant les académies à une fonction symbolique de reconnaissance de l'élite scientifique »*.

Les **laboratoires industriels et gouvernementaux** sont impliqués dans la résolution pratique des problèmes posés dans les entreprises ainsi que ceux perçus comme importants par l'État dans la gestion des communautés et qui requièrent des solutions spécialisées (dans les industries, en agriculture, géologie, environnement, éducation, santé, infrastructures, normalisation, etc.), au moment où les universités s'adonnent à la recherche fondamentale. Les États industrialisés s'impliquent ainsi davantage dans la recherche scientifique par la création des institutions chargées de résoudre des problèmes pratiques et utilitaires qui se posent dans la vie sociale.

L'organisation de la recherche est donc essentiellement une affaire d'État. Même quand, comme dans certains pays développés, les entreprises et autres organisations privées s'en occupent, quelquefois plus que l'action publique, il n'en reste pas moins vrai que c'est l'État qui élabore les politiques scientifiques qui orientent la recherche scientifique et en favorise l'éclosion. Ainsi, par exemple, le Pentagone américain dispose du plus grand centre de recherche scientifique et technologique au monde d'où est né Internet, pour ne citer que cela.

Dans les pays pauvres, très peu de privés sont capables de s'offrir les moyens de se doter des structures lourdes et d'instruments coûteux que requièrent les travaux de recherche, sans parler de la rémunération des chercheurs, leurs collaborateurs et leurs administratifs pour une rentabilité aléatoire. Le financement de la recherche y est donc essentiellement une question d'État, d'autant plus qu'une large part dans les actions de recherche est le fait des universités et grandes écoles supérieures ainsi que des laboratoires et centres nationaux de recherche.

Dans des pays comme Israël, l'État prend en charge l'érection de plusieurs structures colossales de recherche, surtout dans le domaine des High Tech. Des découvertes scientifiques utilitaires sont rentabilisées par la cession onéreuse de brevets d'invention aux entreprises multinationales. Dans ce cas, le Gouvernement perçoit sa part de bénéfices dans les recettes réalisées. Les microprocesseurs, par exemple, dont sont équipés tous les ordinateurs portables dans le monde, sont issus des résultats de recherche des laboratoires israéliens. Ce pays des savants compte fondamentalement sur l'exploitation des cerveaux des hommes et femmes intelligents pour survivre dans les conditions qui sont les siennes (environnement désertique, absence de ressources naturelles, haines religieuses, précarité sécuritaire, hostilité ambiante, etc.).

J.-M. Le Breton[1] souligne que si l'Europe doit sa grandeur à la maîtrise de la science, son hégémonie a été tout aussi menacée par les Nations non européennes qui se sont servies de la même arme qu'elle a utilisée pour les dominer, à savoir, la même science. Il en a été ainsi hier des USA, de la Russie et du Japon, il en est le cas aujourd'hui de la Chine et de l'Inde, ainsi que d'autres Nations qui, bien que moins peuplées, n'en sont pas moins devenues puissantes intellectuellement, scientifiquement, culturellement et aussi économiquement (notamment les pays dits Dragons et Tigres d'Asie, le Brésil, la Turquie, l'Iran...) ou même militairement (Pakistan, Corée du Nord...). Dans tous ces pays, la part de l'État dans l'organisation et le financement de la recherche était et reste déterminante, surtout lorsqu'un État s'estime en retard dans un domaine spécifique, dont celui vital de l'armement, évidemment dans les limites tracées parle conglomérat des pays puissants, bellicistes, impitoyables, despotes internationaux et maîtres incontestés du monde.

Le cas des USA est plus tranchant dans la relation recherche scientifique/puissance nationale. En effet, à la fin du millénaire passé, l'hyperpuissance mondiale occupe *« une place privilégiée en matière de R&D (recherche et développement) - premier investisseur mondial (35,8% de la dépense mondiale) devant l'Union Européenne et le Japon, proportion la plus élevée de chercheurs par rapport à la population active globale (6,5 chercheurs pour 1000 actifs)... »*.[2]

Chaque pays se dote également d'un régime spécifique de recherche pour chaque domaine spécifique, selon les impératifs qui sont les siens. Il peut s'agir d'un régime utilitaire (lorsqu'il s'agit de répondre à un défi existentiel), d'un régime académique (lorsqu'il s'agit des recherches promotionnelles pour les besoins des enseignements de niveau supérieur) ou d'un régime technico-instrumental (dans le cadre des inventions technologiques). Dans tous les cas, la philosophie utilitariste guide les différentes politiques publiques, même s'il s'agit des recherches purement fondamentales, dont les produits pourront toujours servir, parfois beaucoup plus tard et là où on s'y attendait le moins.

---

[1] Jean-Marie LE BRETON, *op. cit.*.
[2] Michel DUBOIS, *op. cit.*, p. 5.

Normes et procédures scientifiques

Pour qu'une connaissance soit acceptée comme scientifique, elle doit répondre à des normes de procédure épistémologique et méthodologique établies par la communauté scientifique comme devant encadrer les pratiques scientifiques dans un domaine considéré. Cela aide à éviter certaines dérives, lorsque par exemple, des inventions fortuites sont plébiscitées sans que l'on en maîtrise scientifiquement les mécanismes, de sorte à rendre toute duplication ou incorporation utilitaire impossibles.

La nécessité des normes découle du besoin de régulation aux fins d'éviter l'anarchie, le désordre et faciliter les échanges entre scientifiques à travers le monde. Pour Pierre Bauby, par régulation, il faut entendre *« l'ajustement, conformément à une règle ou à une norme, d'une pluralité d'actions et de leurs effets, l'arbitrage entre les intérêts différents de tous les acteurs. Elle recouvre donc la* réglementation– *c.à.d. la définition des* entrées *(lois, contrats) -,le* contrôle *(c.à.d. la vérification de l'exécution desdites* entrées*) ainsi que les nécessaires adaptations. S'il y a régulation, c'est parce que les règles ne peuvent tout prévoir, doivent être interprétées, évaluées et perpétuellement adaptées en fonction des situations et des objectifs ».*[1]

S'agit-il ou non d'une responsabilité étatique ? Deux thèses s'affrontent à ce sujet. Pour les uns, les affaires scientifiques ne concernent que les scientifiques eux-mêmes. L'État devrait en être totalement écarté. Pour d'autres, comme pour moi, contre les anti-étatistes néolibéraux qui visent la désacralisation du rôle de l'État dans les tâches de régulation, l'État doit, bien sûr, laisser les scientifiques élaborer seuls leurs déontologies et méthodologies de façon autonome.

Cependant, l'État seul a le pouvoir de fédérer et d'imposer à tous des normes communes sans lesquelles la normalisation n'aurait pas de sens. Les différentes écoles peuvent, certes, chacune édicter ses propres normes. Mais seul l'État peut exercer le nécessaire rôle d'arbitrage régulateur et intégrateur. Comme le dit P. Bauby, *« il faut donc comprendre que l'État ne saurait tout maîtriser, prévoir, programmer, ni résoudre l'ensemble des contradictions de la société, mais qu'il peut les réguler - plutôt que de démissionner comme le proposent les néolibéraux - en enregistrant la représentation des intérêts et opinions contradictoires existants dans la société, en tentant de les agréger, de dégager des orientations stratégiques, qu'il peut légitimer et mettre - ou faire mettre- en œuvre ».*[2] Si l'État ne peut plus tout faire en raison

---
[1] Pierre Bauby, *Reconstruire l'action publique. Services publics, au service de qui?*, La Découverte - Syros, Paris, 1999, p. 187.
[2] Jean-Pierre GAUDIN, *L'action publique. Sociologie et politique,* Presses de Sciences Po et Dalloz, Paris, 2004, p. 188.

des expertises nouvelles et des initiatives privées innovatrices, l'intervention publique doit être redéployée *« quantitativement et qualitativement, pour lui permettre d'exercer pleinement ses responsabilités de régulation »*.

Pour Jean-Pierre Gaudin, la notion de régulation désigne *« la manière de codifier les règles légitimes ou de les recomposer »*. Il ne s'agit pas de se limiter à un arsenal des règles juridiques, car *« l'idée de régulation a conduit plus largement à s'intéresser aussi à l'élaboration des règles, c.à.d. aux ajustements sociaux et aux compromis qui les rendent acceptables »*.[1]

Le monde scientifique a connu les effets de l'absence des normes avec l'aventurisme de Lyssenko dont la pseudoscience a condamné à l'errance la recherche biologique agronomique en URSS. Depuis lors, on parle de *lyssenkisme* pour désigner une science en dérive, tronquée par l'idéologie, *« où les faits sont dissimulés ou erronément interprétés »*.[2] Un cercle de réflexion politique français, le *Club de l'Horloge*, décerne le *Prix Lyssenko* à des auteurs ou personnalités qui, par leurs écrits ou par leurs actes, ont apporté, selon le club, *« une contribution exemplaire à la désinformation en matière scientifique ou historique, avec des méthodes et arguments idéologiques »*, donc, selon des procédures non conformes aux différentes normes épistémologiques, méthodologiques et éthiques requises en la matière.

Jean Bricmont[3], dans un livre qui a fait polémique, a eu à relever les impostures intellectuelles en démontrant que certains savants faisaient recours à des mots sophistiqués pour faire passer des incongruités monstrueuses, scientifiquement parlant. Il n'a pas hésité à relever certaines citations insignifiantes, même dans les écrits des auteurs célèbres, admirés et incontestés. Face aux critiques, il s'est bien justifié en ces termes :*« Mais qu'affirmons-nous exactement? Ni trop, ni trop peu. Nous montrons que des intellectuels célèbres tels que Lacan, Kristeva, Irigaray, Baudrillard et Deleuze ont, de façon répétée, usé de façon abusive de terminologie et de concepts scientifiques: soit en utilisant des idées scientifiques totalement hors de leur contexte, sans donner la moindre justification empirique ou conceptuelle à cette démarche - soulignons que nous ne sommes nullement opposés aux extrapolations de concepts d'un domaine à l'autre, mais*

---

[1] *Idem*, p. 193.
[2] Wilkipédia. Le scientifique Jacques Monod écrira à ce sujet, en 1948 : *« Comment Lyssenko a-t-il pu acquérir assez d'influence et de pouvoir pour subjuguer ses collègues, conquérir l'appui de la radio et de la presse, l'approbation du Comité central et de Staline en personne, au point qu'aujourd'hui la vérité dérisoire de Lyssenko est la vérité officielle garantie par l'État que tout ce qui s'en écarte est irrévocablement banni de la 'science soviétique' ? ...Tout cela est insensé, démesuré, invraisemblable. C'est vrai pourtant. Que s'est-il passé ? »*
[3] Jean BRICKMONT, *Impostures iintellectuelles*, Éd. Odile Jacob, Paris 1997.

seulement aux extrapolations faites sans donner d'arguments - ou en jetant des mots savants à la tête des lecteurs non scientifiques sans égard pour leur pertinence ou même leur sens. Nous ne disons nullement que cela invalide le reste de leur œuvre, sur la validité de laquelle nous sommes explicitement agnostiques ».[1]

R. K. Merton[2], initiateur de la sociologie des sciences, considère les normes comme des prescriptions pratiques indispensables au bon fonctionnement du système fonctionnel de la science, afin de favoriser la production des connaissances objectives, valables pour tous. L'*ethos de la science* est formée d'un *« ensemble de règles, prescriptions, habitudes, croyances, valeurs et présuppositions intériorisées et vécues comme contraignantes par les scientifiques ».* Quatre principes de base sont pris comme impératifs institutionnels ou normes sociales devant régir toute pratique scientifique, en l'occurrence :

- L'**universalisme** qui consacre l'impartialité en tout point de vue des énoncés scientifiques qui doivent être valables en tout temps et en tout lieu car, comme le disait Louis Pasteur en 1884, *« la science n'a pas de patrie ».*
- Le **communisme** qui consacre que toute découverte scientifique constitue un bien commun à toute la communauté scientifique et non la propriété privée du découvreur. La publication (et non la confiscation) des résultats de recherche est le moyen de partager ce bien commun. Comme le dit Mwabila Malela, *« la conception de la science comme phénomène social total permet par ailleurs d'observer le dialogue scientifique à un double niveau : celui des échanges à l'intérieur d'une même discipline scientifique et celui des échanges dans un espace culturel donné selon une vision transdisciplinaire. Dans les deux cas, la liberté de communication des acquis scientifiques, érigée en Occident au niveau des valeurs importantes des libertés individuelles, a poussé la connaissance à réaliser des progrès considérables ».*

C'est ce qui a manqué à l'Afrique de nos ancêtres où, comme le chante Koffi Olomide, *« le maître ne transmet jamais toutes les connaissances à ses disciples, car il garde toujours un secret qui le perpétue comme maître ».* Même alors, la transmission des connaissances y obéissait aux règles de l'ésotérisme et se limitait à des cercles familiaux, rarement ethniques, contrairement aux Européens pour qui les connaissances,

---

[1] Dans "Que se passe-t-il?", *Libération*, 18-19 octobre 1997, p. 5. Cet article est une version légèrement modifiée d'un article publié en anglais dans le *Times Literary Supplément* du 17 octobre 1997.
[2] Robert King Merton, *The Sociology of Science. Theoretical and Empirical Investigations,* Chicago, University of Chicago Press, 1975, cité par Y. GINGRAS, *op. cit.,* pp. 53-55.

grâce à l'écriture et à l'école, étaient des biens collectifs appartenant à tous. *« La connaissance traditionnelle en Afrique, selon Mwabila M., en a subi un contrecoup fatal, elle se meurt en mesure qu'en disparaissent les dépositaires. Amadou Hampaté Ba a eu raison de comparer la mort d'un vieillard à la destruction d'une bibliothèque »*[1]. A cela, il faut ajouter le pédantisme de produits fortement occidentalisés de nos écoles qui les font détourner de tout ce qui relève de nos patrimoines cognitifs locaux.

Cependant, ce principe du partage des connaissances ne concerne pas les résultats des recherches technologiques et industriels qui, eux, sont des biens privés, protégés par des brevets d'invention et font l'objet des concurrences et espionnages que se livrent les entreprises pour conquérir les marchés.

- Le **désintéressement** concerne le caractère non lucratif du travail du savant qui ne doit même pas chercher de gloire personnelle. La communauté scientifique sanctionne toujours sévèrement ceux des savants qui ne se conforment pas à cette règle d'humilité. C'est pour cette raison que les États qui adhèrent à la science comme source de progrès s'organisent pour offrir aux chercheurs des conditions de vie décentes afin de les mettre à l'abri des besoins et de leur permettre de se consacrer à l'avancement de la science. La conséquence de la clochardisation des scientifiques dans notre pays est vécue en termes de perte définitive d'espoir de sortir un jour des chaînes d'un sous-développement mentalement et physiquement avilissant, entraînant une dépendance par trop honteuse sur tous les plans, même alimentaire ! Or, même les animaux sauvages savent au moins se nourrir eux-mêmes ! Après tout, s'interroge Shanda Tonme, *« pourquoi penserait-on que l'Afrique changerait de cap demain ou après-demain lorsque l'on se rend compte que c'est à peu près le seul continent où la recherche est absente ou insignifiante ? »*[2]

- Le **scepticisme organisé** recommande l'attitude critique face à toute nouvelle découverte qui devra être prouvée avant d'être acceptée et incorporée dans le corpus des connaissances scientifiques admises. Nul ne peut s'opposer à cette épreuve de la remise en question permanente des connaissances acquises, base de tout progrès de la science.

Valables pour toutes les disciplines et spécialités scientifiques, ces principes sont consubstantiels dans ce sens qu'ils opèrent toujours ensemble. Dans le domaine de la recherche, la régulation implique que, pour

---

[1] *Op. cit.*, pp. 41-42.
[2] *Op. cit.*, p. 31.

être reconnu chercheur, il faut remplir quelques critères objectifs, utiliser certaines procédures méthodologiques validées par la communauté scientifique du domaine considéré et obéir à certaines règles éthiques consacrées par une déontologie disciplinaire légitimée.

Volonté de puissance et esprit scientifique

Chaque État doit aspirer à la puissance. La faiblesse d'une Nation peut justifier la précarité de son existence, voire l'imminence de sa disparition. En effet, un État faible fait problème à lui-même ainsi qu'aux autres États, voisins ou pas. Contre lui-même, l'État faible, surtout s'il est pourvu d'atouts inexploités, peut faire l'objet des convoitises des uns et des autres. Ceux-ci peuvent saisir l'opportunité de son extrême vulnérabilité pour l'importuner économiquement, culturellement, politiquement et même militairement. La RDC, pays cognitivement nul, politiquement dominé, militairement faible, économiquement sous-développé, l'expérimente douloureusement aujourd'hui à ses dépens.

Vis-à-vis des autres États, voisins immédiats ou lointains, un État faible, non contrôlé, surtout quand il dispose de ressources rares, se transforme vite en foyer de reproduction de virus nocifs pour les autres aux plans économique, sociopolitique et sécuritaire : goulots d'étranglement et trous noirs économico-commerciaux, sources de maladies épidémiques (Infections Sexuellement Transmissibles et autres maladies transmissibles maîtrisées ailleurs), sources de migrations incontrôlables, site des rébellions internes au pays et externes contre les autres pays, niche d'organisations terroristes, site d'exploitation illicite des minerais précieux, champ de production et de commerce de drogues, proie facile à croquer militairement...

Un tel État offre toujours aux autres des occasions d'intervenir sur son territoire sous plusieurs formes et prétextes: sociopolitiques (État-bébé), économiques (exploitation éhontée), commerciales (marchés sous contrôle étrangers), culturelles (avec les multinationales culturelles et les NTIC), humanitaires (aides fatales) et même militaires (directes et indirectes). A la limite, il devra son existence au bon vouloir des autres qui décideront de son sort selon leurs propres objectifs stratégiques.

Tout État devrait donc, en principe, aspirer à la puissance à n'importe quel prix, pour pouvoir survivre dans un monde impitoyable, un monde de guerre permanente de toutes les nations contre toutes les nations, un monde régi par *le principe de Lucifer*.[1] L'histoire du monde est celle de la lutte entre

---

[1] Titre d'un essai de Howard BLOOM dans lequel il montre le caractère pervers et injuste d'un *« univers tissé de fils effroyables : violence, massacres, maladie et souffrance »*. Le Créateur *« ne pouvait être qu'une force perverse et sadique, dont il*

les peuples, les uns et les autres s'activant par tous les moyens à devenir toujours plus fort. *"L'histoire est le récit des tentatives faites par des peuples pour acquérir une puissance supérieure à celles de leurs voisins. Lorsqu'un État cesse de lutter pour développer sa puissance, le lien social qui tient rassemblés les citoyens s'effrite et se détruit, à moins que ce ne soit la dégénérescence de ce lien qui explique qu'un État abandonne son ambition"*[1]. Ne pas intégrer cette donne dans ses stratégies ne constitue ni plus ni moins qu'un consentement à rester un État-bébé, dont la survie dépendrait du bon vouloir des autres.

Tous les moyens d'accès à la puissance sont bons. Ici, même la violence, l'injustice, la dictature, le vol, le viol, le pillage, l'agression, les meurtres... bref, toutes les formes de cruauté, deviennent enthousiasmantes pour les citoyens qui nourrissent de nobles ambitions de puissance. Et lorsqu'un État devient puissant, l'imagination créatrice dans les arts, la littérature et les sciences s'en trouvent fécondées. Toutes les spéculations philosophiques, morales ou religieuses, toutes les activités professionnelles, toutes les déontologies locales, toutes les lois du pays... finissent par converger vers l'éducation citoyenne qui ne peut que nourrir des ambitions de puissance.

Il est des éléments qui constituent des ingrédients à la puissance, comme, notamment la forte démographie, l'étendue spatiale du territoire et l'importance des ressources naturelles. Cependant, ces facteurs ne peuvent être mués en facteurs de puissance réelle que lorsque les citoyens nourrissent de véritables aspirations à la grandeur et s'ils consentent à y affecter les moyens requis, essentiellement ceux liés à l'activité cognitive. Celle-ci, notamment, permet au pays de se doter d'armements nécessaires, physiques, psychologiques, intellectuels et stratégiques, de renforcer ses atouts économiques, de développer et diversifier ses atouts culturels et de les exhiber pour de raisons de dissuasion ou de défense effective en cas de nécessité.

D'ailleurs, à elle toute seule, l'activité cognitive suffit à rendre une nation forte, comme c'est le cas notamment en Europe en général, au Japon, en Corée du Sud, en Chine et en Israël. L'histoire universelle démontre que les Nations puissantes ont toujours développé des stratégies appropriées pour empêcher les Nations concurrentes à acquérir les moyens de puissance par l'activité cognitive. L'Allemagne défaite avait suscité une course effrénée des nations victorieuses qui s'y étaient précipitées en vue de récupérer des têtes

---

fallait entraver l'influence sur l'esprit des hommes ». (Editions Le jardin des Livres, Paris, 2001, p. 23.
[1] J.-M. Le Breton, *op. cit.,* p. 293.

savantes ou même de les éliminer, le cas échéant, pour ne pas les voir tomber entre des mains rivales.

Il y a donc, dans cette quête humaine de puissance, un besoin absolu de volonté politique des dirigeants, une acceptation, même aveugle, des citoyens *manipulés (formatés)* à cet effet soit par une propagande idéologique appropriée, soit par une éducation forcée à la citoyenneté stratégique, soit par un recours à la violence *(dictature positive),* même si celle-ci bafoue les droits humains individuels si cela se fait au profit de la puissance collective.

L'exemple historique le plus récent est celui offert par l'Allemagne Nazie et l'Italie de Mussolini. En effet, le peuple germanique est connu pour la notoriété scientifique de ses savants, la profondeur de pensée de ses philosophes, la grande éducation de sa population. Cependant, au nom de l'ambition de puissance, le Chancelier Hitler, le Führer, a pu, grâce à une communication politique et à une propagande massifiée, entraîner tout ce peuple, avec ses savants, scientifiques, ingénieurs, médecins, philosophes, religieux et stratèges, à adhérer à son plan funeste de conquête du monde, plan que tout homme sensé aurait pu imaginer condamné d'avance à l'échec. De la même façon, Mussolini, au nom de la renommée perdue du peuple romain qu'il fallait restaurer, avait pu, lui aussi drainer les Italiens à s'engager dans une guerre à laquelle le pays n'était pas préparé, allant même jusqu'à se faire applaudir en annonçant de fortes réductions salariales pour financer l'effort de guerre dans une opération vouée au chaos.

Même s'il s'agit là de mauvais exemples, il n'en reste pas moins vrai qu'ils aident à comprendre que tout État responsable a le devoir de se doter des moyens éducatifs nécessaires pour faire accepter à ses citoyens la nécessité de tout sacrifier, y compris leur vie, de tout déployer en termes de moyens humains et intellectuels, individuels et collectifs, de donner chacun ce qu'il a de meilleur en lui pour permettre au pays de se positionner dans le concert des Nations rivales par tous les moyens, même militaires.

Dans tous les cas, l'activité de quête de connaissance constitue le socle de toute stratégie de puissance. Un pays qui se priverait, sous quelque raison ou quelque prétexte que ce soit, des structures appropriées de recherche scientifique, technologique, organisationnelle et stratégique ressemblerait, à bien des égards, à un homme qui déciderait de fonctionner *sans cerveau*. En effet, une imposition idéologique, pour être exempte des arbitraires despotiques, doit s'appuyer sur un ensemble de valeurs collectivement partagées, sur des bases scientifiques également comprises par les citoyens d'un pays.

La recherche scientifique se trouve ainsi placée à la base, au milieu et au sommet du développement des peuples. A la base, les réflexions portent sur les objectifs nationaux pertinents. Au milieu, elles se focalisent sur les enseignements à tous les niveaux ainsi que sur les activités productives effectives. A la pointe, la recherche du *plus-et-mieux-savoir* féconde le *plus-et-mieux-faire,* pour une puissance accrue et entretenue, donc pour le *mieux-savoir-faire-et-vivre*. C'est donc une question de pure et haute volonté politique. Cette volonté politique, quand elle est ferme, motive et féconde les imaginations créatrices pour trouver les moyens de la politique de puissance prédéfinie et à implémenter.

Malheureusement, la nature ayant horreur du vide, la position prise par nos dirigeants de mettre en berne la responsabilité de l'État dans l'éducation civique des citoyens laisse la voie libre à tous les aventuriers aux savoirs suicidaires : les églises et sectes, les sorciers et féticheurs anciens et modernes, les médias multiformes avec des programmes intensifs des loisirs évasifs et abrutissants et autres multinationales idéologico-culturelles. Par exemple ce fléau insoupçonné, cette drogue légitimement administrée aux populations congolaises que constituent les matchs du football européen outrancièrement médiatisés, même dans nos villages !

Ces spectacles se disputent les écrans avec les trop controversées prédications pseudo religieuses dans le processus de ce que le philosophe Kä Mana appelle *imbécilisation* massive des Congolais. Ici en RDC. On projette déjà nos populations, surtout jeunes, dans l'ère ludique, alors que le pays attend voir des citoyens bâtisseurs le rendre *plus beau qu'avant*. Ici, le mot science n'a pas seulement été tourné en dérision, mais bénéficie d'une connotation scandaleusement péjorative et stigmatisant : *bato ya science (les gens de science)* désigne des personnages dangereux, occultistes, des enseignants et autres détenteurs des titres académiques, sorciers (au sens africain) des temps actuels (au sens moderne)...

Disponibilité des connaissances scientifiques

La science moderne est fille de l'Occident, même si ce dernier en a perdu le monopole aujourd'hui. A l'occasion des conquêtes coloniales, de la coopération entre les Nations et surtout de la mondialisation avec les nombreuses autoroutes de l'information offertes par Internet et les NTIC, les connaissances scientifiques se diffusent plus aisément, avec un flux plus abondant. Tous les États responsables, dans leur recherche effrénée pour acquérir de la puissance, ont reconnu la valeur et la pertinence de l'activité scientifique nationale et du statut spécial qu'il faut accorder aux chercheurs nationaux et alliés étrangers. En d'autres termes, tout État responsable cherche à susciter un esprit scientifique national.

Comme le disait Clément Mwabila, si l'on peut difficilement douter de l'universalité de la science, on doit au moins reconnaître qu'il existe, pour chaque nation, un esprit scientifique spécifiquement adapté à ses défis propres. Cela se concrétise visiblement dans le cas des recherches utilitaires (appliquées, technologiques). Ici encore, le rôle de l'État ne peut se diluer dans celui des particuliers, quel que soit le niveau d'expertise accumulé par ces acteurs privés.

Ce processus de l'émergence d'un esprit scientifique propre à chaque pays a comme socle les institutions éducatives qui forment l'élite scientifique locale. L'envoi des apprenants à l'étranger pour être rapatriés à la fin de leurs cursus académiques a toujours constitué un des moyens utilisés pour asseoir une base scientifique dans les pays non européens aujourd'hui classés développés ou émergents. Mais le moyen le plus porteur était d'abord de procéder à l'importation des experts européens (ou européanisés) pour former les premières générations des experts locaux sur place, quitte à ce que ceux-ci perpétuent la tradition de formation des générations futures des scientifiques. Y. Gingras cite les cas de l'Australie, du Japon et du Canada qui doivent leur développement en physique à *« l'importation de quelques professeurs-chercheurs britanniques qui ont formé une première génération de chercheurs locaux. Ceux-ci ont ensuite pris la succession et assuré un développement local moins dépendant de sources externes ».*C'est une pratique à laquelle recourent les pays soucieux d'acquérir ou de renforcer leurs assises scientifiques respectives.

On y recourt également en cas d'apparition de nouvelles disciplines ou spécialités scientifiques, comme ce fut le cas avec la chimie organique, spécialité qui a fait converger les scientifiques du monde entier vers *"la petite université allemande de Giessen, où enseignait Justus von Liebig, le lieu de formation de tout un contingent de spécialistes qui se sont ensuite retrouvés en Angleterre, aux États-Unis et dans d'autres pays où ils ont importé et développé les techniques de synthèse et d'analyse de composés organiques"*.

C'est de ces manières que les pays récemment modernisés se constituent les socles de leurs pratiques scientifiques respectives. Les scientifiques peuvent alors se constituer en lobby pour défendre leurs activités et faire reconnaître celles-ci comme indispensables pour développer leur pays sur la base d'un esprit scientifique national. C'est cette philosophie de la recherche scientifique, fortement localisée à l'échelle nationale, qui commande la spécificité des corps scientifiques nationaux. Ainsi, tel pays aura des compétences spécialisées dans tel ou tel domaine en fonction de son environnement propre, de ses aspirations collectivement partagées, des défis propres qui s'y posent, etc. C'est ici qu'émergent des *sociétés savantes nationales* qui valident l'émergence de certaines disciplines, tiennent des revues scientifiques spécialisées... A cet effet, Y. Gingras dit : *« Malgré l'idéal de la 'science universelle', les pratiques scientifiques effectives sont en fait toujours incarnées dans des contextes sociaux spécifiques, auxquels les savants doivent s'adapter pour créer les institutions qui rendent la recherche scientifique possible ».[1]*

On comprendra dès lors pourquoi des pays se sont spécialisés dans des domaines scientifiques et technologiques appropriés en rapport avec les spécificités différentielles de leurs différents environnements respectifs. Les Américains, en fonction de leurs ambitions hégémoniques planétaires, excelleront dans tout, notamment dans l'armement, la conquête de l'espace, l'aviation, les théories économiques, commerciales, géopolitiques et diplomatiques dominantes, l'offensive culturelle...

Les Français et les Allemands, après s'être ruinés dans les deux guerres, se sont réconciliés pour devenir les piliers d'une Europe unie et forte. Ils se battent pour se constituer une économie puissante en s'alliant aux autres pays du continent européen, face à une Amérique *hyperpuissante,* arrogante, envahissante et impérialiste (même vis-à-vis des pays.

Les Chinois, soucieux de reconstruire leur mémorable *Empire du milieu,* ont recouru à la même Europe (qui avait utilisé la poudre à canon ainsi que la boussole chinoise pour écraser et dominer les autres peuples, Chinois eux-mêmes compris) pour copier l'arme du savoir afin de s'imposer aujourd'hui jusqu'à contrebalancer l'hégémonie occidentale de près de cinq siècles sans partage.

Pourquoi ne pas évoquer le cas de la RDC qui, à la suite du virologue MUYEMBE, a développé une expertise avérée en matière de gestion des épidémies de fièvre Ebola, endémique dans ce pays de grande forêt équatoriale et encore vierge !

Dans tous les cas, l'intelligence entretenue par un esprit scientifique national a été à la base des développements différenciés entre les Nations. Les États qui n'ont pas investi dans l'activité scientifique ont accumulé des retards notables vis-à-vis de ceux qui ont cru aux vertus de la science.

Cependant, comme signalé plus haut, en dépit de l'universalité des connaissances scientifiques ainsi que de leurs libres et larges diffusions, les produits de la recherche technologique et industrielle qui en sont dérivés sont protégés par des titres de propriété, font l'objet des secrets et peuvent même donner lieu à des poursuites judiciaires en cas de plagiat, tant au niveau national qu'à l'international. Je signale aussi que les nations puissantes tolèrent peu la concurrence dans un monde où se joue la guerre de toutes les nations contre toutes les nations, notamment dans le domaine cognitif[2].

---

[1] Y. GINGRAS, *op. cit.,* pp.46-50.
[2] Les notions de *guerre économique, guerre cognitive, intelligence économique, compétitivité, concurrence, espionnage intellectuel ou économique, piratage*

Il en est ainsi particulièrement dans le domaine de la production des armes, où les plus forts empêchent les autres d'atteindre le même niveau, surtout dans la production des armes de destruction massive, notamment les armes biologiques et, surtout, les armes nucléaires. On le sent aujourd'hui avec les menaces proférées contre la Corée du Nord ainsi que des négociations en cours avec l'Iran à qui l'Occident a imposé un embargo économique ruineux, en guise de chantage pour obtenir que le pays renonce à l'enrichissement de l'uranium pour des fins militaires. Ici, Israël qui se sent directement visé par la détention de la bombe atomique par un pays musulman proche menace même d'intervenir militairement pour empêcher l'Iran de poursuivre ses recherches en la matière.

Il en avait été ainsi lorsque les Américains cachèrent aux Belges et Français la valeur stratégique de l'uranium, minerais alors encombrant pour l'Union Minière du Haut-Katanga (l'actuelle GECAMINES) qui n'en savait rien et dont, du fait de son ignorance, elle ne pouvait que se débarrasser à vil prix. Les Belges comprendront plus tard, à leurs dépens, que c'est cette matière négligée qui aura servi à la fabrication des deux bombes fatales larguées au Japon, mettant ainsi fin à la deuxième guerre mondiale.

Les Égyptiens savent eux aussi se battre contre le désert qui occupe la quasi-totalité de leur espace territorial. Les Sud-Africains sont puissants dans la production et la transformation des produits agricoles.

Les Israéliens, avec un territoire minuscule et aride et avec un voisinage violemment hostile, sont passés maître dans l'armement, l'art militaire, la maîtrise du désert par l'agriculture, le High Tech, etc. La complicité qu'Israël noue avec la science est extraordinairement spectaculaire. Le peuple juif, très commerçant dans son exil multi millénaire, avait accumulé des biens matériels dont il avait été dépossédé à plusieurs reprises par ses différents tortionnaires. Il semble que cela l'aurait déterminé à investir dans les cerveaux producteurs des savoirs immatériels que ses différents bourreaux ne pouvaient plus lui arracher. Les juifs qui ont ainsi produit des savants dans tous les domaines de la connaissance scientifique, ont emporté cette culture du savoir scientifique dans leur pays, Israël qui, dépourvu de tout (espace réduit et aride, sans ressources naturelles...) dispose, cependant, de la vraie richesse, celle de ses femmes et hommes imbus de science. Ainsi, sans terres arables, Israël produit des variétés de fruits exportés, crus ou transformés. L'État israélien a mis à la disposition de ses savants de nombreuses et impressionnantes structures d'enseignement et de recherche scientifique.

---

intellectuel (plagiat)... Ces concepts font allusion à des luttes qui opposent, de manière pacifique ou pas, les nations puissantes, souvent par entreprises interposées.

Ce pays constitue une référence mondiale en matière d'innovation dans le High-Tech, une véritable *nation technologique,* avec la ville de Tel-Aviv, consacrée « *2ème plus grand centre de High-tech au monde, juste derrière la Silicon Valley Californienne* ».

De taille minuscule en espace (20.770 Km^2) comme en démographie (Près de 8 millions d'habitants, soit moins de 1/1000ème de la population mondiale), Israël, grâce à sa culture scientifique exceptionnelle, reste un acteur majeur de l'innovation dans le monde. Le Français Thierry Berthier, dont je me permets de reproduire le texte référé en annexe, après avoir énuméré ce qui fait d'Israël une grande nation technologique, c.à.d. *«le volume des innovations d'origine israélienne, l'évolution du tissu industriel, des infrastructures économiques et des compétences technologiques »,* invite carrément son pays, la grande et puissante France, à copier le modèle israélien. Son succès, Israël le doit à la performance de son système éducatif et à l'efficacité de la culture scientifique présente dans l'esprit de tous ses citoyens, y compris les moins instruits.

Pour cet auteur, *« l'éducation et la culture forgent l'incubateur de l'innovation et la formation des esprits contribue au potentiel créateur du futur inventeur...Cette évidence triviale est bien trop souvent oubliée ou négligée dans la construction des programmes pédagogiques nationaux.*

Ce n'est pas le cas en Israël où tout est fait dès le lycée pour construire et transmettre une culture compatible avec la création d'entreprises. L'effort se poursuit au niveau universitaire avec des programmes d'entrepreneuriat **(comme le Zell Entrepreneurship Program)** *accessibles aux étudiants durant le cursus universitaire. Ces derniers sont constamment mis en situation de créateurs de Start-up, ils participent à des conseils d'administrations reproduits à l'identique, apprennent à gérer une entreprise naissante, à lever des fonds, à présenter un projet et à le vendre à des investisseurs étrangers. Des enseignements académiques et pratiques complètent et renforcent la formation. (...)*

Il est ainsi possible d'être à la fois étudiant, créateur, dirigeant de Start-up et de lever un million de dollars auprès d'investisseurs. L'homme d'affaires américain Sam Zell, à l'origine de ce programme efficace, déclare qu'il ne donne pas d'argent pour des bâtiments mais qu'il investit seulement dans les gens.

La force du programme Zell réside également dans l'hétérogénéité des étudiants qui le composent. Ces derniers viennent de tous les cursus de l'Université... A quand une structure française équivalente ?

La morphologie et la taille d'universités comme le très dynamique **Technion** *(Université d'Haïfa) participent à l'émergence des futurs succès d'innovation. La proximité des laboratoires de recherche avec les grands groupes de la High-tech mondiale et les établissements d'enseignement* *supérieur a démontré son efficacité en termes de niveau de créativité technologique.*

Enfin, une des clés du succès technologique israélien réside certainement dans une approche positive de l'échec et dans la promotion d'une forme d'audace qui facilite la prise de risque.

L'alliance « gestion de l'échec, culture de l'audace et prise de risque » donne le rythme et banalise les créations d'entreprises innovantes.

Selon Shlomo Maital, chercheur au **Technion**, *Professeur associé au MIT, enseignant au Global MBA de l'EDHEC, l'alchimie qui produit l'esprit Start-up doit nécessairement conjuguer le* **dépassement de sa peur initiale de l'échec**, *l'audace dans la prise de décisions, la patience et la ténacité devant les difficultés du projet.*

On notera que si l'audace, « la Houtspah », vieux mot yiddish signifiant culot monstre, est une caractéristique typique de la culture israélienne, la France peut, elle aussi, revendiquer cette parcelle d'audace lorsque Napoléon Bonaparte écrit dans ses mémoires en 1821 que « la prudence est plus dangereuse que l'audace ».

Presque deux cents ans plus tard, l'adage s'applique parfaitement aux mécanismes de l'innovation à tel point qu'en France, l'École Polytechnique projette d'intégrer la notion de Houtspah à la formation de ses élèves...

La peur de l'échec puis la réaction face à cet échec influencent directement le taux de créations innovantes d'une nation technologique. Il faut alors agir dès les premières années d'écoles pour enseigner l'acceptation de l'échec, sa gestion et sa perception comme une étape utile sur le chemin du succès.

Par des choix et des orientations pertinentes, Israël a su devenir, en quelques années, un acteur majeur du high-tech mondial. Le volume des innovations d'origine israélienne, l'évolution du tissu industriel, des infrastructures économiques et des compétences technologiques de sa population doivent nous interroger sur ce que peut constituer, en 2014, une nation technologique ».[1]

Ces prouesses israéliennes font des émules, même parmi les pays les plus puissants, comme le témoigne la visite, en 2015, du Ministre français de l'Économie à la tête d'une délégation d'une cinquantaine de dirigeants d'entreprises, d'institutions et de grandes écoles. Cette visite avait pour objectif la dynamisation des partenariats avec la *« start-up nation »*, deuxième pôle, comme déjà dit, d'innovation au monde derrière la *Silicon Valley* américaine. Il fallait étudier le modèle israélien d'innover dans les Startups, en vue d'une politique *French Tech*. Il a invité, à cette occasion, M. Yossi Vardi, l'israélien considéré comme le gourou du hightech israélien, à

---

[1] Thierry BERTHIER, L'innovation comme paradigme : le cas israélien, *R&D Start Up, Elad Ratson,* 31 janvier 2014, in Internet.

«participer à un Think Tank des douze personnalités célèbres qui pourraient aider la France à se construire une politique d'envergure mondiale dans le high-tech ».

On peut retenir ici que la guerre, tout aussi larvée qu'atroce, aussi froide que féroce, appelée *compétitivité* que se livrent les nations aujourd'hui en vue d'acquérir de la puissance, s'opère dans le domaine des sciences, naturelles et sociales, ainsi que dans le domaine des technologies, qu'elles soient matérielles ou immatérielles. Et c'est toujours le plus savant qui l'emporte en puissance. Les relations inégales entre les Nations se jouent entre les plus savants et les moins savants. Donc, l'intelligence, individuelle et collective, constitue l'élément clé que doit rechercher toute communauté étatique. Chaque État a donc ce devoir, celui de se doter d'un arsenal scientifique approprié et de structures institutionnelles appropriées pour encourager les recherches scientifiques et technologiques ainsi que les innovations qui en seraient issues.

Qu'en est-il en RDC?

2. La recherche scientifique en RDC

Il est surprenant et pénible de devoir regarder un pays inventé par un détenteur de savoirs se transformer en un pays de l'ignorance cultivée et magnifiée. En effet, l'existence de ce qui se nomme aujourd'hui RDC, dans ses dimensions et frontières actuelles, est un pur produit d'une activité savante contre une ignorance naïve.

Pour mémoire, le Roi Léopold II, fondateur du Congo, fut un grand consommateur de tous les écrits se rapportant sur cet espace impénétrable et redouté d'Afrique Centrale produits par des envoyés de tout genre qu'étaient les explorateurs, les négociants, les géographes, les ethno-sociologues, les conquérants, les pirates, les médecins, les scientifiques, les évangélisateurs, les écrivains et autres aventuriers. Il avait pu s'octroyer cet immense territoire scandaleusement pourvu de ressources de toute nature, grâce à sa ruse, celle d'un connaisseur qui a su entretenir de l'ignorance dans le chef des dirigeants des puissances en mal des terres colonisables qu'il redoutait. Monopolisant lui tout seul le secret des fabuleuses richesses recelées au sein de cette territoire sauvage et non encore cartographié, il fit convoquer par Bismarck, Chancelier de Prusse (son pays d'origine), une réunion pour le partage des terres africaines entre les pays intéressés et impliqués dans la course à la colonisation, alors que lui-même ne visait que l'espace du bassin du Congo dont il avait une connaissance plus avancée que ses pairs.

La naissance de cette RDC illustre bien la force que confère la détention du savoir. En effet, si Léopold II, Roi d'un minuscule pays européen, a pu s'aménager un aussi grand espace colonial, c'est grâce aux connaissances qu'il avait des lieux, notamment d'impressionnantes cartographies physiques et humaines dressées par ses nombreux lieutenants : explorateurs, géographes, missionnaires religieux, conquérants, médecins, ethnographes, scientifiques et autres aventuriers de tous ordres.

En fait, la Conférence de Berlin ne s'est fondamentalement intéressée qu'au bassin du Fleuve Congo dont les 14 pays signataires de l'acte final, puissances de l'époque.[1] Tous reconnurent et légitimèrent cette vaste région

---

[1] Il s'agit de : l'Allemagne (pays organisateur), l'Autriche-Hongrie, la Belgique, le Danemark, l'Empire ottoman (Turquie), l'Espagne, la France, la Grande-Bretagne, l'Italie, les Pays-Bas, le Portugal, la Russie, la Suède-Norvège ainsi que les États-Unis.

comme propriété privée du Roi des Belges, moyennant quelques vagues concessions portant sur une exploitation commune. Il en devint dès lors propriétaire à titre individuel d'abord, avant de le céder à une Belgique au départ sceptique, ignorante qu'elle était jusqu'alors des trésors qui y étaient cachés, mais qui finira vite par découvrir *la poule aux œufs d'or* léguée par le désormais Grand Roi, plus savant que tous ses sujets de l'époque en raison de sa vision prospective.

Léopold II avait aussi déployé une intelligence diplomatique inédite à l'époque des faits. Décrivant les rivalités entre puissances coloniales de l'époque, notamment la France, l'Angleterre et le Portugal, ainsi que l'intrusion d'autres puissances occidentales (notamment l'Allemagne riche et influente) désormais attirées par l'appétit de la colonisation de l'Afrique que l'on se partageait en Europe, à l'insu des Africains eux-mêmes, Henri Wesseling souligne l'originalité du Roi de la petite Belgique, elle-même hostile à l'idée de se lancer dans l'aventure coloniale. Le Roi, sans le soutien de son Parlement, parvint à jouer avec une habileté inhabituelle en profitant *«des tensions qui existaient entre les différentes nations et proposa à celles-ci une solution inédite : son État indépendant. Cette solution n'était pas seulement originale : à des moments différents, elle offrit à chacune des grandes puissances suffisamment d'avantages pour que celles-ci la préfèrent aux autres solutions ».*[1]

A partir de ce cas, la diplomatie cessa d'être seulement bilatérale, mais devint aussi multilatérale au cours de cette Conférence internationale réunissant à Berlin des pays puissants d'Europe, d'Amérique et d'Asie, présidée par Bismarck, l'homme d'État le plus respecté et le plus puissant d'Europe, devenu *«maître pacifique des continents, distribuant ici et là les Royaumes africains, comme le Pape répartit jadis l'Amérique pour l'attribuer aux croyants »*, pouvait-on lire dans le journal néerlandais *Algemeen Handelsblad* du 21 novembre 1884.

A la jeunesse intellectuelle européenne de l'époque, ce journal recommandait : *« Prêtez attention à ce qui se passe aujourd'hui. Plus tard, lorsque vous vous souviendrez de votre jeunesse, vous pourrez dire : Nous avons vécu jadis le dernier partage d'un continent entre les Royaumes européens. A l'époque de Bismarck, l'Afrique occidentale fut répartie entre les parties intéressées de façon amicale et suivant un principe de proportionnalité ».*[2] C'est donc, en réalité, de l'imagination créatrice de Léopold II que l'on doit cette prouesse diplomatique, même s'il est lui-même resté discret, misant sur les résultats.

---

[1] Henri WESSELING, *Le partage de l'Afrique, 1880-1914,* Denoël, Paris, 1996, p. 244.
[2] Cité par *Idem,* p. 245.

Cependant, il est paradoxal de voir aujourd'hui les divers gouvernements de la RDC, elle-même née des tractations diplomatiques intelligentes, réduire à sa plus ridicule expression l'activité diplomatique et intellectuelle ! Et pour cause ! Méconnaissance ou ignorance de l'histoire ou mauvaise foi, ou même les deux à la fois ?

L'exploitation même du pays se fit sur base de solides connaissances scientifiques accumulées sur ce territoire que le Roi lui-même ne put jamais visiter. De nombreuses expéditions d'explorations scientifiques y furent dépêchées, divers centres de recherche scientifique créés... Scientifiques, médecins, géologues, ingénieurs, géographes, démographes, ethnologues, sociologues, juristes, économistes et autres, tous se sont déployés dans la quête effrénée des connaissances : mesures de volume de crânes et de taille de sexes, exploration systématique dans les domaines géographique et géologique, des ressources hydrauliques et hydroélectriques, voies de communication tracées en fonction des intérêts métropolitains, connaissances pédologiques établies, systématique des végétations et des faunes amorcées, sites touristiques détectés, mentalités indigènes explorées, ethnographie établie, anthropologie et organisations politiques coutumières explorées et maîtrisées, maladies tropicales cernées et combattues, conditions climatiques et météorologiques notées, espèces végétales et animales domesticables détectées, ressources halieutiques explorées, œuvres artistiques recensées et pillées (heureusement parce que précieusement gardées en Belgique)...Si bien que, jusqu'à ce jour, la vraie expertise scientifique sur le Congo se retrouve effectivement en Belgique, notamment à Tervuren et à Anvers[1].

Cependant, née elle-même et exploitée sur fond d'intenses recherches scientifiques entreprises par l'Administration coloniale, la RDC a tourné le dos aux activités scientifiques pour se laisser aller dans un pragmatisme hystérique et délirant qui cache mal un penchant à la cueillette en vue d'enrichissements faciles et sans cause, conduisant irrémédiablement à des impasses vécues de nos jours. En effet, lors du départ précipité des Belges, le pays sombrait dans des mains inexpertes des dirigeants peu instruits et inconscients, plus soucieux de jouissance facile que des peines inhérentes à de laborieuses activités cognitives.

Dans la descente aux enfers du pays, le secteur de la recherche, pour lequel l'implication des autochtones n'avait jamais été envisagée par les Belges, fut le premier à être touché, sans espoir d'être un jour relevé. L'imposant arsenal scientifique hérité de la période coloniale fut dès lors

---

[1] Lire à ce sujet Edwine SIMONS, Inventaire des études africaines, *Cahiers Africains,* n° 1-2, Bruxelles, 1993.

anéanti, croulant sous le joug des dirigeants non préparés, comme du reste toute la performante Administration coloniale.

Pour illustration, le sort réservé aux savants qui opéraient à l'INEAC (Institut National d'Études Agronomiques au Congo) en dit beaucoup sur la valeur de ces personnalités atypiques aux yeux de ceux qui les savaient utiles et aux yeux de ceux qui l'ignoraient. En effet, les scientifiques belges, chassés du Congo par des politiciens peu formés et, donc, peu enclins à encourager les activités scientifiques, ont été récupérés, en Afrique, par la Côte d'Ivoire (du clairvoyant Houphouët-Boigny) et le Nigéria, en Amérique par l'Argentine, en Asie par la Malaisie.

Aujourd'hui, la RDC qui, à l'indépendance, était un géant agricole, est devenue importatrice des mêmes produits dont elle était première ou, en tout cas, grande productrice mondiale (huile de palme, riz, maïs, café, quinquina, cacao, viande, poisson, fruits, coton, hévéa, etc.) pour s'être débarrassée des scientifiques belges de manière absolument irresponsable ! Par contre, ceux qui les ont récupérés de manière tout à fait responsable ont réussi un coup stratégique très porteur car l'Argentine a développé sa production de bétail, tandis que les autres pays, notamment la Côte d'Ivoire, le Nigéria et la Malaisie, sont devenus de géants agricoles, grâce aux recherches scientifiques effectuées à Yangambi et dans les stations connexes réparties sur tous les coins du pays. En ce qui concerne la RDC elle-même, elle se retrouve réduite au statut peu honorable de pays de famine chronique, importatrice de tout, donc pays en totale et honteuse dépendance alimentaire !

Depuis que ces précieux chercheurs ont été précipitamment chassés du pays jusqu'à ce jour, pas une seule recette nouvelle n'a été enregistrée. Bien au contraire, je reviens seulement sur l'acte inouï d'incivisme à l'encontre de la recherche, commis par un haut responsable politique, que j'avais eu à dénoncer en son temps, sans que cela ne puisse attirer la moindre attention : *« On peut, à ce propos, dénoncer avec la plus grande indignation, un acte posé par un Ministre de l'Agriculture des dernières heures. Ingénieur agronome de son état, il est censé ne pas ignorer l'importance des travaux scientifiques réalisés en son temps, par des scientifiques belges au sein du mémorable INEAC de Yangambi où il était lui-même formé, avant, semble-t-il, d'effectuer un stage aux USA. Mais il fit brûler tout le patrimoine de l'unique centre informatisé du pays, pour, soi-disant gagner de l'espace pour ses bureaux, alors qu'il aurait pu confier les livres mis au feu à la Faculté d'Agronomie de l'Université de Kinshasa ou à celle du proche Bas-Congo. Ce fait passé inaperçu n'est pas sans rappeler l'inquisition sauvage perpétrée au Cambodge par Pol-Pot contre les intellectuels ».*[1] Toujours à

---

[1] E. BONGELI, *Sociologie et sociologues africains... op. cit.*, p. 167.

propos des chercheurs agronomes de Yangambi, tout en reconnaissant l'extrême état de fragilité qui était le leur pendant l'occupation rwando-ougandaise, on ne peut s'empêcher de déplorer l'abattage par eux des arbres fruitiers expérimentaux qui n'ont plus connu un moindre début de replantage !

A ce jour, le site scientifique de Yangambi est complètement détruit. Les usines, champs et étangs expérimentaux, réserves forestières, laboratoires de recherche, villas d'habitation pour cadres et chercheurs, sites d'amélioration et de multiplication de diverses semences améliorées... tout cela est tombé scandaleusement en ruine, soumis au pillage, envahis par les herbes sauvages, dans l'indifférence coupable des autorités publiques. Les quelques ministres de l'agriculture qui s'y rendaient n'y passaient guère leur nuit, tandis qu'un Premier ministre ne s'y est offert que 20 précieuses minutes en 2016 !

Organisation de la recherche en période coloniale

Comme déjà souligné, la création, la gestion politique et administrative, l'évangélisation et l'exploitation du Congo belge ont été amorcées de manière systématique sur un sous-bassement scientifique. Rien n'a été laissé au hasard. Au fur et à mesure que progressaient les connaissances acquises, on n'hésitait pas à s'y conformer en cas nécessité. A. Mbuyamba note à ce propos que *« c'est le pouvoir colonial qui a posé au Congo belge les fondements de la recherche scientifique et technologique pour laquelle il consacrait 10 % du revenu national. C'est ainsi que virent le jour des institutions de recherche dans le but de promouvoir l'essor d'une production rationnelle en agriculture et pour assurer l'efficacité des mesures politiques à prendre dans le secteur social ».*[1]

Effectivement, plusieurs structures de recherche ont été instituées au pays et reliées aux universités métropolitaines. Tous les agents coloniaux passaient par de grandes écoles spécialisées pour se familiariser aux sciences coloniales avant de débarquer au Congo. Une *Académie des Sciences Coloniales* fut même instituée, regroupant les divers savants spécialisés dans les branches scientifiques ayant trait à la colonie. Des institutions de recherche furent créées, dont on peut citer certaines qui opéraient dans divers domaines, au pays comme en métropole :

---

[1] Alphonse MBUYAMBA Kankolongo, *Promouvoir la recherche scientifique et technologique en RDC. Un enjeu pour l'avenir,* Les Éditions de la Pensée Pensante, Kinshasa, 2010, p. 19.

- **L'Institut National pour l'Étude Agronomique au Congo (INEAC)**

Créé en 1933, avec pour objectif « *de promouvoir le développement scientifique de l'agriculture au Congo belge... avec un accent particulier mis sur les cultures d'exportation telles que le palmier à huile, l'hévéa, le coton, le café, le cacao, le quinquina, etc., et ce, au détriment des autres cultures locales* », l'INEAC avait son siège à Yangambi (en Province de la Tshopo) et comptait 37 stations dont 32 installées au Congo belge et le reste au Rwanda et au Burundi. L'INEAC était devenu le plus grand centre au monde dans la recherche en agronomie tropicale. A titre d'illustrations :

La ***Station de recherche agronomique de Mulungu*** (Sud Kivu) était vouée à la sélection et à l'amélioration des semences pour des cultures d'exportation, notamment le café arabica, le thé, le quinquina, le pyrèthre, etc. Celle de ***Boleka*** dans l'Équateur, installée en 1936 s'occupait de la production des semences améliorées destinées aux paysans locaux et de l'encadrement de ces derniers.

Plusieurs autres stations ont vu le jour, telles *Mvuazi* dans le Kongo central (verger, arbres fruitiers), *Nyoka* en Ituri (élevage), *Lodja* au Sankuru (paddy), *Ngadajika* dans le Lomami (maïs), le coton...

- **L'Institut pour la Recherche Scientifique en Afrique Centrale (IRSAC)**

Créé en 1947, l'IRSAC était chargé des questions scientifiques relatives aux problèmes urgents qui se posaient à l'Administration coloniale et qui nécessitaient des études préalables. Il y a eu d'abord des études orientées sur l'hydrobiologie et la pisciculture, avec des centres ouverts à **Uvira** (Sud-Kivu), au Lac **Ntomba** (Équateur), à **Kipopo** (Lubumbashi). Le Centre d'Uvira (1950), spécialisé dans l'hydrobiologie, l'entomologie et la chimie-physique de l'eau devint mondialement célèbre, notamment pour avoir introduit les fretins (ndakala, sambaza) dans les eaux gazeuses et non poissonneuses du Lac Kivu.

Le centre de **Lwiro** (Bukavu) installé à Bukavu devint également célèbre dans les domaines des sciences naturelles (biologie, médecine, nutrition, géologie, géographie...). Mabika Kalanda en avait parlé en ces termes : « *La détermination des premiers chercheurs et les moyens mis en œuvre dès sa création avaient permis au centre de Lwiro de se hisser à un niveau scientifique si élevé qu'en 1960, il fut l'unité de recherche scientifique la plus importante en Afrique* ».[1]

---

[1] MABIKA KALANDA, *Rapports - Missions d'études dans les centres et instituts de recherche (Kivu, Équateur et Haut-Zaïre),* août-novembre 1986, texte inédit, cité par A. MBUYAMBA, *idem*, p. 21.

Le Centre de recherche en sciences naturelles de **Mabali** (1953) effectua des recherches en biologie, climatologie, botanique, entomologie, zoologie et écologie. Ce centre n'avait pas encore atteint son objectif et sera handicapé par l'accession du pays à l'indépendance. Le centre de **Gemena** était destiné à l'étude du goitre et du crétinisme, maladies endémiques qui avaient sévi dans la région couvrant les Uélé et les Ubangi.

L'Institut Géographique du Congo fut créé en 1949. Il convient également de signaler l'apport de *la Fondation de l'Université de Louvain au Congo (FOMULAC)* et le *Centre Scientifique et Médical de l'Université Libre de Bruxelles au Congo (CEMUBAC)* ainsi que le *Centre d'Études des Problèmes Sociaux des Indigènes (CEPSI)*, le *Fonds Reine Élisabeth pour l'Assistance Médicale aux Indigènes (FOREAMI)*, qui ont financé plusieurs études scientifiques relatives aux problèmes coloniaux. Le CEPSI, par exemple, devait répondre aux questions relatives à la stabilisation de la main-d'œuvre indigène, à l'organisation des paysans ruraux, etc. Le R.P. Tempels, auteur du non moins célèbre et controversé ouvrage intitulé *La philosophie bantoue,* fut un boursier du CEPSI.

On peut mentionner également le Centre *Aequatoria* du Père Hulstaert, missionnaire catholique et chercheur en Province de l'Équateur, les différents rapports des fonctionnaires coloniaux...

Des revues scientifiques célèbres furent éditées : *Zaïre, Congo, Kongo-Oversee,* etc. Ainsi que le résume A. Wufela, à l'époque coloniale, la recherche coloniale a atteint,« *grâce à la qualité des travaux réalisés, une renommée internationale. Sous cet angle, il convient d'affirmer honnêtement qu'il a existé pendant cette période une recherche scientifique florissante (notamment dans les domaines tels que la médecine, l'agriculture, la recherche minéralogique, géographique et biologique), mais axée totalement sur les intérêts, les priorités et les programmes d'action de l'autorité coloniale* ».[1]

Cependant, ce rayonnement de la recherche scientifique était l'affaire exclusive des scientifiques belges. En effet, écrit A. Mbuyamba, « *le Noir n'y était pas associé, ni préparé pour une éventuelle relève. Cet état de choses sera lourd de conséquences à l'accession du pays à l'indépendance. En effet, au lendemain de celle-ci, tous les chercheurs blancs plièrent leurs bagages et s'en retournèrent pour la plupart chez eux. Tout l'édifice des activités*

---

[1] André WUFELA Yack'Olingo, De l'Office National de Recherche et du Développement (ONRD) au Centre de Recherche en Sciences Humaines (CRSH) : la recherche scientifique dans les Centres et Instituts de Recherche au Congo, in *A la recherche d'une identité : Littératures, Langues et Recherche Scientifique face au processus du développement du Congo,* Tokyo, University of Foreign Studies, 1992, p. 89, cité par *idem,* p. 22-23.

scientifiques, mis laborieusement en place durant une trentaine d'années, s'effondra complètement avec ce départ brusque de ses animateurs expérimentés ».[1]

Comme relevé plus haut, les chercheurs qui avaient fui le pays à la suite de l'instabilité politique survenue à l'accession du pays à l'indépendance se sont déployés ailleurs où ils ont contribué à la prospérité des pays qui les ont accueillis avec leurs connaissances accumulées au Congo, resté, lui, dans la déchéance pour avoir éloigné les savants au profit de l'ignorance magnifiée et entretenue. Toutes les structures coloniales de recherche ont été ébranlées, voire lâchées à l'accession du pays à l'indépendance, d'autant plus que les colonisés n'avaient pas été préparés aux activités de recherche scientifique. Le départ imprévu des scientifiques belges qui n'avaient pas pensé à la relève a surpris et a laissé donc le pays sans repère en matière de recherche scientifique.

Institutions de recherche en période postcoloniale

L'institution des structures nouvelles animées par des nationaux mêlés aux expatriés n'ont pas réussi à prendre le relai des performantes structures coloniales. Cette carence de structure organisationnelle de recherche fiable, même rudimentaire a plongé le pays dans une situation telle qu'il fonctionne, jusqu'à ce jour, comme un homme privé de l'usage de son *cerveau*.

L'absence de constitution et d'entretien d'une intelligence collective congolaise égale absence d'intelligences tout court, les intelligences humaines individuelles ayant toujours besoin de *s'interféconder* les unes les autres pour produire des effets socialement significatifs. Il en résulte une routine mentale sclérosante et des solitudes préjudiciables à l'amorce d'activités scientifiques porteuses, surtout en période des traversées de crises pendant lesquelles les imaginations devraient être combinées et mises à contribution pour permettre des sorties de crise raisonnées avec effets durables.

C'est longtemps après l'accession du pays à l'indépendance que le pouvoir public s'intéresse enfin à l'activité scientifique, notamment par la création, en 1967, de l'Office National pour la Recherche et le Développement (O.N.R.D.), dans le but de mettre directement la recherche au service des pouvoirs publics. Et Benoît Verhaegende noter : « *Des moyens considérables en hommes et en capitaux sont alloués à l'Office. Des dizaines de chercheurs de haute qualité sont engagés pour réaliser des programmes de recherche conçus en vue du développement du pays »*. Cependant, les limites et carences de ce méga-office apparaissent très

---

[1] *Idem*, p. 24-25.

vite, « *mais seront compensées à partir de 1970 par la création d'autres organismes étatiques chargés de concevoir le développement de l'économie : le Service du Plan et le Service d'Études du Zaïre, sans oublier le brain-trust du Bureau de la Présidence de la République qui comptait en 1972 une quarantaine d'universitaires tous zaïrois ».*[1]

Un ministère de la Recherche Scientifique avait été institué, plus dans le but de caser les politiciens en mal de postes ministériels que pour servir vraiment le pays. Pour preuve, ce ministère, créé pour occuper dans le gouvernement un homme qu'on ne voulait pas laisser libre et incontrôlé, en l'occurrence Mabika Kalanda, reste soumis depuis toujours à une instabilité manifeste : on le ressuscite ou on le fusionne au ministère de l'Enseignement Supérieur et Universitaire aux grés des tractations politiciennes sur le partage du pouvoir. Il arrive ainsi à la tête de ce département des personnalités politiques non préparées et même frustrées de se retrouver en tête d'une structure gouvernementale ornementale, sans objectifs, sans attributions pertinentes et... sans budget !

Malgré tous les moyens humains, institutionnels et financiers déployés en leur temps pour booster la recherche, le constat d'échec est clair, tel que l'exprime lapidairement B. Verhaegen : « *Il n'y a pas de recherche zaïroise pour le développement au Zaïre.*
- *Dans des secteurs-clés comme l'agronomie, la démographie, la médecine, l'écologie, la recherche zaïroise est inexistante ;*
- *Dans les institutions étatiques et paraétatiques, elle est devenue purement formelle et bureaucratisée ;*
- *Lorsque certaines recherches ont abouti à des résultats valables, ceux-ci furent ignorés des pouvoirs publics et demeurèrent stériles quant au développement du pays ;*
- *Les rares centres de recherches universitaires qui fonctionnent encore travaillent sans directives et en marge de la vie et des préoccupations politiques nationales ;*
- *Enfin, certains chercheurs zaïrois sont actifs et produisent, mais dans la dépendance étroite des organismes et des experts étrangers ».*

La situation n'est pas différente, quatre décennies après. Les recherches qui restent effectuées, dont certaines s'affichent du reste très pertinentes, le sont pour des promotions individuelles : soit pour le décrochage des titres académiques (graduat, licence, diplôme spécialisé, doctorat),soit pour gravir des échelons dans la carrière académique et/ou scientifique.

---

[1] Benoît VERHAEGEN, *L'enseignement universitaire au Zaïre. De Lovanium à l'UNAZA : 1958-1978,* L'Harmattan-CEDAF-CRIDE, Paris-Bruxelles-Kisangani, 1978, pp. 174-180.

Par contre, les recherches informelles s'effectuent plutôt dans la grande masse, dans des ateliers de fortune, loin des milieux scientifiques, par des mini-savants marginaux, qui s'essaient dans le montage des technologies marginales pour résoudre des problèmes localisés, des problèmes des pauvres qui n'intéressent pas le secteur formel.

B. Verhaegen revient donc sur la question de savoir pourquoi cela ne marche-t-il pas dans le formel, malgré l'abondance des ressources humaines aptes à la recherche ? Il tente de répondre en identifiant des causes à trois niveaux : individuel, institutionnel et politique.

Au niveau des individus, il épingle, notamment la difficulté croissante de former localement des chercheurs autochtones (il vaut mieux défendre une thèse de doctorat à l'étranger qu'au pays), la dévalorisation de la fonction importante de directeur scientifique, la marginalisation sociale du chercheur, la démotivation des chercheurs dévoués (quelle peine de devoir écrire quand on est sûr de ne pas être lu, même pas par des collègues !).

Au niveau des institutions, poursuit B. Verhaegen, *« il est de plus en plus difficile de faire fonctionner des institutions de recherches zaïroises et de les faire produire utilement. Les exemples de l'ONRD, de l'INERA, de l'IRES illustrent cette carence d'institutions, auxquelles il n'a manqué à certains moments ni les moyens financiers, ni le personnel compétent, ni les stimulants politiques. Toutes ont succombé à une dégénérescence dont les symptômes sont habituellement les suivants :*

1) prolifération des structures bureaucratiques au détriment du fonctionnement scientifique ;
2) dilapidation des fonds de recherches ou détournement à des fins non scientifiques (construction de bureaux, achat d'appareils sans utilité immédiate, missions, etc.) ;
3) départ ou démoralisation du personnel scientifique étranger ou zaïrois ;
4) les chercheurs, à défaut de direction scientifique ou de moyens de recherches se transforment en fonctionnaires et pratiquent l'absentéisme et le cumul des fonctions. Les meilleurs quittent la recherche ; il se forme en fin de compte un groupe de chercheurs incompétents et parasitaires qui achèvent de compromettre le prestige de la recherche aux yeux des pouvoirs publics et de la population ». (p. 177)

Au niveau politique, il y a, au sein de la sphère des dirigeants, une méconnaissance totale de la valeur des institutions et chercheurs locaux au profit des seuls étrangers, dont les institutions engageaient souvent des jeunes chercheurs expatriés médiocres par rapport à leurs collègues nationaux. Ceux-ci, qui avaient en plus la connaissance du terrain, des sensibilités culturelles locales ainsi que des langues locales, étaient rémunérés *"cinq à six fois"* moins que leurs homologues étrangers.*« Deux exemples illustrent cette situation choquante. Au moment où les centres de recherche universitaire de l'UNAZA (Université Nationale du Zaïre) recevaient chacun à titre de subside de fonctionnement une somme de 50 à 200 zaïres par mois, un bureau d'études étranger à Kinshasa dépensait 120.000 zaïres par mois à charge du Zaïre ».*

L'auteur dénonce ensuite le cas du CRIDE (Centre de Recherche Interdisciplinaire pour le Développement de l'Éducation) basé à Kisangani où des chercheurs étrangers venaient puiser des informations collectées par des nationaux sur l'éducation et les reproduisaient textuellement, sans la moindre vérification, dans leurs rapports mieux considérés et mieux rémunérés par les politiques. *« Les rapports de ces experts ne pouvaient être qu'une compilation des rapports de missions antérieures et d'informations de source zaïroise, mais la règle du jeu veut qu'un chercheur zaïrois n'est reconnu et utilisé que comme auxiliaire ou sous-traitant d'un organisme étranger ou international ; les informations et les analyses qu'il a produites - souvent sans qu'il en coûte un zaïre - sont vendues à l'État à des prix exorbitants par des experts étrangers ».* (p. 178)

Malgré cette méfiance, plusieurs institutions avaient quand même bénéficié des moyens considérables, de même que des experts étrangers avaient défilé en masse. *« Des centaines de volumineux rapports furent écrits et sont abandonnés pour la plupart à la critique rongeuse des termites en attendant d'être pillés par de nouveaux experts et de faire le profit de nouveaux bureaux d'études ».* (p. 179)

Dans cet ordre d'idées, Mbaya Mudimba évoque l'étude commanditée par le Ministère de la Condition féminine en 1984 sur l'allègement des tâches des femmes paysannes congolaises. L'organisme américain retenu pour cette recherche confia le travail à un expert de l'Université de Californie. Ce dernier ne trouva pas mieux que de recruter les scientifiques des universités congolaises de Kinshasa et de Kisangani pour réaliser l'enquête dont les conclusions ont été présentées par… l'expert californien qui touchera, à lui tout seul, les $4/5^{ème}$ des honoraires alloués par le Gouvernement congolais, contre le cinquième aux Congolais, véritables auteurs du rapport rémunéré. Mbaya en tirera les propos suivants : *« Souvent, confrontés à l'un ou l'autre problème, ces décideurs (congolais) commanditent des études qu'ils confient aux organismes étrangers en ignorant les inconvénients de cette situation, notamment le coût financier élevé de ces études, la difficulté d'utiliser les résultats de ces études par les nationaux du fait qu'ils n'y ont pas été associés, la faible connaissance des réalités locales par les étrangers... Plus grave, certains organismes d'études étrangers ne font qu'exploiter des sources et travaux déjà réalisés par les chercheurs nationaux qu'ils resservent aux commanditaires sous une autre enveloppe ».*[1]

La situation s'est empirée de nos jours où il n'y a plus le moindre sous affecté à la recherche scientifique. Même dans les institutions de recherche universitaires, l'activité scientifique qui devait servir de base aux enseignements est complètement délaissée. Les universités congolaises disposent rarement des bibliothèques mises à jour. Celles qui existent n'étalent que de vieux livres hérités de certaines époques et attendent d'être alimentées par des dons, souvent constitués de romans et bandes dessinées étrangers, sans rapport avec l'approfondissement de l'activité cognitive locale. Et Mwabila d'en dire : *« Le sort réservé aux universités, aux laboratoires de recherche et aux centres de recherche au Zaïre, témoigne assez de la marginalisation de ce secteur dont chacun s'accorde pourtant à reconnaître l'importance ».*[2]

Il s'en suit une stérilité établie des recherches dans les sciences exactes. Dans le domaine des sciences sociales, on enregistre le triomphe des *think thanks* d'inspiration néolibérale, avec des résultats sous-développant que l'on sait dans la planification du devenir du pays. Les experts douteux recrutés pardes institutions financières internationales, des officines onusiennes, des cellules d'ambassades occidentales, des ONG à utilité controversée... dictent leurs lois, sur base des visions visiblement néocoloniales et des idéologies génératrices de sous-développement, d'ignorances et de misères pour notre Étatresté *bébé*.

De véritables *marabouts ou marchands du développement* dont parle Justin Kankuenda[3], qui, tous étrangers, bardés des qualifications académiques incontestables, présumés savants parce qu'experts spécialistes, pensent le devenir des communautés du monde à leur manière, en tranchant par des raisonnements courts, pauvres, dont la moindre analyse critique démontre les insuffisances et dévoile l'intention cachée qui est d'embrigader les communautés humaines dans un *Système Monde* plombé par l'idéologie néolibérale. De véritables terroristes intellectuels ! Cette réalité a un long passé, comme le témoigne ce constat fait par Roland Louvel analysant les négociations dans le cadre de la traite des esclaves : la suprématie longtemps incontestée a vicié plusieurs analyses européennes sur l'Afrique. D'où, *« du fait de leur méconnaissance du milieu et de leur manque de curiosité, les*

---

[1] MBAYA Mudimba R., Les intellectuels, la recherche et le développement en RDC, *Revue philosophique de Kinshasa,* Vol. XVII, n°32, Juil.-Déc., 2003, pp. 123-132, p. 124.
[2] *Op. cit., p.119.*
[3] KANKUENDA Mbaya Justin, *Marabouts ou marchands du développement,* L'Harmattan, Paris, 2000.

Européens – c'est toujours le cas de nos jours – ont toujours eu beaucoup de mal à cerner les contours des réalités locales ».[1]

J'en veux pour illustration les impostures intellectuelles que j'ai eues à évoquer ailleurs sur les résultats étonnamment bizarres d'une étude commandée par la Banque Mondiale sur les routes prioritaires en RDC. Pour ces experts, toutes les routes qui relient les villes de l'Est de la République à la ville carrefour de Kisangani ne seraient d'aucune utilité économique. Ce qui était plus décevant, c'était l'attitude passive, proche de la résignation, des experts congolais présents à la présentation des conclusions visiblement erronées de cette étude. Si la réplique n'émanait pas d'une autorité politique que j'étais alors, les idées funestes de ces experts obscurs allaient être médiatisées et, finalement, implémentées[2], si ce n'est pas déjà le cas, avec le silence que l'on observe actuellement autour des *Cinq Chantiers* qui priorisaient l'ouverture des routes.

Il en est de même des doctrines imposées sans critique par la Banque Mondiale sur les réformes des entreprises publiques congolaises, dont certaines ont été transformées en entreprises commerciales. L'objectif de base consiste à les ouvrir aux investisseurs privés. Seulement, les Congolais ne sont pas encore suffisamment pourvus des moyens pour s'investir dans les grandes unités de production. Gode Mpoy[3] en a fait une analyse sous une vision proprement congolaise et en a relevé les impostures.

Les gestionnaires étrangers, recrutés sur base d'appels d'offres internationaux pour *sauver* nos entreprises publiques mal gérées, n'ont nulle part réussi à stabiliser ces unités publiques de production des biens ou de services. A la Société Congolaise de Transport et de Port (SCTP, ex ONATRA), la gestion confiée à l'entreprise PROGOSA fut un fiasco, constaté par les travailleurs qui ont eux-mêmes pris leur responsabilité en chassant les gestionnaires étrangers, manifestement incompétents. A la Société Nationale des Chemins de Fer au Congo (SNCC), des sommes énormes ont été englouties sans résultat positif de la part des gestionnaires expatriés de l'entreprise belge VESTURI. A la Régie des Voies Aériennes (RVA), c'est une équipe des gestionnaires locaux qui vient de relever l'entreprise que le partenariat avec les Français allait précipiter dans un gouffre si, ici aussi, les travailleurs n'avaient pas, d'eux-mêmes, pris le courage de se débarrasser à leur manière des gestionnaires commis par

---
[1] Roland LOUVEL, *Les ruses de la mondialisation en Afrique noire. Le rôle des intermédiaires du développement,* L'Harmattan, Paris, 2013, p. 31.
[2] E. BONGELI Y. y. A., *La Mondialisation…, op. cit..*
[3] Gode MPOY, *La Banque Mondiale et la réforme des entreprises publiques congolaises. Une analyse critique des enjeux politiques, économiques et sociaux,* L'Harmattan, Paris, 2015.

l'ADPI (Aéroports de Paris Ingénierie).[1] Aujourd'hui, la Société Nationale d'Électricité (SNEL) et la REGIDESO bénéficient de ces partenariats de gestion, respectivement canadien et sénégalais, qui, jusque-là, n'apportent toujours rien de plus, tout en occasionnant des dépenses énormes dues aux lourdes charges financières qu'imposent leurs piètres prestations.

Aucune étude n'est amorcée pour permettre aux Congolais de réfléchir eux-mêmes sur les contreperformances chroniques de leurs entreprises publiques. Cependant, malgré les échecs répétés, on continue à se fier aux avis et propos des experts internationaux imbibés d'idéologie néolibérale, dont les diagnostics ont toujours contribué à aggraver les maux sociaux, comme c'est le cas aujourd'hui en Grèce, membre à part entière de l'Union Européenne, civilisée et riche[2].On prive ainsi les Congolais (*ba zoba*) de réfléchir eux-mêmes sur eux-mêmes ; en s'y accommodant, les intellectuels congolais s'alignent ainsi, comme des moutons de Panurge, sur les voies marécageuses mal balisées par le système néolibéral dominant, tombant dès lors sur la voie de leur propre marginalisation par paresse mentale, socle de la *déraison* décriée par Mwabila.

L'État s'en trouve, dès lors, amputé de ses missions et obligations citoyennes, celles qui consistent en la prise en charge des secteurs sensibles et stratégiques, à la faveur d'institutions irresponsables, incompétentes et antiétatiques imposées par le rouleau compresseur néolibéral.

Que faire donc ?

---

[1] Une vive polémique, opposant les agents de la RVA aux officiels, s'est produite à la suite des tentatives de ces derniers, sur recommandation de la BM, toujours elle, de remettre aux commandes de l'entreprise la firme française ADPI (Aéroports de Paris Ingénierie), gestionnaire défaillant, alors que l'équipe des gestionnaires nationaux s'employaient à corriger les erreurs de ce partenariat de gestion antérieur. Les agents avaient dû recourir au chantage pour amener les officiels à une juste évaluation de la situation !

[2] La situation vécue en Grèce aujourd'hui, pays européen mis sous bonbonne néolibérale, avait été douloureusement expérimentée ailleurs, notamment en RDC à l'époque des ajustements structurels (aujourd'hui *Réformes*) imposés par les Institutions financières internationales.

3. Pistes de recherches utiles et citoyennes en RDC

> *« Pourquoi penserait-on que l'Afrique changerait de cap demain ou après-demain lorsqu'on se rend compte que c'est à peu près le seul continent où la recherche est absente ou insignifiante ?(...) Le continent gagnerait pourtant à investir lourdement dans la recherche, ne serait-ce que pour être en mesure de relever certains défis spécifiques liés à des pathologies locales ou à des besoins immédiats de subsistance ».*(Shanda Tonme)[1]

Dis-moi ce que tu cherches et je te dirai qui tu seras, ai-je lancé en première ligne de cet ouvrage. Le Congo, plus d'ailleurs que tous les autres pays l'Afrique, a choisi, conformément à la théorie économique des avantages comparatifs, de vivre dans une situation de simple consommateur contraint des denrées de toute nature produites à l'étranger et qu'il doit importer à des prix toujours plus prohibitifs. Ce faisant, ce choix suicidaire le condamne à vivre dans les ténèbres de l'ignorance et de la paresse mentale. Cette attitude le plonge dès lors dans un obscurantisme assombrissant et, donc, inquiétant. Les problèmes récurrents, même urgents, qu'ils soient organisationnels, d'équipement ou d'approvisionnement qui s'amoncèlent au pays doivent dès lors attendre que les autres viennent les solutionner à leur manière bien sûr et, évidemment, selon leurs intérêts qui peuvent être antinomiques aux nôtres.

Cette option condamne dès lors le pays, plus que les autres pays africains, à demeurer pour de bon *État-bébé*. On se nie ainsi comme hommes car, ce qui distingue l'humanité de la bestialité, c'est l'usage du cerveau. Plus on s'en sert, plus on s'élève et moins on s'en sert, plus on se rapproche de la vie bestiale. En quoi consiste donc l'usage du cerveau ou, en d'autres termes, pourquoi la science ?

Débats sur la science

Les intellectuels africains, philosophes et autres épistémologues des sciences sociales, dans leur angoisse face à la triste et honteuse réalité de leur marginalisation scientifique qui a vite fait le lit des discours racistes sur

---
[1] SHANDA TONME, *op. cit.,* p. 31.

l'incapacité congénitale de la race nègre de tenir des raisonnements logico-mathématiques ou philosophiques, se sont lancés dans des débats sur la science qui serait occidentale et sur les possibilités de générer des sciences proprement africaines. Quelquefois, on s'adonne à de vaines spéculations de type moralisant, au lieu de constater seulement que cette techno science a fait ses preuves en Europe qui l'a créée et permet à ses habitants de mener leur vie de manière moins incertaine et de s'imposer sur les autres peuples moins outillés. Grâce à *l'écriture*, cette science a pu être exploitée, développée, évaluée, partagée jusqu'à être vulgarisée et intégrée dans la culture collective. Cela a permis à l'Occident d'acquérir de la puissance, de sécuriser ses citoyens et d'en scruter l'avenir avec assurance, mais aussi de dominer les autres peuples et de répandre leur civilisation à travers toute la planète jusque dans l'espace au point de la rendre universelle. L'européanisation effective du monde ne fait plus débat.

D'où la croyance aux vertus et capacités de la techno science d'origine européenne, si bien que Ntambwe T. donne raison à J. Habermas qui se demande *« au nom de quel autre type de techno science l'Occident renoncerait à celle qu'il développe aujourd'hui et qui se caractérise par l'humanisation progressive de la nature, la disposition de l'homme au service et à la protection de la nature, la substitution des efforts humains par le travail de la machine, le transfert dans les techniques des fonctions humaines, l'investissement obligé par la spécialisation générée par la diversité des sciences d'une bonne partie de l'intelligentsia humaine dans la construction de l'environnement sociopolitique occupé par tous sous forme de la démocratie, le projet d'augmentation de temps libre pour l'homme, etc. »*[1]

De plus, les Asiatiques qui ont tout simplement imité les Occidentaux dans cette voie s'accrochent mieux au système compétitif mondial que les Africains qui ont plus penché leurs problématiques sur la contestation de l'hégémonie occidentale sans chercher à identifier la source de leur puissance si imparable que constitue la science. Il faut donc, pour les Africains raisonner en termes de *complémentarité* plutôt que d'*opposition* face aux orientations scientifiques occidentales, recommande Ntambwe T., qui cite à cet effet OKAVU Ekanga On'Okundji qui en dit ceci : *« Pour l'Afrique, et c'est l'essentiel, le concours du savoir et du savoir-faire de l'Euro-Amérique devrait l'enrichir sans étouffer son génie créateur. Pour ce, il est urgent d'apprendre à apprendre, d'apprendre à discerner l'essentiel de l'accessoire, le central du périphérique, mieux du bruit ou des interférences. Sans ce besoin de discernement, de rationalité, ou pour être exact d'articulation des*

---

[1] Lire à ce sujet Raphaël NTAMBWE Tshimbulu, *La critique africaine de la techno science : concepts, courants et structure*, Academia-Bruylant, Louvain-la-Neuve, 1998, p. 7.

rationalités, de développement de l'éthique mais encore de l'éthique du développement, l'Afrique ne peut se doter d'une idéalité, des nouveaux chemins de sens ».[1]

Il va sans dire qu'il faudrait distinguer la *science* dans sa *pureté* et *l'idéologie* qui lui est toujours sous-jacente, qui la rend positivement *impure, partiale* et qui en imprime *l'évolution* et *l'utilité*. En effet, la science est de nature neutre, avec son langage atone, universel, quelquefois brut. Elle transcende les passions, les partis-pris, les croyances, les inférences culturelles (magico-religieuses), etc. Cependant, l'usage des produits de la science ne peut pas échapper à des manipulations humaines et sociales. Car cet usage vise l'affrontement des défis qui se posent de manière différentielle aux multiples espaces vitaux, dans leurs caractéristiques environnementales, humaines, organisationnelles, économiques et socioculturelles différenciées. Partant de cette philosophie utilitariste de la science, sa pratique devient intéressée, donc subjective, partiale, utilitaire. Car l'homme intervient inévitablement dans le choix des sujets et dans la fixation des objectifs et finalités de recherche. Les activités scientifiques ne peuvent alors se concevoir autrement que comme des construits sociaux par excellence.

D'où, pour Mwabila M., *« parler d'une science occidentale est un non-sens, mais il existe bien un esprit scientifique occidental, une recherche occidentale et un savoir-faire occidental dont on perçoit les manifestations à travers ses accomplissements... L'histoire européenne des sciences et des technologies se révèle comme imbriquée dans l'histoire même de la société, étroitement liée à ses angoisses et à ses tâtonnements à la recherche des solutions propres à rendre possible la vie en société ».*[2] Les Asiatiques l'ont compris. Chaque pays qui a eu à créer et à asseoir un esprit scientifique national a réussi son émergence, grâce à cette même science qui, bien que copiée de l'Occident, comme on va bientôt le voir, n'en est pas moins adaptée à leurs propres défis socio-environnementaux. Comme par miracle, aucun de ces pays émergents n'a copié les religions occidentales, porteuses des métaphysiques propres aux pays occidentaux. Les *Samouraïs* japonais savent pourquoi, eux qui s'étaient occupé à leur manière des missionnaires jésuites !

L'Afrique, elle, ne l'a toujours pas encore compris. Au lieu d'imiter le dominant dans ce qui fait sa force, en l'occurrence la science, avec un esprit scientifique forgé à partir des défis locaux, elle se complait dans la paresse mentale qui fait que le monde progresse sans elle. Elle se complait dans de vaines adorations des religions importées, celles des leurs maîtres successifs, préférant la facilité des contemplations profondes et nulles sous fortes

---

[1] *Idem,* p. 55.
[2] MWABILA M., *De la déraison à la raison... op.cit.,* pp. 21-22.

drogues spirituelles plutôt que les dures réalités des défis sociaux, des productions des biens et services sur fond d'ennuyantes et stressantes activités cérébrales auxquelles soumettent les exigences de la techno science occidentale. C'est bien cela qui explique, pour l'Afrique, ses lamentables lamentations, ses pleurs chroniques, ses mendicités éternelles, ses spéculations stériles, la honteuse infantilisation *imbécilisante* de ses habitants...

Cette faiblesse ultime de l'intelligence africaine condamne les Africains, surtout subsahariens, et plus profondément les Congolais, à une inévitable fatalité, à des invocations illusoires des divinités hypothétiques insaisissables, à des condamnations irresponsables des autres ainsi qu'à des autojustifications multiples de leurs propres irresponsabilités et turpitudes. C'est bien cela que Mwabila appelle *déraison (*vs *raison)* qui cloue leurs pays, la RDC en tête, à la pauvreté mentale, au sous-développement intellectuel, à l'infériorité scientifique et technologique, à l'inexistence au sein du système-monde caractérisé par une compétitivité internationale impitoyable... Tous ces éléments constituent les causes et sources de toutes les pauvretés et de toutes les misères matérielles et immatérielles que vivent les populations africaines, singulièrement congolaises. D'où l'inconfortable et honteuse position des États africains comme *États-bébés,* éternellement pris en charge, fatalement contraints de vivre des aides au *sous-*développement, (dés) organisés selon les intérêts dominants extérieurs. L'arrogance affichée par les dirigeants des pays dominants face aux Etats africains tiennent de l'extrême faiblesse de ces derniers.

Il faut donc du courage et de la modestie aux Africains pour assumer leur responsabilité et reconnaître qu'il est irresponsable de désigner les autres comme responsables d'une débâcle africaine pourtant consécutive à leurs propres et multiples bavures et extravagances. En première ligne de ses maladresses, le rejet de la techno science d'origine occidentale, pourtant devenue patrimoine universel de l'humanité. Il appartient aux plus habiles des communautés humaines de s'en servir, d'en exploiter les opportunités pour sécuriser leur existence individuelle et collective. Il s'agit, recommande F.-B. Mabasi Bakabana, de « *prendre en compte la diversité culturelle et de comprendre les sciences et les technologies non comme des constructions propres aux sociétés occidentales (et qui accomplissent le projet de rationalité), mais comme des disponibles universels d'une figure historique de la rationalité (parmi tant d'autres possibles)* ».[1]

---

[1] F.-B. MABASI Bakabana, *op. cit.*, p. 10.

L'émergence par la science

Pour sortir une RDC qui aspire à l'émergence de cette voie ténébreuse, il n'y a qu'un choix possible sans alternative, celui de la *raison* qui prédispose à la maîtrise des connaissances par la formation et la recherche scientifiques pluridimensionnelles. En Europe occidentale depuis le 17ème siècle, il y a eu des changements dans les mentalités : « *Foi dans le Progrès, l'Instruction, et bien sûr, aussi, la Science : le dix-neuvième siècle est le siècle par excellence de la Science, la Science en majuscule* ».

De toutes les formes des connaissances, celle qui s'est produite dans la civilisation occidentale a trait à« *l'avènement d'une démarche de connaissance qui se veut tout à fait rigoureuse. C'est ce que l'on appelle aujourd'hui la démarche "scientifique". Elle s'installe au dix-septième siècle, soutenue par une pratique expérimentale systématique, toujours mieux conduite, et par les succès concomitants d'une physique désormais mathématisée. Elle est encouragée par la société, avec la création de l'Académie des sciences, chargée de collecter ses résultats, toujours plus nombreux, et de juger de leur validité. Elle se renforce au dix-huitième siècle, avec de nouveaux résultats qui prouvent la fécondité de cette démarche. Elle a partie liée avec les Lumières, qui défendent l'esprit critique et le règne de la Raison. Au dix-neuvième siècle, à l'occasion du changement produit par la Révolution Française, elle s'installe à la première place, liée désormais à la société industrielle. Elle développe ses institutions et va tendre à s'immiscer dans à peu près tous les domaines, riche de ses retombées techniques qui influent toujours plus sur notre vie. Elle représente alors la modernité même dans la société en marche vers un avenir meilleur* »[1].

La RDC doit donc choisir entre la voie illuminant des théologies et métaphysiques contemplatives qui clouent aux croyances et superstitions illusoires et la voie scientifique (via la recherche scientifique et l'éducation du peuple) qui a étalé ses preuves par les transformations positives induites au sein des sociétés qui l'ont adoptée. Il faut donc imiter l'Occident dans ce qui fait sa force. C'est l'option choisie par tous les pays qui ont émergé tant en Occident que hors Occident, celle qui consiste à s'emparer de l'arme de la puissance réelle, en l'occurrence la *science* et la *technologie* occidentales.

Cas de la Chine

Sylvia Delannoy observe, à cet effet, que tous les pays non européens qui émergent ont d'abord cherché à « *augmenter la valeur ajoutée de leur*

---

[1] Jacqueline Feldman (sous la direction de), *L'idée de science au XIXème siècle. Huit soirées de lecture à la Bibliothèque des Amis de l'instruction du IIIe arrondissement*, L'Harmattan, Paris, 2006, pp. 8-9.

*production industrielle et de leurs services. Pour cela, la maîtrise des innovations est essentielle, mais elle passe dans un premier temps, pour tous les pays, par une phase **d'imitation** qui s'inscrit dans un contexte où les moyens manquent pour stimuler la recherche et développement. Le Japon est passé par cette phase dans les années 1960-1970, avant d'améliorer les méthodes et les produits venus d'Occident pour leur offrir une valeur ajoutée plus élevée. Aujourd'hui, le Japon est, avec la Corée du Sud, l'un des pays qui consacrent le plus de moyens à la recherche, avec l'équivalent de 3% du PIB investi en 2010 ».*[1] Jusqu'à ce jour, le Japon est souvent accusé de se servir des résultats des recherches fondamentales des autres pour développer des applications concrètes. Ainsi, alors que les USA et l'Europe engrangent de prestigieuses distinctions académiques, le pragmatisme nippon fait que l'industrie japonaise en tire de gros avantages technologiques et accumule dès lors le plus de brevets d'inventions technologiques.

Cette imitation peut s'opérer en différentes façons. On peut recourir à un transfert de technologie comme meilleur moyen de s'industrialiser et de moderniser un pays. C'est la voie qu'avaient empruntée le Japon et d'autres pays qui, en achetant certaines machines sophistiquées, sollicitaient des clauses de transfert technologique pour leurs opérationnalisations aisées, notamment leurs fonctionnements et leurs maintenances.

La Chine impose cette clause pour tout accès à son marché, comme ce fut le cas avec AREVA qui y a construit des réacteurs nucléaires. De nos jours, en échange des commandes faites des avions Airbus, la France a été contrainte, non seulement de former des pilotes chinois, mais aussi d'installer une chaîne de montage des avions du type A 320 commandés et d'instituer une école de formation des ingénieurs chinois en construction aéronautique.

Le rachat des entreprises constitue également un moyen d'acquérir de la technologie. Certains pays émergents, les plus forts (Chine, Inde, Brésil...), imposent des formules de *joint-venture* aux entreprises désireuses de s'y implanter. C'est par cette voie que l'entreprise chinoise qui est entrée dans le capital le l'énergéticien français EDF se retrouve aujourd'hui dans la construction des réacteurs nucléaires civils qui devront pourvoir 7% d'électricité en Grande-Bretagne. Les pays émergents moins forts, comme l'Afrique du Sud ou le Mexique, ne jouissent pas de cette opportunité.

Cependant, des pays avisés recourent souvent au piratage industriel ainsi qu'à d'autres moyens *illégaux* pour acquérir de la technologie, foulant au pied le droit de propriété intellectuelle.[2] Cette pratique généralisée donné

---

[1] Sylvia DELANNOY, *Géopolitique des pays émergents. Ils changent le monde*, PUF, Paris, 2012, pp. 126-127.
[2] La Corée du Sud a refusé d'honorer les brevets étrangers et les copyrights sur les produits jusqu'en 1986 et le Japon a fait de même jusqu'en 1976. L'économiste

lieu à plusieurs dossiers litigieux traités au niveau de l'OMC et d'autres instances internationales d'arbitrage. L'Inde et le Brésil, sont passés maîtres dans cette voie, notamment dans le domaine de la production des médicaments génériques brevetés en Occident. Sous d'indiscutables prétextes éthiques et humanitaristes, ces deux géants émergents se sont légalement dotés des lois ne reconnaissant pas le droit de propriété sur les produits pharmaceutiques. Cela leur permet de fabriquer, pour les nombreux pays pauvres du Sud, des antirétroviraux et autres médicaments génériques à moindre coût, outrepassant les droits auto-octroyés par les industries occidentales inventrices, mais très accrochées à leur logique mercantiliste.

Quant à la Chine, elle est constamment pointée du doigt *« à cause de l'utilisation de brevets, mais dans le cadre des contrefaçons que le gouvernement chinois ne parvient pas, ou ne veut pas, juguler. Et le phénomène est massif... Certains expliquent cette tendance presque compulsive à la copie par une habitude culturelle qui ne condamne pas la copie et peut même la valoriser lorsqu'elle atteint une ressemblance trompeuse avec le modèle original ».[1]* Tous les produits peuvent faire l'objet de contrefaçon : les produits de luxe, les téléphones et *Smartphones*, les ordinateurs, les produits électroménagers, les automobiles, les marques d'habillement, l'ameublement, etc., tout peut être cloné aux productions occidentales et entrer en concurrence avec celles-ci. L'Occident en est la principale victime, elle qui subit une forte concurrence qu'il qualifie de déloyale de la part de ses imitateurs, tant au niveau des marchés du Sud qu'à celui des marchés européen et américain.*« Les Chinois violent donc la propriété intellectuelle pour conquérir leur marché intérieur, mais partent aussi à l'assaut du monde malgré les velléités affichées des autorités chinoises de limiter la contrefaçon ».[2]*

Cependant, la contrefaçon constitue seulement une phase initiale pour s'habituer à la donne scientifique. Au stade suivant, tous ces pays se dotent de puissants arsenaux de recherche scientifique et technologique. Cette activité n'est plus un monopole des seuls pays occidentaux. *« La copie n'étant qu'une étape sur la voie de l'innovation, nombre de puissances émergentes ont fait de la recherche une nouvelle priorité afin de se muer en économies de la connaissance compétitives ».[3]* A cet effet, on peut noter

---

japonais Kanane AKAMATSU parle de développement en *"vol d'oies sauvages"* pour nommer ces plagiats, in "A Historical Pattern of Economic Growth in Developping Countries", *Journal of Developping Economies,* 1(1):3-25, March-August, 1962, cité par A. Kateb, *op. cit.,* p. 175 en note 1 et 2.
[1] *Idem,* p.128.
[2] *Ibidem.*
[3] *Idem,* p. 129.

qu'après les affres[1] de la Révolution culturelle chinoise, Deng Xiaoping a initié des changements accélérés en vue de *« rompre l'isolement de la Chine et l'ouvrir au monde : les responsables chinois ont fait appel aux meilleurs instituts des relations internationales du monde occidental, comme l'Institut d'études politiques de Paris (Sciences Po), dirigé alors par Michel Gentot. Ce dernier a compris d'emblée l'importance de l'ouverture de la Chine et mis rapidement en place un vaste programme de coopération, tandis que son épouse multipliait à l'École des hautes études en sciences sociales (EHESS) les bourses dans les milieux littéraires chinois francophones. Toutes les Universités, tous les instituts et toutes les écoles de commerce chinoises vont ainsi se reconstruire progressivement au cours des années 1980 ».*[2]

Heureusement ou malheureusement, en 1989, les événements survenus sur la Place Tiananmen vont changer le cours de l'histoire. La Chine connaîtra l'exode de ses meilleurs cerveaux craignant les persécutions. De même, ceux de Hong-Kong, inquiets de la perspective de reprise par la Grande Chine de cet ancien protectorat britannique, se sont mis, eux aussi, à fuir le pays. Cela a poussé Pékin à prendre conscience de *« la nécessité d'investir massivement dans son propre système d'enseignement supérieur, pour limiter la forte dépendance de l'économie chinoise à l'égard des investissements étrangers... Depuis, Pékin a fait de l'éducation et de la recherche une cause nationale, avec comme point d'orgue le 17^{ème}Congrès du Parti Communiste chinois qui introduit dans la Constitution, en 2007, l'impératif de **développement scientifique** ».*[3]

Encore peu outillés pour les recherches fondamentales, ce pays investit de gros moyens dans la R&D. Ainsi, elle *«représente 9,1% des investissements mondiaux en R&D, en troisième position derrière les États-Unis et le Japon ».* Elle occupe *« la première place du palmarès mondial pour le nombre de chercheurs suivant le rapport de l'UNESCO pour la science en 2010, avec près de 1,5 million de personnes en 2007 ».* Selon la Royal Society de Londres, la Chine *« est également au second rang mondial, devant le Royaume-Uni et le Japon en nombre de publications scientifiques, 10,2% des articles publiés dans les revues scientifiques étant chinois, contre 4,4% au cours des quatre années précédentes. Le Brésil et la Turquie ont également beaucoup progressé en la matière... Le nombre de brevets déposés par les pays émergents a également connu une croissance*

---

[1] Les Occidentaux exagèrent dans la caricature des œuvres de Mao. Mais les Chinois reconnaissent eux-mêmes que sans les sacrifices imposés à l'époque, l'avènement de la Chine qui inquiète serait hypothétique? Lire à ce sujet Zeting LIU (dir.), *La Chine innove. Politiques publiques et stratégies d'entreprise*, L'Harmattan, Paris, 2014.
[2] Jean-Joseph BOILLOT et Stanislas DIMBINSKI, *Chindiafrique. La Chine, l'Inde et l'Afrique feront le monde demain*, Odile Jacob, Paris, 2014, p. 103.
[3] *Idem*, p. 104.

fulgurante... La Chine et la Turquie ont multiplié par sept le nombre de brevets déposés sur la période 2000-2008... ».[1]

Dans ce cadre, les pays émergents attirent chez eux les entreprises innovantes afin de bénéficier de leurs laboratoires de recherche en faisant prévaloir la qualité de leurs nombreux chercheurs qui se contentent de bas salaires. Ainsi, plusieurs dizaines de zones de développement et plusieurs centaines de centres de R&D furent installés en Chine par des entreprises étrangères, profitant des salaires modiques versés aux chercheurs locaux. Avec ce système, la Chine cesse d'apparaître comme un pays *atelier* d'assemblages des produits conçus en Occident qu'elle exporte massivement, mais constitue aujourd'hui un espace de conception de nouveaux produits, un ancien pays atelier aujourd'hui devenu un pays *laboratoire*.

Aussi, en lançant ses vaisseaux habités dans l'espace, la Chine s'est rangée dans le groupe très restreint des puissances spatiales. *« Pour un pays longtemps relégué au rang d'atelier d'assemblage* low cost *de produits conçus à l'étranger, cette prouesse était destinée à faire prendre conscience aux Chinois [et au monde] des capacités scientifiques et technologiques de leur pays ».*[2]

Cas de l'Inde

L'Inde adopte la même stratégie. En formant plus de deux millions d'étrangers par an, ce pays attire également en son sein les entreprises étrangères qui y exportent leurs centres de R&D. L'Inde est ainsi devenue un partenaire incontournable en matière de R&D dans, notamment l'industrie pharmaceutique, informatique, agroalimentaire et automobile. De nombreux centres de R&D y ont été installés dans le domaine de l'informatique par des firmes locales et étrangères. *« La recherche contribue à rendre compétitifs les services informatiques dont l'Inde est le premier exportateur mondial après les États-Unis et l'Irlande. L'Inde est donc le pays émergent le plus prometteur en matière de R&D, à la fois parce qu'elle est capable d'accueillir des pays attirés par les compétences de ses chercheurs et ingénieurs, mais aussi parce qu'une recherche purement indienne se développe dans les plus grandes firmes, dans l'informatique, mais aussi dans l'automobile, l'agroalimentaire, la pétrochimie, etc. Saab, Airbus et Boeing ont ainsi installé des centres de R&D en Inde embauchant plus de 300 ingénieurs chacun ».*[3]

---

[1] Sylvia DELANNOY, *op. cit.,* p. 130.
[2] Alexandre KATEB, *Les nouvelles puissances mondiales : pourquoi les BRIC changent le monde,* Ellipses, Paris, 2011, p. 163.
[3] *Idem,* p. 130.

L'Inde s'est investie, pour ce faire, dans l'éducation de masse de sa jeunesse. Même si ses universités ne sont pas dans le Top 100 ou 500 des meilleures universités du monde, « *l'Inde ne s'inquiète pas trop, dans l'immédiat, de cette mondialisation très hiérarchisée de l'éducation, dont elle entend tirer parti, en assurant au mieux la circulation à travers le monde de ses meilleurs cerveaux anglophones et en attirant chez elle un nombre croissant des filiales étrangères d'établissements de pointe. Elle y parvient et stimule même la concurrence entre établissements indiens, qui se bousculent pour obtenir des licences d'enseignement... D'une manière générale, l'Inde offre un bon exemple de stratégie offensive en matière d'éducation. Les objectifs sont clairs : définir l'ensemble des institutions et des infrastructures - pas seulement universitaires - dont le pays doit se doter pour devenir une grande puissance mondiale de la connaissance et du savoir* ».

La National Knowledge Commission (Commission Nationale de la Connaissance) a été mise en œuvre en 2008, avec à sa tête un homme, Sam Pitroda. Ce dernier avait réussi à moderniser le réseau téléphonique de l'Inde sur demande, en 1984, du PremierMinistre Rajiv Ghandi. Ensuite, en 2005, le Premier Ministre Manmuhan Singh « *lui demande de faire de l'Inde un champion de l'économie de la connaissance et du savoir dans les 20 prochaines années. Il ne s'agit pas de reproduire le modèle chinois mais de l'adapter aux spécificités indiennes, avec deux priorités, celles des fameux deux "I"* : *l'**innovation** doit ainsi améliorer la cohésion sociale et l'**inclusion**, dans un pays connu pour ses profondes inégalités entre castes et entre régions. Les décisions se sont rapidement traduites dans les chiffres : le onzième plan quinquennal (2007-2012) a prévu 60 milliards de dollars d'investissements publics pour le seul programme éducatif, la part de l'éducation passant d'à peine un quinzième à un cinquième des dépenses publiques. (...) On a aussi ciblé l'éducation professionnelle et technique, autre talon d'Achille d'un pays à l'élite en partie brahmane, cette ancienne caste de prêtres, plus passionnés par la rhétorique que par la technique... Depuis, 6 milliards de dollars ont été investis dans l'ouverture de 1600 nouveaux instituts de formation professionnelle (ITI) ou polytechnique, de 10.000 nouveaux centres de formation et de 50.000 centres d'expertise de métiers.*
Enfin, on a revu de fond à comble la stratégie concernant l'éducation supérieure... Sam Pitroda a réussi à convaincre le pouvoir public qu'à ce modèle élitiste, il fallait substituer un modèle de masse. On ouvre alors 30 nouvelles universités, 8 nouveaux instituts de technologies (IIT) et 7 de management (IIM), ainsi que 5 Instituts de sciences et 2 écoles d'architecture; au total, près de 2.000 écoles supérieures dans tous les domaines et bien réparties sur l'ensemble du territoire, fédéralisme oblige. Résultat, l'effet de masse joue ici encore en plein. Le nombre d'étudiants indiens a doublé dans les années 1990 pour atteindre 10 millions (5 fois plus

qu'en France, par exemple). Et il a presque doublé encore dans la dernière décennie, rattrapant le nombre d'étudiants aux USA, la superpuissance éducative mondiale.
Pour couronner le tout, l'Inde s'est lancée dans un vaste programme d'infrastructures publiques et privées, visant notamment à adosser l'effort éducatif à la révolution des télécoms... »[1]

L'Inde est depuis longtemps devenue le centre névralgique des résistances opposées aux droits mondiaux de propriété intellectuelle, notamment en matière pharmaceutique. C'est ce qui explique le dynamisme de l'industrie indienne de production des médicaments génériques, respectant dès lors *« le premier engagement de l'Inde, à savoir la protection des vies et de la santé de ses citoyens »* et, j'ajoute, la santé des humains les plus pauvres du monde. En effet, *« la révocation de la protection des brevets sur les médicaments en 1972 a considérablement élargi l'accès aux médicaments de base et donné naissance à une industrie indienne, compétitive au plan international, souvent appelée* **la pharmacie du monde en développement**. *La production des antirétroviraux par des fabricants de génériques comme Cipla a par exemple réduit le coût d'un traitement contre le sida en Afrique subsaharienne à seulement 1% de ce qu'il était une décennie plus tôt ».*

Cette *« volonté de remettre en cause la validité des dispositions relatives aux brevets, à la fois au plan national et auprès de juridictions étrangères »* continue à obséder les autorités indiennes, pourtant soumises à de fortes pressions des multinationales pharmaceutiques occidentales. C'est le cas de la décision Glivec de la Cour Suprême de New Delhi qui met l'Inde, comme d'autres pays sous-développés, *« dans une situation où leur obligation nationale à protéger les vies et la santé de leurs citoyens entre en conflit avec leurs engagements internationaux ».* En effet, notent J. Stiglitz et Arjun Jayadev *« le rejet par la Cour Suprême de New Delhi de la demande de brevet déposée par le géant suisse Novartis sur le Glivec, médicament vedette contre le cancer, est une bonne nouvelle pour les malades indiens atteints d'un cancer. Si d'autres pays en développement suivent l'exemple de l'Inde, ce sera également une bonne nouvelle dans d'autres domaines ».*[2]

Il s'agit donc d'un problème de stratégie dont la RDC ne fait aucun cas, vivant dès lors comme un pays sans intelligence, sans cerveau.

---

[1] J.-J. BOILLOT et S. DEMBINSKI, *op. cit.*, pp. 99-102.
[2] Joseph E. Stiglitz et Arjun Jayadev, Brevets sur les médicaments : la sage décision de l'Inde, in *LesEchos.fr,* Joseph Stiglitz | Le 10/04/2013

Cas du Brésil

Le Brésil s'est, lui aussi, imposé dans le domaine de la production des agro-carburants, dans la recherche agronomique, la production des OGM, l'automobile, etc.

On fait également état des mises au point des projets de recherche commune aux géants du Sud. Ainsi, le Brésil, l'Inde et l'Afrique du Sud ont développé *« des projets communs de recherche pharmaceutique pour lutter contre la malaria et le SIDA, de recherche agronomique et chimique pour la mise au point d'agro-carburants destinés à être utilisés dans les trois pays, mais aussi dans des projets de recherche dans les nanotechnologies qui sont à la pointe des nouvelles technologies, ou encore dans l'océanographie, recherche qui joue un rôle stratégique notamment pour les matières premières que recèlent l'océan »*. La conquête de l'espace n'est pas en reste.

Les pays émergents ouvrent également les portes de leurs universités et centres de recherche aux étudiants étrangers (dont les plus géniaux y sont souvent retenus).

Tout en restant inférieures et même encore largement dépendantes des pays du Nord développés et promoteurs des sciences et technologies, les puissances émergentes luttent pour leur autonomie et leur productivité scientifiques et technologiques.*« Les pays émergents sont donc entrés en compétition avec l'Occident, mais aussi entre eux, pour faire la démonstration de leur puissance, de leur capacité d'influence et pour maîtriser l'image qu'ils renvoient au monde. Ici comme dans d'autres domaines, ils cultivent les armes nécessaires pour alimenter leurs ambitions, et la réalisation de leurs objectifs obéit à une célérité inédite. Profitant de l'imitation de l'Occident, mais aussi de l'observation de leurs erreurs, ils trouvent la clef de l'influence ».*[1]

Comme on le voit, la science et la technologie constituent les piliers de l'émergence des Nations. Ne pouvant s'ingénier à réinventer ce qui existe déjà, le choix de l'occidentalisation est imparable. Qui dit occidentalisation dit imitation, copie, appropriation, intégration... mais aussi piraterie, tricherie, plagiat, espionnage industriel... de l'arme de puissance de l'Occident : la techno science. Cela passe par la formation, mais aussi par la recherche scientifique et technologique.

Grâce à ces pratiques, à la limite illégales, illégitimes, frauduleuses et peu éthiques au regard des normes édictées en la matière par l'Occident dominateur, on assiste à des paradoxes inattendus du siècle. En effet, alors que les experts avaient prédit que les pays pauvres devraient *« importer l'épargne des pays riches pour financer leurs investissements de*

---

[1] *Idem*, pp. 133-134.

rattrapage », ce sont ces derniers qui deviennent pour les premiers, grâce au recours à la techno science occidentale, *« en réalité les créanciers net (excédentaires) et financent la consommation à crédit des États-Unis et de l'Europe. Jusqu'au jour où, comme la corde tient le pendu, les grands pays émergents s'invitent à la table des décideurs, ce qui a été bien symbolisé par la transformation du club des pays riches - le G7 - en G20... Ces nouveaux joueurs s'engagent désormais dans une ère de redistribution du pouvoir politique et géopolitique qui n'est finalement que la consécration d'une redistribution des cartes mondiales dans les domaines humain, économique, technologique et des ressources naturelles ».*[1]

Pour leur part, les pays africains (à l'exception des pays du Maghreb et surtout de l'Afrique du Sud) se sont mis en marge de l'évolution scientifique et technologique. Ils se sont contentés du rôle arriérant de pourvoyeurs des matières premières brutes, sans valeur ajoutée locale, au profit des pays scientifiquement et technologiquement développés qui, souvent, les extraient eux-mêmes et en fixent les prix en leurs propres monnaies. Ils se contentent dès lors, pour leur consommation, des importations des produits manufacturés et même des aliments.

Ainsi, écrit Mabasi, *« ces États ne prennent pas part à la plus passionnante des aventures humaines: l'élaboration des connaissances et l'invention des technologies. Les peuples de ces États se résolvent ainsi à demeurer des consommateurs émerveillés des connaissances et des technologies produites ailleurs. Une telle marginalisation entraîne une exclusion des espaces où s'échafaude le futur... En se marginalisant de la société du savoir, des circuits où s'élaborent les connaissances scientifiques et technologiques, des réseaux où l'on travaille aux innovations, l'Afrique se marginalise de l'économie du savoir, elle est réduite à subir* la loi du résiduelisme »[2]. Mabiala Mantuba note alors que *« selon cette loi, les résidus du circuit économique des biens (consommés) par le Nord sont déversés comme technologie appropriée, technologie adaptée, comme habits, véhicules, médicaments, équipements d'occasion dans les pays africains. Ces derniers risquent, à la longue, d'être considérés comme des pays passéistes et passifs, incapables d'innovations créatrices, bref des cimetières du circuit mondial de distribution des biens ».*[3]

---

[1] *Idem*, p. 9.
[2] MABASI, *op. cit.*, pp. 121-122.
[3] MABIALA Mantuba, Les défis de l'Afrique au XXIème siècle, in *Raison ardente*, n°57, mars 2000, p. 11, cité par *idem*, p. 122.

Le pouvoir d'organisation et la science

Il vient d'être démontré le rôle incontournable des sciences dites exactes dans tout processus visant à émanciper un pays et à le rendre compétitif au plan de ses relations avec d'autres.

Mais il est un fait qui saute aux yeux. Seule, l'acquisition d'un arsenal scientifique et technologique ne suffit pas à rendre un pays puissant. Le cas de la Russie, scientifiquement très avancée, est là pour démontrer comment ce pays peine à se réimposer après la décomposition de l'Empire soviétique en raison des dérèglements institutionnels induits par la *Perestroïka* et le *Glasnost* de M. Gorbatchev, opportunité saisie par les Occidentaux pour affaiblir davantage son ancien puissant adversaire dans le cadre de la poursuite en sourdine de la guerre froide. Aujourd'hui, la Russie dont on ne peut douter de la maîtrise du savoir scientifique, ne se retrouve pas dans les hautes sphères d'influence du fait d'un déficit certain d'organisation, d'ambition définie et, donc, faute d'une utilisation rationnelle des connaissances accumulées.

C'est ainsi que la Russie qui dispose du sous-sol le plus riche de la planète dans son incommensurable espace territorial, qui dispose d'une élite scientifique de renommée qui lui permet de fabriquer un armement sophistiqué, d'avoir la maîtrise de la conquête de l'espace, de construire l'Antonov 124 (plus gros avion-cargo au monde), de faire voler l'avion supersonique Tupolev 144 avant son équivalent, le célèbre Concorde franco-britannique... la Russie, disais-je, a une économie extrêmement fragile, tributaire des exportations des bruts pétroliers et du gaz naturel comme le serait tout autre pays sous-développé, incapable de produire un réfrigérateur ou une voiture de qualité !L'économie russe reste donc étonnement vulnérable face à des sanctions occidentales, du fait de l'absence d'une organisation susceptible de mobiliser les forces intellectuelles du pays à des déploiements productifs utiles, à des applications raisonnées des connaissances détenues par ses scientifiques, à la *monétisation* des connaissances scientifiques.

Il s'agit pourtant d'un pays qui avait pu combler son retard sous le Tsar Pierre Ier, connu comme grand bâtisseur qui, au 17ème siècle déjà, *« importe les dernières technologies occidentales... s'entoure des experts étrangers... Fasciné par les sciences naturelles, Pierre Ier rend visite à Isaac Newton en Angleterre et crée en 1924 l'Académie des Sciences de Russie, sur le modèle de la Royal Society anglaise... La Tsarine Catherine II continue son œuvre en créant les premières universités publiques et en renforçant les prérogatives de l'Académie des Sciences... Au XIXème siècle, les savants affiliés à l'Académie des Sciences de Russie produisent des découvertes scientifiques majeures : classification des éléments périodiques par le chimiste Mendeleïev, ondes radio découvertes par le physicien Alexandre*

Popov, virus découverts par le biologiste Dimitry Ivanovsky, principe du conditionnement animal mis en évidence par Ivan Pavlov... Lorsque les Bolcheviks prennent le pouvoir en 1917, ils comprennent l'intérêt d'un tel capital scientifique. Leur objectif est avant tout militaire... Les avancées scientifiques seront en particulier utilisées pour construire une force de dissuasion nucléaire dans l'après-guerre. Mais la réussite la plus éclatante de la science soviétique est le lancement en 1957 du premier satellite artificiel, Spoutnik, suivi par la mise en orbite du premier homme dans l'espace, Youri Gagarine. Véritable État dans l'État, l'Académie des Sciences jouissait d'un prestige social inégalé... Et le budget officiellement consacré à la recherche scientifique en URSS était de 7% du PIB, soit un taux largement supérieur à celui des pays occidentaux... »[1] Malgré cet arsenal technoscientifique imposant hérité de la période soviétique, la Russie offre un exemple typique d'échec d'une science qui n'innove pas faute d'organisation institutionnelle, politique, sociale et économique fiable. En fait, la Russie a lamentablement échoué là où le Japon a brillamment réussi.

Modèle nippon suivi par les Dragons d'Asie

En effet, le Japon offre, lui, le cas d'un pays démuni en ressources, mais qui a su s'imposer sur l'échiquier international grâce à une exploitation intelligente et utilitaire de la science, notamment par des formes appropriées d'organisation et d'exploitation des pouvoirs technoscientifiques.

On parle au Japon de la glorieuse ère **Meiji** (1868-1912)[2] qui a vu ce pays insulaire en crise opérer le bon choix de la ligne politique à suivre. Il fallait, notamment, choisir entre l'isolement dans les traditions et l'ouverture vers la modernisation du pays. Ayant perçu l'état de sa faiblesse militaire face aux armées européennes coloniales, l'Empereur Meiji refusa la colonisation, mais entreprit de se constituer lui aussi en puissance en copiant chez l'autre ce qu'il y avait de meilleur : éducation scientifique, grandes entreprises industrielles, agricoles et commerciales, chemins de fer (avec le précieux concours des ingénieurs britanniques), marine marchande (achat des navires étrangers et constructions des ports), etc.

Cette Restauration a été inspirée *par le haut* et non consécutive à une quelconque révolution populaire ou à quelques décisions ou orientations prises démocratiquement. « *L'ère Meiji commença officiellement le 23 octobre 1868, permettant ainsi l'entrée organisée et volontaire du Japon dans l'ère industrielle – quoique parfois soumis aux pressions étrangères - et donc l'abandon d'un régime essentiellement féodal. Il s'agissait pour le Japon de se moderniser au plus vite, afin de traiter d'égal à égal avec les*

---

[1] A. KATEB, *op. cit.*, p. 166.
[2] Wikipédia

Occidentaux pour éviter de tomber sous leurs dominations (comme ce fut le cas pour la Chine durant la même période avec les « traités inégaux »). C'est pourquoi l'archipel fut l'une des rares contrées d'Asie à n'avoir jamais été « colonisée » par aucun autre pays. Bien au contraire, l'Empire japonais deviendra à son tour, quelques années plus tard, une « puissance coloniale » importante : la première guerre sino-japonaise en 1894-1895, permettra à l'Empire du Soleil Levant (par le traité de Shimonoseki) de mettre la main sur Taïwan, l'archipel des Pescadores et la presqu'île du Liaodong, ainsi que de placer la Corée sous sa sphère d'influence (signature d'un traité d'alliance militaire) ».

Plusieurs mesures politiques furent prises dans le sens d'abandon des coutumes arriérant *(mauvaises coutumes du passé)* en faveur des pratiques occidentales utiles *(justes lois de la nature)*.

Parmi ces mesures, on peut épingler« ***la recherche de la connaissance internationale afin de renforcer les fondements de la domination impériale »,*** la réforme foncière et fiscale, la légalisation de la propriété privée, la création du YEN comme monnaie nationale, l'imposition des taxes pour la budgétisation des recettes publiques de l'État japonais, le basculement du *calendrier luni-solaire chinois* au calendrier grégorien, l'adoption du système métrique, l'adoption du système démocratique inspiré des doctrines françaises, mais copiant le modèle constitutionnel allemand[1], l'instauration d'une justice indépendante, l'institution d'une administration territoriale selon le modèle français (Préfectures créées en 1871), etc.

Par la suite, *« paradoxalement, les penseurs japonais s'identifièrent de plus en plus avec les méthodes et idéologies occidentales ».* Le Japon adopta une *réforme spectaculaire* en instaurant un **système d'éducation nationale inspiré du modèle américain**. Au plan militaire, la classe des guerriers *Samouraïs* fut dissoute et ses membres incorporés en politique, en affaires, mais surtout commis à la création de *l'Armée impériale japonaise* avec le concours des instructeurs britanniques, français et allemands. Ainsi, *« L'organisation de la marine de guerre fut, notamment dans un premier temps, inspirée par celle de la Royal Navy britannique, avant d'être confiée à l'ingénieur naval français Louis-Émile Bertin ».*

Comme on peut bien s'en rendre compte, le Japon a su opérer le virage qu'il fallait sous l'ère Meiji, en procédant sans gêne à des imitations à la fois brutales, radicales, mais toujours prudentes et relatives, toutes sages et utiles,

---

[1] En 1889, le système politique allemand imité était constitué d'une monarchie parlementaire avec larges pouvoirs à l'exécutif et un parlement faible. Celui des États-Unis était jugé *trop libéral,* le système britannique comme trop lourd avec un parlement ayant trop de contrôle sur la monarchie, les modèles français et espagnol comme trop despotiques.

toutes adaptées aux besoins locaux japonais. *« Résolument tourné vers la modernité, l'Empereur Meiji invita, à grands frais, de nombreux spécialistes européens, en fonction du domaine où excellait leur nation : militaires, chimistes et médecins prussiens, puis plus globalement allemands ; fonctionnaires, juristes, géomètres, recenseurs et ingénieurs navals français ; ingénieurs industriels britanniques ; agronomes néerlandais ; etc. Cette époque est aussi caractérisée par l'expansion du territoire japonais, calquée sur le modèle occidental ».*

Le seul domaine où l'imitation ne fut pas au rendez-vous fut le religieux, stratégiquement éludé. Le Japon n'a pas imité les doctrines et pratiques religieuses de l'Occident. Le *Shinto*, religion traditionnelle, fut rétabli aux dépens du bouddhisme importé de Chine. Le Shintoïsme est élevé au rang de religion d'État, le bouddhisme, le christianisme et le confucianisme étant tout juste tolérés.*« L'Empereur devient le Grand Prêtre du Shinto d'État et chaque citoyen doit adhérer à un sanctuaire shinto ».*

La position de force du Japon au monde jusqu'à ce jour, malgré la défaite de 1945 (il est resté longtemps deuxième économie mondiale, avant d'être détrôné, il y a peu, par la géante Chine) est due à des imitations ciblées de ce qui faisait la force de l'Occident qui, lui-même devait sa modernité à la techno science. C'était la condition pour éviter la colonisation. Ainsi, ce pays s'est-il lancé dans la *« course aux technologies nouvelles et l'expansion de l'Empire colonial, dans une perspective de partage du monde par l'Occident »*.

Pour ce faire, le Japon a adopté des attitudes d'ouverture positive : enrichissement de la langue japonaise avec des emprunts aux langues occidentales pour désigner des objets et concepts occidentaux, traduction des ouvrages européens en japonais, envoi des missions diplomatiques dans les pays occidentaux en vue, entre autres, d'espionnage scientifique et industriel, instauration d'un système scolaire performant et obligatoire, création massive des écoles publiques et de l'Université de Tokyo (en 1877) et, grâce à l'enseignement, apparition d'une philosophie compétitive et d'une nouvelle forme d'élite, obsessionnellement assoiffée de savoirs qu'elle recherche partout et de n'importe quelle manière[1].

Sous l'ère Meiji, le mot d'ordre lancé par le pouvoir et vite intégré dans le mental est : **« Esprit japonais et méthodes occidentales ».** Une chasse aux savoirs et savoir-faire sera lancée à travers le monde, une véritable course pour récupérer le temps perdu en période isolationniste. Le Japon doit ainsi sa puissance et sa prospérité à la clairvoyance de l'Empereur Meiji et à ses collaborateurs qui ont su opérer des choix utiles des modes européens d'organisation, notamment par des imitations intelligentes, raisonnées,

---

[1] Lire texte de l'Américain VOGEL reproduit en annexe II.

innovantes et adaptées des méthodes et pratiques occidentales, tout en gardant jalousement l'esprit japonais.

Le cas de la Corée du Sud est tout aussi éloquent. Si la Russie qui dispose d'un grand potentiel scientifique n'a jamais su quoi en faire pour le bien-être de sa population, la Corée du Sud a développé une *« capacité exceptionnelle à valoriser* technologiquement *non seulement sa propre recherche scientifique, mais aussi celle des autres pays développés ou émergents. Ainsi, les multinationales coréennes, Samsung et LG, ont ouvert des centres de R&D dans l'ensemble des grands hubs scientifiques de la planète, des USA au Japon en passant par l'Europe et la Chine. A ce jeu, les pays asiatiques comme le Japon et la Corée présentent des performances supérieures à la moyenne... Ces pays se sont initialement positionnés sur la recherche appliquée et le développement - le D dans R&D - laissant à d'autres le prestige attaché à la recherche fondamentale, avant d'opérer un rattrapage progressif dans ce domaine.*

Dans le sillage du Japon, les Dragons asiatiques se sont en effet insérés dans la chaîne de valeur technologique mondiale, grimpant un à un les échelons de cette chaîne, au besoin en se spécialisant dans certaines technologies. La Corée du Sud est ainsi devenue le leader mondial des écrans plasma et LCD, et Taïwan est le leader incontesté des mémoires informatiques (flash disks) et des cartes mères. Ces pays émergents entrent aujourd'hui progressivement dans la cour des grandes nations scientifiques, en remontant du D vers la R, en misant sur les technologies du futur. La Corée du Sud est même devenue une référence mondiale pour l'efficacité de ses politiques de soutien à la R&D. De la construction navale à l'électronique, en passant par l'automobile, les multinationales coréennes sont aujourd'hui parmi les plus innovantes au monde ».[1]

Il y a donc un problème essentiel d'organisation de la recherche des connaissances, selon une philosophie utilitariste des sciences partagée par les membres d'une communauté des scientifiques nationaux et acceptée par l'ensemble de la population d'un espace donné. C'est cette philosophie qui doit constituer la base de *l'esprit scientifique congolais* dont parle Mwabila et que j'appelle de tous mes vœux. C'est le socle même de la citoyenneté à assumer pour tout citoyen patriote, surtout s'il est intellectuel et veut mériter réellement ce qualificatif.

C'est le lieu d'évoquer l'importance d'une philosophie de base pour guider et éclairer l'élite dans le choix à faire entre les multiples possibles, pensables et faisables. Cela peut paraître paradoxal, d'évoquer la philosophie dans un contexte d'éloge de la science qui lui paraît opposée. Pourtant, toute pratique scientifique s'effectue inévitablement sur un fond philosophique.

---

[1] A. Kateb, *op. cit.*, p. 175.

Car, ainsi que l'écrit Ngoma Binda, *« toute philosophie comporte une vocation éthique et politique, et que philosopher véritablement revient, nécessairement et inévitablement, à faire œuvre d'acte politique éthique dans la mesure où la philosophie, dans l'authenticité de son engagement intellectuel, s'avise de donner des réponses rationnelles et raisonnables aux problèmes fondamentaux, troublants et dramatiques qui assaillent, angoissent et désolent, de manière forte, l'existence humaine ».*

Mais, il ne doit pas s'agir de n'importe quelle philosophie, mais de cette philosophie pratique et utile, celle qui pose *« l'exigence de passer de la métaphysique spéculaire, contemplativement stérile, à une philosophie active, vive, recherchant une existence vivante, sensée et heureuse pour l'être humain au sein de sa communauté. Il est dès lors urgent de sortir des ontologies - des pensées habituées à travailler et à produire, avec une sublime délectation intellectuelle tout autant oiseuse qu'égotique, des essences et attributs abstraits du substantif être - pour focaliser la pensée sur le verbe être, sur le vivant appelé à la promotion impérative et légitime ».*[1]

Lecture et quête du savoir ![2]

> *« La lecture n'a que des avantages. Elle est le meilleur moyen pour l'apprentissage, le développement mental et l'expression orale. Elle développe les fonctions cognitives dans des proportions étonnantes. Lire est du meilleur profit à tout âge ».*

Les sciences aujourd'hui actives mettent à la disposition de tous des connaissances fondamentales universellement admises, consignées dans les manuels, ouvrages et articles scientifiques…Ces connaissances bénéficient d'une large diffusion en raison de la magie de l'écrit et, de nos jours, de l'expansion universelle des NTIC. Il faut donc chercher la connaissance là où elle se trouve livrée : dans les livres, dans les universités et centres de recherche, dans les revues scientifiques spécialisées, dans les documentaires audio-visuels, dans les archives, sur Internet, dans les médias, etc. Au niveau de l'individu, les connaissances apprises sont emmagasinées et traitées dans le cerveau, mais y parviennent par la voie de nos organes de sens : l'ouïe, l'odorat, la vue, le toucher...

---

[1] NGOMA Binda, *Théorie de la pratique philosophique,* IFEP, Kinshasa, 2010, pp. 7-8.
[2] Les citations reproduites ici sont de François Huguenin, La lecture, in *La Newsletter VR2 - Documentaire,*
http://vr2.fr/les_newsletters/public/2011/mai/les_bienfaits_de_la_lecture.php

En ce qui concerne la vue, il y a l'écriture et l'image. Les yeux servent à la lecture, de même qu'à regarder l'image ou les choses réelles. Rien ne peut occulter le caractère incontournable de l'écriture et, donc, de la lecture pour accéder à la connaissance. Celle-ci constitue pourtant la voie incontournable pour accéder à la connaissance, pour y réfléchir, l'approfondir, l'assimiler, l'améliorer et en faire usage. Le drame de l'Afrique, c'est que, selon une boutade bien connue, en consignant quelque chose dans un livre, on empêche l'Africain d'y accéder. Une façon de dire que l'Africain, et singulièrement le Congolais, a horreur de la lecture.

De nos jours, les autres médias, notamment la télévision et les Smartphones, ont tendance à supplanter la lecture. Les résultats d'examens réalisés avec un enregistreur d'ondes cérébrales ont établi que *« devant un téléviseur, on ne pense à rien ! L'esprit est dans un état entre la veille et le sommeil, état le meilleur quant à être suggestible, ce que les publicitaires savent bien. Il n'y a bien que quelques documentaires de bout goût, en proportion, assez rares, qui limitent encore les dégâts... Bref, l'activité cognitive et sensorielle est réduite à sa plus simple expression, tendant vers zéro. Devant la télévision, nous sommes présents de corps mais pas toujours d'esprit ».*Cela se comprend aisément car*« la télévision pense à notre place, en présentant, selon les intentions du metteur en scène ou de la production, les expressions, voix, décor, environnement, etc. Il n'est donc pas nécessaire de faire un quelconque effort d'imagination ou de représentation. En quelques heures, ce sont des milliers d'images qui vont défiler, parfois très vite, devant vos yeux. Or, cet enchaînement ne laisse aucun répit pourtant utile pour assimiler ce qui vient d'être vu et entendu. Cette technique déclenche littéralement une baisse de la concentration ».*

En passant des heures devant les écrans de télévision, les hommes développent de la paresse mentale proche de la défaillance psychologique. Il en est de même des effets des jeux vidéo présents dans nos *play stations*, ordinateurs, Smartphones, téléphones portables et autres appareils qui ne peuvent assurer quoi que ce soit dans le sens de rendre ses utilisateurs plus performants intellectuellement.

Toutes les attitudes tendant à rejeter la pratique de la lecture nuisent à l'esprit de recherche scientifique. Celle-ci implique notamment temps, énergie, patience, persévérance, tolérance, détermination et concentration pour des lectures et réflexions sur base des écrits antérieurs dans différents domaines de recherche. Seule la lecture permet une telle activité mentale soutenue qui, seule, lorsqu'elle est régulière, facilite le développement de nos facultés cognitives et épargne le cerveau de la dégénérescence. Le psychanalyste Bruno Bettelheim fait observer justement que *« la télévision bride l'imagination au lieu de la libérer.* **Un bon livre stimule l'esprit**, *mais le libère en même temps ».*

Le texte écrit, lorsqu'il est lu, reste la plus sûre source d'informations et d'apprentissage, de même qu'il améliore et alimente l'expression orale et écrite (vocabulaire, grammaire, ponctuation, syntaxe, argumentation) en alimentant et en entretenant le mental de ressources informationnelles lues. Neil Postman, spécialiste en communication, écrit, à cet effet, que *« les phrases, les paragraphes et les pages se déroulent lentement, à tour de rôle, et selon une logique qui est loin d'être intuitive ».* Si, comme on le sait bien, la réussite aux études dépend énormément de la maîtrise de la langue d'enseignement, tant en terme de compréhension qu'en terme de raisonnement, autant dire qu'il n'y a *« absolument pas d'autre moyen d'acquérir un vocabulaire étendu que de lire ».*

Le bénéfice de la lecture s'observe également en ce qu'elle développe l'esprit critique constructif, contrairement à la passiveté générée face à des idées pauvres et discutables lancées par l'omniprésence des écrans de TV et d'autres NTIC. D'ailleurs, l'usage excessif des réseaux sociaux et des SMS (Short Messages Services) invite à recourir à des abréviations qui massacrent littéralement les mots et les phrases, amenuisant dès lors de manière pitoyablement préoccupante les capacités langagières dans l'expression et l'argumentation des jeunes accrocs à ce snobisme intellectuellement abrutissant. Ces derniers se détournent de la lecture qui constitue, *« par essence, une activité riche et avantageuse ».*

On se trouve dès lors face à une armée des jeunes et adultes que j'appelle *illettrés alphabétisés* ou *diplômés analphabètes*, pour désigner des personnes incapables de lire ou d'écrire sur quoi que ce soit en connaissance de cause, en toute compréhension. En d'autres termes, ils peuvent faire usage de l'alphabet pour écrire sur un sujet mais sans rien comprendre de ce qu'ils écrivent.

Pour en rajouter sur les bienfaits de la lecture à l'attention des Congolais, jeunes, parents, éducateurs et dirigeants politiques, tous ennemis de la lecture, je reproduis ces paroles d'Elhayani sur la bienfaisance de la lecture:

« Mais c'est aussi une aide précieuse pour apprendre à s'exprimer et à penser.

Les livres permettent de forger l'esprit critique par la confrontation entre les idées ou les idéologies.

Ils nous apportent alors une inspiration nouvelle, une interprétation nouvelle du monde, et probablement une culture plus approfondie.

La lecture est un éveil de l'âme et du cœur. Une jouissance de la pensée et des sentiments.

C'est une ouverture sur un monde enchanté. Elle nous ouvre toutes les portes de la création et nous invite à mieux comprendre et maîtriser le monde au lieu de le fuir. Elle permet de s'approprier l'histoire, contrairement à un film où l'on assiste seulement à la vision du réalisateur.

Lire, c'est aussi prendre des risques, parfois se mettre en danger. Non, ce n'est pas un acte neutre et divertissant. C'est un exercice de liberté, et nous en restons rarement indemnes. Mais une chose est certaine, palpable, et cette expérience peut être faite par chaque lecteur, nous agrandissons notre Moi, nous sortons de nos prisons mentales, nous déverrouillons notre regard sur le monde, dans l'acte de lire.

La lecture nous permet de faire travailler notre mémoire, de réviser sans effort notre orthographe et d'accumuler des connaissances.

Une chose est sûre : l'éducation est un facteur stratégique de premier ordre pour le développement d'un pays et dans la lutte d'une nation pour se tailler une place respectable et dynamique dans le concert des nations. La lecture, c'est avoir accès à l'éducation. Lorsque vous avez accès à l'éducation ; vous pouvez comprendre la situation dans laquelle vous vivez. Vous pouvez avoir une vraie emprise sur votre vie. C'est-à-dire ne pas la subir. En clair, prendre les bonnes directions ».[1]

Pour sa part, B. Chelo souligne les multiples avantages de la lecture en ce qu'elle permet le développement aux plans affectif, social, culturel et intellectuel.« *Somme toute*, écrit-il, *"la lecture permet d'acquérir de nouvelles notions tels que le vocabulaire et les expressions complexes. Elle stimule l'activité et l'attention, et donne le contour exact des idées-forces. Elle sert à éclairer, à rendre intéressante et concrète une leçon... La lecture personnelle des textes peut fournir matière à d'excellents exercices de locution. Les objectifs de tous devraient être d'offrir les accès aux livres notamment en donnant le goût de lire aux jeunes, en valorisant des lectures et de l'écriture, en offrant un large choix de lecture pour les âges et en proposant des temps de lecture intime. On devrait viser aussi la promotion de la lecture-plaisir, notamment en donnant confiance aux jeunes, en suscitant le plaisir de chercher et d'inventer des histoires, en nourrissant et développant l'imagination, en argumentant, en échangeant et en développant des idées autour des livres. Enfin, le but ultime sera d'élargir leur horizon culturel, notamment en éveillant le sens critique, en apprenant à penser par soi-même en devenant curieux et en offrant une fenêtre pour s'ouvrir au monde ».*[2]

---

[1] ELHAYANI, L'intérêt de la lecture, in http://lewebpedagogique.com/collgeyoussefbentachfine/2011/04/27/l%E2%80%99interet-de-la-lecture/

[2] Bonaventure CHELO, *Lecture des livres : clef pour forger la créativité, construire l'imagination et favoriser l'intuition*, Ed. BUTRAD, Kisangani, 2013, pp. 42-43.

Cette insistance sur la lecture tient au fait qu'en RDC, on ne lit pas du tout. Il m'arrive des fois de me poser la question de savoir pourquoi j'écris vraiment[1], pourquoi et pour qui nous, fous, écrivons encore, quand nous savons tous que nous ne serons que peu ou pas lus du tout, ni par nos propres collègues, ni par nos propres collaborateurs scientifiques, ni par nos propres étudiants, encore moins par le public congolais ! Or, un écrit ne devient écrit que lorsqu'il existe un acte qui lui donne vie, en l'occurrence la lecture. Il n'existe plus que de courtes lectures opportunistes, celles qui se font généralement dans le but de soutirer quelques citations susceptibles de donner un caractère de scientificité à des recherches académiques individuelles (travaux de fin de cycles universitaires de graduat, licence, DEA et doctorat, ou alors articles scientifiques pour des promotions carriéristes).

Il s'observe aujourd'hui une baisse sensible du niveau général de formation chez les étudiants dans nos écoles supérieures. Quand je considère mes propres enseignements, je m'en rends bien compte. En effet, ma conception docimologique tranche avec les examens dits *attaques-surprises*, celles qui ont cours dans notre système éducatif. Je facilite la tâche aux étudiants en leur offrant des notes de cours parfois gratuitement, en leur proposant un questionnaire à l'avance et en les soumettant aux examens à livre ouvert.

J'observe aujourd'hui avec regrets que, d'année en année, les résultats s'amenuisent. Des 100% des réussites que me reprochaient souvent mes collègues, je suis tombé, sauf à l'Université de Kisangani et de l'Uélé (Isiro) à moins de 30% de réussite en première session dans les institutions de Kinshasa, la capitale aux milles et unes occasions de divertissement. Même les notes de cours élaborées par les professeurs ne sont plus lues, même lorsqu'elles sont gratuitement mises à la disposition des étudiants ! Les parents, même universitaires eux-mêmes, se plaignent constamment des exigences professorales pour que chaque étudiant dispose des supports pour les cours dispensés ! En d'autres termes, ce n'est pas nécessaire de lire pour décrocher un diplôme !

Dans ces conditions, comment accéder aux connaissances ? L'accès aux connaissances étant la voie obligée pour espérer développer ce pays, comment peut-on compter sur une élite illettrée, répugnant la lecture, mais accrochée à la cueillette, à la jouissance et à la paresse mentale ? Comment espérer une recherche scientifique citoyenne de la part des femmes et hommes de demain, dont des dirigeants, *« totalement irresponsables*, disais-

---

[1] Voir texte reproduit en Annexe I, extrait de ma Thèse de Doctorat (1983) où le jeune chercheur que j'étais se posait déjà cette question, celle de savoir à quoi servaient nos écrits.

je, croyants naïfs plutôt que réalistes responsables, attentistes des mannes du ciel plutôt que dynamiques producteurs sur terre, prieurs/adorateurs plutôt que travailleurs actifs, fatalistes présents plutôt qu'optimistes pour l'avenir du pays, eschatologiques plutôt que prospectivistes, rêveurs plutôt que femmes et hommes d'action ?»[1]

C'est bien à cela que tend inexorablement la société congolaise, comme personne ne semble s'en préoccuper. Notre jeunesse est aujourd'hui érodée et finira par être détruite par les sectes religieuses incontrôlées, la télévision avec ses matchs de football européens et ses films de série massivement diffusés par *Canal Sat*, les émissions terre-à-terre des chaînes nationales, les jeux vidéo, les Smartphones et téléphones avec leurs différents produits, les réseaux sociaux… Plus rien n'est réservé à la difficile et exigeante activité intellectuelle. D'où, pas de place pour la recherche scientifique. Donc, visions apocalyptiques sombres pour l'avenir du pays.

Mais tout semble pourtant indiquer que les Congolais n'ont que faire de la science. F. Mulumba Kabuayi[2] pose d'ailleurs brutalement cette question essentielle et pertinente : *"La société et l'État congolais ont-ils besoin de leurs intellectuels et de la science ?"* Pour lui, ce manque d'intérêt pour la science et la marginalisation des intellectuels qui en découlent seraient consécutifs à la culture de cueillette qui caractérise l'État et la société congolaise, à la culture de la main tendue ancrée dans les mentalités des Congolais, dirigeants compris, et enfin au fétichisme (religieux, politique et autre) qui génère des attitudes antiscience.

En l'absence totale d'intervention étatique houleuse et osée, en l'absence d'une main publique visible et agissante, téméraire et imposante, la chute vers la disparition paraît certaine. Face à ces obstacles mentaux à l'activité intellectuelle, à la fois élémentaires, majeurs et extrêmement graves, le seul remède reste le recours à l'action publique forte et contraignante pour un virage salutaire vers l'intellectualité collective. Voilà où sont attendues des stratégies et actions citoyennes des uns et des autres, commis aux affaires publiques, étatiques ou pas. Mais cette question n'est jamais à l'ordre du jour de nos ridicules et risibles débats politiciens.

J'en appelle dès lors à l'instauration d'un *État congolais intelligent* qui, sans nécessairement rompre avec des (ir) rationalités particulières, ferait de la rationalité scientifique *la rationalité dominante* devant laquelle seraient pliées toutes les autres, notamment celles relevant des métaphysiques culturelles localisées. Cette question devrait préoccuper l'ensemble de la

---

[1] E. BONGELI Y.A., *Éducation en RDC, fabrique des cerveaux inutiles ?*, L'Harmattan, Paris, 2015, p. 134.
[2] F. MULUMBA Kabuayi wa Bondo, *La responsabilité des intellectuels dans la crise en RDC*, Ed. Le Potentiel, Kinshasa, 2007, p. 29.

population, constituer le sujet de débats de toute l'élite nationale, leurs Excellences, Honorables, Saintetés, Experts et Intellectuels de tout bord, en lieu et place des débats stériles qui clouent la communauté à toujours mener une vie hasardeusement végétative. Les exemples tirés des pays émergents sont là pour nous instruire à ce propos. La responsabilité de l'État, tout autant que celle des scientifiques eux-mêmes, sont engagées et attendues dans le sens de promouvoir des politiques publiques volontaristes et osées pour placer le pays sur l'orbite technoscientifique.

Questions épistémologiques

On ne peut promouvoir de recherche scientifique citoyenne sans poser le préalable des questions épistémologiques.

La question se pose moins difficilement dans les sciences dites exactes où la matière inerte peut se prêter à des observations et analyses relativement débarrassées des subjectivités individuelles ou sociales. Il est démontré que la science occidentale, dans le domaine de la maîtrise de la matière, reste disponible et qu'elle peut servir des communautés culturelles différentes. Ceux qui, hors Occident, ont eu à l'intégrer dans leurs mœurs et stratégies nationales ont pu en tirer de gros avantages économiques, politiques, diplomatiques, géopolitiques et socioculturels, échappant dès lors aux affres durables de la colonisation ainsi que de l'exploitation multiforme qui, automatiquement, lui est couplée.

Il n'est donc plus de bonne stratégie de chercher à contester cette science d'origine occidentale aujourd'hui universalisée. Il est, par contre, question d'imiter intelligemment ceux qui ont stratégiquement imité l'Occident scientifique. C'est là où intervient le concept d'esprit scientifique propre à chaque Nation responsable qui devrait fixer ses priorités technoscientifiques, bien sûr en fonction des défis qui lui sont propres, mais aussi en fonction de ses ambitions légitimes de puissance.

Les ambitions de puissance peuvent être illimitées si l'on se base sur les incommensurables opportunités qu'offre l'intelligence humaine, si multiple et si variée. Le cerveau humain peut créer de la valeur, sans nécessairement compter sur les ressources naturelles comme l'a prouvé le Japon. En fonction de l'absence sur son territoire des ressources naturelles, le Japon a compté sur les cerveaux pour banaliser l'importance des matières premières.

Mener une recherche sans savoir ce que l'on vise peut se révéler incommodant et pratiquement sans utilité. L'optique utilitariste devra peser de tout son poids car, sans fonctionnalité pratique pour des pays en besoins primaires, la science n'aura alors constitué qu'un luxe de mauvais goût. Il faut donc fixer des objectifs de la recherche scientifique en fonction de l'utilisation pratique de ses résultats, en vue de renforcer la communauté dans des sens collectivement acceptés.

Cette tâche ne relève pas nécessairement, du moins au début, des règles démocratiques. La présence d'un leadership éclairé par une véritable élite politique et intellectuelle citoyenne s'avère déterminante. L'histoire du Japon montre comment l'élite pro Meiji s'est imposée dans le dilemme de l'époque qui imposait de choisir entre le rejet massif et total de l'Occident (auquel cas on s'exposait à l'affrontement avec un ennemi plus puissant) et l'ouverture couplée d'une imitation intelligente de l'Occident dans ce qu'il avait comme source de puissance, en l'occurrence sa techno science. Le choix de cette dernière option a permis au Japon d'éviter la colonisation forcée (cas de la Chine) et de se positionner dans l'orbite moderne, grâce à des imitations ciblées des pratiques scientifiques et des modes d'organisation politique, de gestion administrative et économique de l'Europe occidentale.

Bien entendu, les conditions ne sont plus les mêmes pour pouvoir mimer le Japon, tant les mentalités ont été empoisonnées par la colonisation qui a tout formaté en prévision de ses visées hégémoniques. Cependant, il existe des opportunités dont le Japon ne pouvait bénéficier à l'époque et qui sont aujourd'hui à la portée de tous. On doit saisir ces atouts pour capter la science là où elle se trouve et grimper avec les autres dans la spirale vertueuse. C'est, qu'on le veuille ou pas, la seule voie du salut : l'acceptation, l'intégration et l'utilisation raisonnée de la techno science occidentale, devenue patrimoine de l'humanité, disponible pour qui la désire et sait la découvrir là où elle se cache. Sans cela, nous tournerons en rond, dans des rhétoriques rétrogrades et stériles (je m'y étais moi-même aussi exercé) ou alors dans des pratiques irrationnelles d'un autre âge (croyances religieuses, mirage des pratiques magico-occultistes, culte des politiciens...). Toutes ces irrationalités ne peuvent que nous maintenir dans des impasses déplorées à ce jour et qui, demain, seront pires si rien n'est entrepris dans l'autre sens.

Dans le domaine des sciences sociales, domaine de l'incertain, mais aussi de décision politique, de choix des priorités scientifiques, d'orientation socioéconomique, de définition des politiques publiques, du rayonnement des arts, les problèmes épistémologiques se posent en des termes tout-à-fait différents. Ces sciences sont en effet d'essence plus subjectiviste et s'apprêtent difficilement à la neutralité reconnue des sciences justement qualifiées d'exactes. Leurs objets se prêtent aisément à des manipulations contextuelles des scientifiques et chercheurs qui, chacun, reste porteur des tares et pesanteurs culturelles non détachables et qui semblent à tout moment lui coller au raisonnement, à la langue, aux choix de sujets, à la plume, aux intérêts, rationnels ou irrationnels, aux conclusions et aux usages.

Les vérités ici sont des vérités que je qualifie *d'idéologiquement colorées, de sociopolitiquement connotées*, mais aussi de *socialement engagées*. C'est ce qui fait dire à certains qu'en sciences sociales, on est loin des quasi-certitudes des sciences dites exactes. Des querelles épistémologiques sans fin continuent à se dérouler sur leur statut. Toujours est-il qu'il s'agit ici des sciences complexes et qu'il appartient à chaque communauté scientifique de tirer parti des résultats des recherches entreprises pour servir ses intérêts, notamment dans l'élaboration des stratégies de survie, qu'il s'agisse des individus ou des collectivités entières, toute dimension comprise.

Ici, il n'existe pas de Vérité universelle indiscutable, une même réalité pouvant être différemment perçue par des sujets culturellement différents. Ici, on est loin des formulations mathématiques obéissant à des logiques relativement plus précises...L'objet des sciences sociales est loin des traits caractéristiques apparemment stables des choses de la nature, sans âmes et que, par conséquent, on peut observer sans état d'âme. Et ce sont ces différences culturelles, parfois essentiellement spéculatives ou physiques (environnementales), qui marquent les différences de perception qui, elles, peuvent orienter les esprits et orientations des technoscientifiques.

Je prends pour illustration l'histoire de l'automobile dans le monde. Quand les Britanniques inventent le chemin de fer, ils estiment qu'il n'y a pas lieu de concurrencer ce mode révolutionnaire de transport, surtout pas par l'automobile qui *effraie les chevaux et abiment les routes*. Ainsi, le développement du rail impose un frein à l'essor de l'automobile de grandes séries en Grande-Bretagne, pourtant à l'origine de la révolution industrielle. Au même moment, Français (Renault, Peugeot), Italiens (Fiat) et Allemands (VW et Audi), Suédois (Volvo) suivis plus tard des Américains (Ford, GM) et des Japonais (Honda) développaient des modèles de voitures de série qu'avait boostés le goût du luxe des masses, tandis que les Britanniques resteront sur le créneau de l'automobile de luxe pour les riches (Rolls-Royce, Jaguar, Aston Martin, Bentley).[1] En fin de compte, la Grande Bretagne est restée au top de la science du rail, si bien que les trains français roulent à gauche pour avoir été construits par des Ingénieurs britanniques, peu outillés pour la fabrication des voitures de série.

De même, l'absence de matières premières au Japon qui doit les importer à grands frais avait inspiré les ingénieurs japonais à développer les modèles de véhicules utilisant des alliages métalliques sophistiqués et moins gourmands en carburant dans le but de réduire la consommation de ces ressources minérales qu'il fallait importer à grands frais.

L'imitation se doit donc d'être des plus stratégiques car, sans un nécessaire discernement, l'esclavagisation mentale est vite arrivée, comme

---

[1] Jean-François DORTIER, Les bouillons de culture, *Les grands dossiers des Sciences Humaines,* n° 38, Mars-Avril 2015, pp. 11-13.

déploré plus haut. C'est ce qui arrive à nos économistes formés aux postulats et paradigmes de la science économique occidentale, dans son essence néolibérale inspirée de l'école de Chicago (*Chicago Boys*), dans sa stratégie hégémonique américano-centrique, dans sa pratique violente et envahissante, dans sa sociabilité inhumaine, avec ses calculs froids, ses principes tranchés et son *ecospeak (langage économique)*atone et indéchiffrable, même par des pseudo-économistes périphériques. On sent comment les pays capitalistes développés empêchent les autres d'atteindre leur niveau, en se couvrant d'un savoir produit dans des conditions absolument pas du tout neutres, savoir imposé, diffusé dans les universités, les médias, les églises, les thinkthank, les centres de recherche, les ONG...

Paul Krugman[1], Prix Nobel d'Économie, parle de la sagesse des *gens sérieux* pour désigner ce savoir dominant, dangereusement diffusés tant en Occident même qu'en pays développés, générant d'énormes menaces dans le monde. Il dénonce les mensonges de cette nouvelle pensée économique dominante dite aussi *doctrine de Washington,* imposée par tous les moyens, malgré les échecs répétés de leurs applications dans diverses communautés, y compris à l'Union Européenne elle-même, avec la Grèce comme pitoyable souffre-douleur !J. Stiglitz[2], lui aussi Nobel d'Économie, a, pour sa part, fustigé le modus operandi des Institutions financières internationales, tout comme le Congolais Kankuenda Mbaya[3] a eu à dénoncer les *Marabouts et marchands* du développement.

On peut en dire autant des sciences sociales dominantes dans toutes leurs composantes minées par le sectarisme, très empreintes de l'idéologie libérale dominante, totalitariste et actualisée aujourd'hui sous sa forme néolibérale, outrancièrement médiatisée sous des formes diverses, y compris à travers des prismes insoupçonnés de la religion et de l'humanitarisme. Il s'en suit la meute des experts qui, au nom des disciplines multiples opérant en rivales, mènent des gouvernants qu'ils conseillent dans des crises institutionnelles inextricables, l'exemple européen en faisant foi.

V. Y. Mudimbé, parlant des limites de la science en Afrique Noire, avait stigmatisé ces replis disciplinaires en notant : « *L'arbitraire de ces découpages devient insoutenable lorsqu'on essaie de marquer rigoureusement les frontières de chacune des disciplines ; où passe la ligne de démarcation entre l'histoire et la sociologie, dès que l'on ne tient plus compte de la dimension diachronie-synchronie ? Quelles justifications scientifiques donner à la coexistence de la sociologie et de l'ethnologie, mis*

---

[1] Paul R. KRUGMAN, *La mondialisation n'est pas coupable. Vertus et limites du libre-échange,* La Découverte, Paris, 2000, pp. 129-152.
[2] Joseph E. Stiglitz, *La Grande Désillusion*, Fayard, Paris, 2002.
[3] Justin KANKUENDA Mbaya, *Marabouts ou marchands de développement,* L'Harmattan, Paris, 2000.

à part le fait de la vocation impériale de l'Occident qui fonde l'ethnologie comme une science des communautés, des groupements centrés sur des motivations traditionalistes face à une sociologie, discipline s'intéressant aux groupements centrés sur des motivations rationalistes ? *En quoi l'objet de la science politique est-il fondamentalement différent de celui de la sociologie ? A quel moment précis la psychologie cesse-t-elle d'être sociale pour devenir individuelle ? »*[1]

Déjà à son époque, Condorcet, pour stigmatiser ces rivalités entre disciplines(très fréquentes dans les universités congolaises), avait attribué cette tare à« *l'ignorance profonde des autres sciences... Cet esprit de rivalité se rencontre surtout chez ceux qui n'atteignent pas les premiers degrés ».*Il pensait, pour y remédier, à une instruction générale qui devait viser la vie dans sa globalité et non se cantonner dans des disciplines artificiellement autonomisées, chacune ne s'intéressant qu'à un aspect conceptualisé de la vie sociale. « *Il faut donc,* notait-il, *que le plan d'une instruction générale renferme l'analyse des diverses opérations de l'intelligence humaine, celle des sentiments moraux, celle des idées de devoir, de justice, de droit, celle enfin des rapports généraux qui existent entre nous et les autres hommes, entre l'homme et les objets de la nature ».*[2]

Aujourd'hui, d'aucuns se plaignent de la dictature des experts, gourous des temps modernes qui, sous le couvert d'une expertise scientifique supposée, mais pas nécessairement éprouvée, s'imposent sur les dirigeants élus qu'ils éloignent dès lors des promesses électorales faites lors des campagnes électorales souvent folklorisées. Ce qui pousse certains philosophes contemporains à s'interroger légitimement sur les finalités du savoir. Ainsi, dans son dialogue avec Edgard Morin, Tariq Ramadan, dit : « *Nous vivons en effet, quelque chose qui peut être extrêmement pervers au niveau scientifique... J'ai assisté en direct à cette espèce de fragmentation des savoirs et de l'expertise : on devient expert dans des domaines très circonscrits, mais on n'a plus de vision globale. Un expert peut donner des réponses savantes et des appréciations éthiques dans un domaine précis, sur un point spécifique de sa spécialisation, sans pour autant avoir une vision globale, holistique quant aux enjeux du tout. Cette réalité de la fragmentation des savoirs scientifiques est dangereuse car, dans certains cas, l'éthique travaille contre elle-même ; en d'autres termes, une prise de position sur la finalité d'un domaine spécialisé du savoir peut agir contre la réflexion quant à la finalité générale du savoir en général... Est-il possible de faire un pas en arrière et d'intégrer les savoirs scientifiques spécialisés à*

---

[1] V. Y. Mudimbé, *L'odeur du Père. Essai sur des limites de la science et de la vie en Afrique Noire,* Présence Africaine, Paris, 1982, p. 52.
[2] Cité par Jacqueline FELDMAN, *op. cit.,* pp. 67 et 66.

une conception globale de l'humain, de la nature, aux questions des finalités ? Je pense que c'est une nécessité, mais nous en sommes très loin... »

Et Edgard Morin d'en rajouter : « *Je pense que la science, au XXème siècle, s'est développée selon des normes qui relèvent de l'hyperspécialisation. Cette culture de l'hyper spécialité génère l'impossibilité de voir le global. Il s'agit d'une réduction, dans le sens où un tout complexe est réduit à un élément premier et au déterminisme absolu* ». Le philosophe propose dès lors le modèle de l'écologie comme science qui « *étudie les écosystèmes, c'est-à-dire les interactions entre le monde végétal, animal, atmosphérique et terrestre, qui créent une organisation appelée écosystème. Autrement dit, l'écologue scientifique puise dans les différentes disciplines pour jouir d'une vue d'ensemble sur l'écosystème* ».[1]

Cette manière d'appréhender les phénomènes, surtout dans les sciences sociales pourrait nous aider à échapper au joug déroutant des experts omnipotents, qui ressemblent fort à ceux qui, recrutés par le Président Kennedy comme conseillers, en étaient arrivés à engager l'Amérique dans l'épouvante vietnamienne[2]. Chez nous, les experts opèrent en véritables *marabouts ou marchands de développement* en nous faisant subir une véritable dictature monocratique de l'expertise, avec des logiques cybernétisées, des langages ésotériques, à l'abri des critiques, loin des véritables préoccupations des populations absentes dans leurs raisonnements, tableaux, schémas, graphiques, algorithmes, diagrammes et autres logiciels.

C'est ce qui ressort de la *socio-anthropologie du développement* d'Olivier de Sardan, science fondamentale à laquelle son fondateur lui-même assigne la tâche de produire des connaissances fondamentales, connaissances fiables en matière de développement. Il propose dès lors de rompre avec le *populisme idéologique* et avance une définition surprenante du développement en ces termes : « *Je proposerais donc de définir le 'développement', dans une perspective fondamentalement méthodologique, comme l'ensemble des processus sociaux induits par des opérations volontaristes de transformation d'un milieu social, entreprises par le biais d'institutions ou d'acteurs extérieurs à ce milieu mais cherchant à mobiliser ce milieu, et reposant sur une tentative de greffe de ressources et/ou techniques et/ou savoirs. En un sens, le développement n'est pas quelque chose dont il faudrait chercher la réalité (ou l'absence) chez les populations concernées, contrairement à l'acception usuelle. Tout au contraire, il y a du développement du seul fait qu'il y a des acteurs et des institutions qui se*

---

[1] Edgar MORIN et Tariq RAMADAN, *Au péril des idées. Les grandes questions de notre temps. Entretiens avec Claude-Henry Du Bord,* Presses du Châtelet, Montréal, 2014, pp. 59-60 et 67.
[2] Al Gore, *op. cit.*, pp. 33-34.

donnent le développement comme objet ou comme but et y consacrent du temps, de l'argent et de la compétence professionnelle. C'est la présence d'une 'configuration développementaliste' qui définit l'existence même du développement ».[1]

Donc, pour O. de Sardan, la présence de ceux que Kankuenda appelle *marabouts ou marchands de développement* suffit à elle seule pour qu'on parle, qu'on trouve, qu'on vive du développement ! Car « *on appellera 'configuration développementaliste' cet univers largement cosmopolite d'experts, de bureaucrates, de responsables d'ONG, de chercheurs, de techniciens, de chefs de projets, d'agents de terrain, qui vivent en quelque sorte du développement des autres, et mobilisent ou gèrent à cet effet des ressources matérielles et symboliques considérables ».*[2]

J'en sais quelque chose, pour avoir été Ministre de la santé, secteur pollué par ces braves femmes et hommes occidentaux, autoproclamés acteurs du développement, qui constituent cet univers obscur abusivement qualifié de *développementaliste* par O. De Sardan, illustre continuateur du primitiviste Lévy-Bruhl ! Mais, je ne suis pas de ceux qui se contentent de condamner ce *savant* occidental, qui n'est pas le premier de la série des travailleurs de l'*anthropologie*[3] et de leurs disciples déployés par milliers dans nos ministères, hôpitaux, écoles, familles, médias, quartiers urbains, routes, villages, pseudo-centres de recherche, églises, entreprises et autres corporations. Moi, je les comprends, en les objectivant, en les situant dans le contexte des intérêts, pas seulement matériels, que leurs communautés, commanditaires de leurs études, ont à gagner de leurs déploiements massifs et multiformes (intellectuels, religieux, socioéconomiques, technologiques, financiers, miniers, agricoles, alimentaires, culturels, pédagogiques, sécuritaires, etc.).

Ils profitent ainsi des vides intellectuels institués par les élites locales pour les combler de leurs idéologies hégémonistes. En effet, rien n'empêche les élites africaines, pour autant qu'elles existent, de leur opposer la même arme intellectuelle, comme le font si bien leurs homologues asiatiques qui se sont imposés face à des partenaires occidentaux impitoyables, au lieu de

---

[1] Olivier de SARDAN, *Anthropologie et développement. Essai en socio-anthropologie du changement social,* APAD-Karthala, Paris, 1995, pp. 6-7.
[2] *Ibidem.*
[3] Au sens de sociologie des peuples primitifs, de souche non européenne, des sauvages aux mentalités prélogiques à humaniser, peuples incultes à civiliser, peuples sous-développés à développer, peuples démunis à sortir de la pauvreté... bref, peuples sans histoires à *historiciser,* peuples aux mentalités prélogiques, irrationnelles à rationaliser.

rester dans cette catégorie d'intellectuels paresseux, prostitués qui font honte à l'Afrique.[1]

A Paris, la COP21 a offert un spectacle qui illustre de manière frappante des contradictions générées dans le monde par les pays industrialisés. Ces derniers, pollueurs, peu respectueux et destructeurs des environnements pour répondre à leurs désirs et besoins naturels et artificiels insatiables, ont imposé au reste du monde quantité de précautions qu'eux-mêmes n'ont jamais pris.[2] A l'Afrique, ils ont tendu l'appât habituel : d'inutilisables milliards de leurs devises proposés, encore qu'il faille définir à quoi devraient réellement servir ces sommes virtuelles.

En revanche, faute de connaissances appropriées, l'Afrique finira certainement par servir de poubelle pour déchets et autres toxines visibles et microscopiques aux conséquences imprévisibles pour les hommes et leurs environnements. Elle sera également privée de se servir de ses atouts environnementaux sauvages sans compensation pour amortir les effets des émissions de CO2 par les pays dominants. Grâce à leurs savoirs qui profitent de nos ignorances !

Neutralité, objectivité ou subjectivité

Il a plusieurs fois été démontré que la neutralité des sciences n'était qu'un mythe, car les hommes de science opèrent des choix intéressés sur une panoplie infinie des sujets, sur d'incommensurables opportunités utilitaires, mais aussi sur des principes éthiques. Tous ces choix, les scientifiques les opèrent en fonction des défis propres à leurs communautés respectives qui, tout en partageant de nombreuses caractéristiques communes aux sociétés des humains, n'en sont pas moins spécifiquement différentes les unes des autres, développant des besoins physiques et culturels différents.

On ne peut donc nullement se désintéresser des jugements de valeurs, moraux et politiques à émettre dans les choix des modèles de développement, des types de sociétés à imaginer dans une perspective *prospectiviste*. Ainsi que l'écrit Philippe Gottraux, *« si la posture revendiquée par les sciences sociales est de se démarquer des points de vue partisans, et peut-être parmi ceux-ci tout spécialement de l'attitude* utopique, *il reste, dans les faits, difficile d'échapper totalement à l'influence du normatif, que ce soit dans le choix de son objet d'étude ou dans la manière*

---

[1] SHANDA TONME, *Réflexions sur l'état du monde 2007*, l'Harmattan, Paris, 2009, p. 13.
[2] Volkswagen, par exemple, a inventé un logiciel trompeur pour tronquer les mesures de CO2 émises par échappement de ses voitures !

*de l'aborder et de le construire »¹*et, je le pense, d'utiliser les connaissances induites pour affronter les défis sociaux, multiples et infinies, différenciées et localisées.

La question de méthode se pose donc en termes d'objectivité et de subjectivité, toutes relatives, et non plus de neutralité. Étudier les choses de manière objective en vue d'utiliser subjectivement les connaissances objectivement acquises pour répondre aux défis sociaux subjectivement identifiés, voilà la démarche requise dans toute activité de recherche technoscientifique.

Ce problème de méthode se pose de manière plus complexe dans les sciences sociales. En effet, l'objet des sciences sociales, les communautés, ne se laisse pas appréhender de la même manière que les choses de la nature le sont par les sciences exactes. On insiste justement sur les méthodes en sciences sociales pour souligner cette difficulté qu'on éprouve à traiter les problèmes sociaux de manière scientifique, au sens des sciences dites dures. En effet, *« qu'il s'agisse du fonctionnement des sociétés, et de leurs bases juridiques, politiques ou religieuses ; qu'il s'agisse des repères symboliques du lien qui s'établit et se développe entre les individus et entre chacun d'eux et le groupe, qu'il s'agisse des formes du travail ou de celles de la création d'art, qu'il s'agisse de la maladie et de la souffrance, ou encore de la tension continuelle entre la liberté, la responsabilité et l'aliénation, qu'il s'agisse de la subjectivité elle-même, toujours l'objet des sciences humaines se dévoile dans une complexité irréductible qui oblige aux confrontations interdisciplinaires ; mais toujours aussi, il oppose une limite à l'objectivation qui tient peut-être à ceci qu'objet de la réalité observable, il met en jeu le sujet, l'impliquant et tout à la fois traversé par lui, inséparable en tout cas, marqué par l'écart entre savoir et vérité que la structure même du sujet produit. Ainsi, le chercheur aux prises avec le désir de savoir interroge la réalité et se trouve en retour interpellé par son objet au titre de la vérité ».²*

Les chercheurs africains doivent donc sortir des complexes souvent justifiés sous prétexte d'universalité ou de virtuelle neutralité. Cette attitude fait que nous falsifions souvent ce que nous percevons en observant le social en vue de nous conformer à des concepts *prêt-à-usage*, culturellement imposés par les maîtres inspirateurs habituels du monde. Or, ces prêt-à-porter conceptuels se heurtent souvent à des réalités étrangères aux

---

[1] Philippe GOTTRAUX, Démarche sociologique et appartenance politique : réflexions à partir de Socialisme ou barbarie, in Bruno PEQUIGNOT, *Utopies et sciences sociales. Textes réunis*, L'Harmattan, Paris, 1998, pp. 97-110.
[2] A. MICHELS, J.-L. NANCY, M. SAFOUAN, J.-P. VERNANT et D. WEIL, *Homme et sujet. La subjectivité en question dans les sciences humaines*, L'Harmattan, Paris, 1992, pp. 8-9.

circonstances dans lesquelles les savants occidentaux les produisent et rendent ridicules les chercheurs africains qui s'évertuent à forcer les faits vécus pour les faire correspondre aux notions inadaptées et inadaptables. Quand des savants occidentaux traitent nos logiques traditionnelles de logiques primitives, c'est en fonction de leurs cultures, de leur subjectivité, donc, des idéologies qui colorent et déterminent leurs champs de visibilité socioculturelle.

Il va sans dire que toutes les études ethnologiques d'une certaine époque obéissaient à une logique d'intérêt : la justification de la colonisation dont tout le monde connaît les énormes avantages économiques engrangés par les pays d'origine des chercheurs concernés. C'est ainsi que la ligne maîtresse de la *socio-anthropologie* d'O. De Sardan dont question plus haut, relève de la même logique de la colonisation qui s'est, entretemps, muée en coopération multiforme pour le *développement*, avec un même dénominateur commun: la mise sous exploitation multiforme des peuples inférioriés.

Le recours à des techniques d'investigation, même mathématisées, ne met pas à l'abri des explications partisanes. Si l'objet de la sociologie, ainsi que des autres sciences sociales qui en découlent, *«est d'étudier positivement l'ensemble des lois fondamentales propres aux phénomènes sociaux »,* alors, comme le note Mudimbé, l'usage de ces disciplines *« est, dans toute société, rarement innocent. Mieux, l'ordre social, quel qu'il soit, ne peut demeurer neutre face aux lectures sur lui ; plus, par l'exercice de son pouvoir et le déploiement complexe de ses prescriptions, tout ordre marque, oriente, détermine les lignes générales des travaux, suscitant (parfois) chez les chercheurs des problèmes de conscience, des tensions intérieures que, par commodité ou par facilité, il est de coutume et de bon ton, d'inscrire pudiquement en des affrontements d'hypothèses théoriques ».*[1]

"L'odeur du père"

La subjectivité est donc toujours au rendez-vous dans toute forme de recherche, singulièrement en sciences sociales. En conséquence, loin d'être un obstacle à la connaissance sociale, elle en devient plutôt une condition. La subjectivité elle-même est un construit socio-individuel, dans le sens du façonnement d'un individu culturel par sa société. Elle s'élabore dans le chef d'un individu socialisé du fait à la fois de sa socialisation et de sa personnalité propre. Le chercheur africain a, quant à lui, été socialisé dans un contexte d'occidentalisation intellectuelle qu'il doit savoir reconnaître en *s'objectivant* soi-même. Il doit pouvoir savoir, comme le lui rappelle Mudimbé, qu'il sent en permanence *l'odeur du père* occidental qui lui est inséparable, ineffaçable et se savoir tel. Paraphrasant une expression

---

[1] V. Y. MUDIMBÉ, *op. cit.,* p. 53.

liturgique catholique, Buakasa dira de cet intellectuel africain qu'il doit se savoir *en Lui, avec Lui et par Lui,* le maître inspirateur occidental.

Moment de crise

Sa socialisation est aussi une question d'acceptation ou de rejet de ce sentiment de se savoir habiter par l'Occident sans être occidental. Cette crise, il doit savoir le lire au travers des crises multiformes qui gangrènent sa société du fait de son occidentalisation brutalement imposée. Et l'intellectuel est justement le *produit d'une société en crise*, disait Sartre. Pour expliquer ce phénomène, B. Verhaegen écrit : « *Ce sont les conjonctures de crise qui conduisent à la prise de conscience politique, à la lutte, à la prise de parole et au changement. C'est pendant la crise que se nouent les contradictions, que l'unité des différents niveaux (économique, politique, idéologique) des pratiques sociales apparaît et que la lutte politique veille et finalise la conscience des acteurs* ».[1]

C'est pourquoi la méthode de *l'histoire immédiate* mise au point par ce chercheur belge pour la saisie scientifique des réalités sociales congolaises fait de la crise le moment crucial de la démarche scientifique. C'est le moment de la prise de conscience historique, de l'apparition des solidarités, de la convergence des actions, de l'éclosion des intelligences en vue de relever les défis communs qui menacent de manière imminente ou latente la survie communautaire. C'est aussi le moment de l'engagement pour un agir social repensé et utile. C'est le moment de la nécessaire *inflexion* prônée par Ngoma Binda.

Dès lors, je suggère un regard nouveau de la crise, inspiré de l'idée d'Ivan Illich, qui me paraît susceptible de pousser à l'imagination des possibles inédits, et non une occasion de gavage des thérapeutiques mortelles, curieusement devenues routinières. Les crises ne doivent pas constituer des occasions pour plus d'interventions institutionnelles au sein d'un système mal conçu, en vue du maintien d'un *statuquo* institutionnel fataliste. En effet, écrit Ivan Illich, « *on appelle aujourd'hui* crise *ce moment où médecins, diplomates, banquiers et ingénieurs sociaux de tous bords prennent la situation en main et où des libertés sont supprimées. Les nations, comme les malades, connaissent des crises. Le terme grec* **krisis**, *signifiant* **"choix, moment décisif"**, *a été repris par toutes les langues modernes pour signifier : 'chauffeur, appuyez sur le champignon...' Le mot* crise *évoque aujourd'hui une menace sinistre, mais enrayable moyennant un surcoût d'argent, de main-d'œuvre ou d'organisation. La thérapeutique intensive pour les mourants, la prise en charge bureaucratique des victimes de*

---

[1] Benoît VERHAEGEN, L'histoire immédiate en Afrique, in J. OMASOMBO (Dir.), *Le Zaïre à l'épreuve de l'Histoire immédiate. Hommage à Benoît Verhaegen*, Karthala, Paris, 1993, pp. 277-298.

discrimination et la fission nucléaire pour les dévorateurs d'énergie sont, sous ce rapport, des parades typiques. Comprise ainsi, la crise est toujours bénéfique aux administrateurs et aux commissaires, comme aux récupérateurs qui se nourrissent des effets secondaires indésirables de la croissance d'hier : les éducateurs qui vivent de l'aliénation de la société, les médecins qui prospèrent parce que le travail et les loisirs ont détruit la santé, les politiciens qui s'engraissent de la distribution des fonds d'aide sociale, constitués précisément par ceux-là même qui sont à présent assistés. La crise comprise comme une nécessité de se procurer plus d'essence ne se limite pas à confier au conducteur une puissance accrue, tout en resserrant d'un cran la ceinture de sécurité des passagers; elle justifie également la dégradation de l'espace, du temps, et des ressources au bénéfice des véhicules motorisés et au détriment des gens qui veulent se servir de leurs jambes.
Mais le mot crise *n'a pas forcément ce sens. Il n'implique pas nécessairement une ruée forcenée vers l'escalade de la gestion. Il peut au contraire signifier l'instant du choix, ce moment merveilleux où les gens deviennent brusquement conscients de la cage où ils se sont enfermés eux-mêmes, et de la possibilité de vivre autrement. Et cela, c'est la crise à laquelle sont confrontés aujourd'hui les États-Unis, mais aussi le monde entier - c'est l'instant du choix ».*[1]

Lorsqu'on observe la légèreté avec laquelle les dirigeants occidentaux gèrent les questions liées aux attentats attribués à ceux qu'on croit être seulement des fondamentalistes musulmans, barbares et aveugles, on se rend vite compte de la fatigue et de la sclérose intellectuelles occidentales. Leurs analyses partielles et erronées des situations odieuses que vit le monde à ce jour les conduisent à des insolences et arrogances dans les langages ainsi qu'à des constances dans la croyance aveugles des armes sophistiquées, bonnes pour percer les chairs des autres. Ce faisant, les experts occidentaux ignorent que les temps de la colonisation sont révolus et que les peuples sont à ce jour culturellement armés pour ne plus accepter l'asservissement, qu'ils n'ont plus le monopole de la connaissance. C'est ainsi qu'ils ne comprennent toujours pas que les guerres asymétriques qui leur sont menées par les ressortissants des pays qu'ils ont déstabilisés résultent des erreurs commises par leurs politiciens, ivres de leurs multiples armes de destruction massive.

Les comportements puérils et attitudes d'irresponsabilité des Congolais consistent à se référer aux aides et expertises étrangères à chaque apparition des moindres crises. Celles-ci servent d'opportunités que s'offrent allègrement les officiels et fonctionnaires locaux et étrangers pour prélever les fonds qui ne résolvent jamais les défis posés de manière durable, qu'il s'agisse des épidémies, des épisodes de famine, des récessions économiques

---
[1] Ivan ILLICH, *Œuvres complètes,* Volume 2, Fayard, Paris, 2005, pp. 29-30.

ou sociales, de l'éducation, de la sécurité ou encore des catastrophes naturelles ou provoquées. Alors qu'il s'agit des moments de choc dont l'intellectuel collectif devait profiter pour se doter des moyens cognitifs susceptibles de les transformer en *pêcheurs* de poissons plutôt qu'éternels *quémandeurs* de poissons. Pour transformer positivement ce pays, les Congolais devaient se transformer eux-mêmes en prime. Les plus concernés par cet impératif, ce sont les membres de l'élite au sens le plus large.

Intellectuel de la crise

> « *Avec la vision nouvelle de la science, il n'est plus possible d'observer la réalité sans la changer. Et même la condition pour connaître, c'est d'agir sur elle, d'entrer dans la danse, et donc, d'en être soi-même changé dans le processus. On se trouve en plein dans la compréhension du phénomène de la totalité qui se trouve être le centre des débats d'idées contemporaines... L'homme ne doit pas attendre que les changements positifs pour la société se produisent spontanément. C'est à lui de prendre l'initiative des transformations nécessaires* ». (*Kambayi B.*).

Gramsci qui a introduit le concept de *bloc historique* a identifié, pour chaque moment historique, ses intellectuels organiques. Ainsi, si la colonisation (la néo-colonisation comprise), comme moment historique, a organiquement produit les *intellectuels* que nous sommes, avec nos forces et faiblesses, la *crise* générée par cet ancien bloc historique doit instaurer un *nouveau bloc historique* qui devrait organiquement favoriser l'éclosion des *intellectuels newlook*, un nouveau genre d'*élite* travailleuse, prospectiviste, engagée dans la lutte émancipatrice, citoyenne et productive. Cela est dans la sphère du possible, même avec cette élite aliénée dont je fais moi-même partie. Il suffit qu'on veuille bien se transformer à la suite des réflexions scientifiques sur nous-mêmes et sur notre communauté, en tirant des leçons des décennies des *grandes désillusions* enregistrées.

Benoît Verhaegen distingue, pour sa part, trois catégories de sociologies (et donc aussi de sociologues) :

- Une sociologie empirique, positiviste, dominante (propre à l'Amérique totalitaire et hégémonique, comme c'était aussi le cas en ex-URSS) ;

- Une sociologie formaliste et désengagée (fonctionnaliste, structuraliste propres aux sociétés européennes aux structures stables) ;

- Une sociologie engagée, à finalité politique pratique, en vue des actions de transformation sociale, qui devrait être le propre des chercheurs des pays dominés, soucieux de rompre les liens de dépendance qui les clouent à l'immobilisme et à l'incompétence chronique : « *A la périphérie du monde scientifique occidental et soviétique, parmi les chercheurs qui ont pour objet des sociétés acculées au changement et à l'action politique pour survivre, la sociologie serait engagée, la connaissance supposerait une réduction toujours plus forte de la distance entre le sujet et l'objet jusqu'à la coïncidence dans l'action révolutionnaire ».*[1] Les chercheurs africains devront donc s'auto-objectiver, c.à.d. réfléchir, chacun en ce qui le concerne, sur sa propre pratique scientifique, à partir de certaines constatations de fait, afin de se donner une raison sociale, une raison d'être.

L'Europe a pratiqué la meurtrière traite négrière sous la justification idéologique de la nécessité vitale de christianiser les peuples païens, de spiritualiser les peuples sans spiritualité. Ensuite, elle imposera l'odieuse colonisation sous le prétexte idéologico-humanitariste de civiliser les peuples sauvages, mal sortis de l'animalité. La décolonisation fera s'installer la fatale coopération internationale, justifiée par le besoin pseudo-humanitaire de développer les misérables pays sous-développés, tandis que l'incontournable mondialisation, elle, sera justifiée par le devoir mitigé de lutter contre la pauvreté !

Et les chercheurs africains ont tout avalé, continuent de le faire, réduisant dès lors leur pratique scientifique au niveau des sciences sociales de seconde zone, simples collectrices et pourvoyeuses de données empiriques brutes et prétendument objectives, *théorisables* par les seuls savants occidentaux. En renonçant à l'impératif historique de rendre ces sciences *«révélatrices de mouvance sociale et lieux de prise permanente de conscience et de parole »,* les chercheurs africains se constituent eux-mêmes en *lumpen-intelligentsia (en sous intellectuels)*totalement dépendante de l'intelligentsia occidentale qui, elle, reste arrogante, holiste, intolérante, totalitariste, voire terroriste.

Pourtant, elle ne détient pas pour autant le monopole absolu de la connaissance. Et Mudimbé d'en tirer les conséquences pratiques suivantes : *« En somme, il faudrait défaire ces sciences du tout au tout, en commençant par faire éclater ces langages hermétiques pour ceux qui sont les "objets" de son savoir ; ces langages qui sont au service du pouvoir de classe, et ce pouvoir, en Afrique, n'est trop souvent que celui de ceux qui sont en place pour l'application fidèle des modèles du sous-développement. Ainsi, en définitive, le problème des sciences sociales en Afrique est un problème politique : quels maîtres se choisir ? L'idéologie impérialiste de l'Occident ou le service du devenir de l'Afrique ? »*[2]

---

[1] Benoît VERHAEGEN, *Introduction à l'histoire immédiate,* Gembloux, 1974, p. 91.
[2] *Ibidem.*

On devrait impérativement se résigner à cet exercice car, toujours d'après Mudimbé, « *l'Occident qui nous étreint ainsi pourrait nous étouffer. Aussi devons-nous, en Afrique, mettre à jour non seulement une compréhension rigoureuse des modalités actuelles de notre intégration dans les mythes de l'Occident, mais aussi des questions explicites qui nous permettraient d'être sincèrement critiques face à ces corpus* ».[1] Cet exercice s'avère plus qu'imminent, avant qu'un leader populiste du genre *Pol Pot*[2] ne survienne pour se livrer à d'horribles inquisitions, à l'instar de celles qui s'opèrent sous nos yeux, en plein début de ce millénaire intelligent, dans certains pays par des fanatiques intégristes religieux, toutes confessions confondues.

Pour tout dire, tout l'arsenal théorique et méthodologique des sciences sociales occidentales, stratégiquement élaborées pour motiver ou justifier des actions de colonisation sous toutes ses formes, dont la plus dangereuse et la plus durable est la forme mentale, cet arsenal, disais-je, devrait subir des cures non complaisantes de déconstruction systématique pour des réélaborations d'un corpus de paradigmes adaptés aux défis spécifiquement nôtres. Ceci implique, de la part des chercheurs africains en général, des attitudes de suspicions, par ailleurs légitimes, à l'encontre de tout ce qu'ont dit, disent et diront les socio-ethnologues occidentaux sur nos sociétés.

Pour nous avoir recommandé cette déconstruction libératrice, Benoît Verhaegen s'était vu interdire la carrière académique et scientifique dans son pays, la Belgique qui, en vertu du célèbre principe colonial *"pas d'élite, pas d'ennui"*, lui reprochait d'avoir trahi le secret de la colonisation intellectuelle. Ici s'invite ce que je peux appeler la *méfiance épistémologique* qui implique que rien ne soit cru sans passer par le filtre de la vérification dans les faits concrets.

Mudimbé nous l'a, lui aussi conseillé, lui qui a détecté en nous l'*odeur* de l'idéologie dont nous avons tous été imbibés ou oints, et qui n'est autre que celle du *père* colonisateur, qui a savamment pris soin de nous empêcher de nous connaître nous-mêmes, encore moins de connaître ce qui se passe ailleurs qu'en Occident en matière de pensée occidentale, elle-même strictement censurée dans sa portion critique. Les philosophies et religions orientales et africaines, aux contenus pourtant profonds, ne figurent nulle part dans nos cursus scolaires, même universitaires, s'il ne s'agit pas seulement d'en présenter des formes caricaturales !

---

[1] *Idem,* p. 13.
[2] Homme politique cambodgien (Premier Ministre de 1976-1979) qui avait ordonné le meurtre des intellectuels de son pays (1,7 millions de mort sous son règne), au nom d'une idéologie communiste radicale et obscure.

Pistes de recherches utiles et citoyennes

Je me livre à présent à une entreprise hasardeuse et, donc, fortement incomplète, critiquable ou améliorable dans les meilleurs des cas. J'avoue, en effet, mes limites dans plusieurs domaines que j'évoque, acceptant dès lors le risque de dire des choses contestables dans l'espoir de voir celles-ci provoquer des discussions sur des sujets utiles pour l'émergence tant souhaitée et attendue en RDC. Celle-ci ne pourra effectivement devenir locomotive de l'Afrique que si l'élite congolaise nourrit la noble et légitime ambition d'en faire faire une nation technoscientifique.

Tout me paraît devoir partir de l'université, même si celle-ci ne doit pas monopoliser l'activité scientifique et technique. En effet, sauf dans de rares cas d'exception, la recherche scientifique et technologique est un métier qui s'apprend, souvent à l'université. Pour mieux dire, les aptitudes à la recherche scientifique s'apprennent, et ce, généralement à l'école où un corpus de connaissances accumulées par les hommes est transmis aux enseignés, ce qui les prépare, entre autres, à la curiosité et à la carrière scientifiques.

Cependant, comme déjà signalé plus haut, les inventions fortuites peuvent relever, comme c'est souvent le cas, des travaux de certains inventeurs occasionnels, qu'on pourrait même assimiler aux bricoleurs si l'on considère les niveaux actuellement atteints par les chercheurs qualifiés, généralement bradés de prestigieux diplômes universitaires. Mais ces inventions, œuvres des bricoleurs ou des hasards, ne peuvent se fiabiliser que si les scientifiques en théorisent les principes et en améliorent le fonctionnement sur base des connaissances scientifiques acquises. C'est le cas de l'avion, de l'automobile, des machines diverses, de l'ingénierie informatique, des techniques agricoles ou médico-pharmaceutiques, etc. Certaines découvertes peuvent servir dans des domaines auxquels on ne pensait pas au départ.

Il y a ainsi nécessité d'instituer au pays une *communauté scientifique*, dont le rôle sera, entre autres, de reconnaitre la qualité de scientifique à tout chercheur, pour éviter des auto-proclamations nuisibles des charlatans et autres chiromanciens. « *Être scientifique,* écrit M. Dubois, *c'est appartenir à une totalité sociale constituée par la somme des acteurs, individuels ou collectifs, de l'investigation :* la communauté scientifique ». Être membre de la communauté scientifique, « *c'est d'abord faire partie d'un système social : une institution délimitable, distincte des autres institutions sociales. C'est ensuite être sélectionné et intégré dans un système dont les acteurs entretiennent des relations d'interdépendance selon les modalités conformes à des principes normatifs spécifiques. C'est enfin faire l'objet d'un contrôle social ».*[1]

La constitution de cette communauté scientifique aura pour avantage de fédérer les membres d'une communauté nationale autour d'une philosophie nationale commune. Ainsi, malgré leur diversité consécutive à leurs multiples spécialités, ils devraient, tous, regarder dans la même direction et œuvrer, individuellement et collectivement, à la réalisation des objectifs communs. Au lieu de se noyer dans des querelles interdisciplinaires stériles et non fécondantes, tous devraient œuvrer, chacun en ce qui le concerne, à la réalisation d'un édifice commun : la Nation congolaise dont il faut *peupler le sol et assurer la grandeur,* par la techno science.

L'humilité propre à l'activité scientifique fera aussi qu'il y a des dispositions de souplesse à prendre en vue d'ouvrir des horizons de recherche à des marginaux, non reconnus, mais chercheurs quand même, parfois découvreurs anodins de certains gadgets anodins qui peuvent changer le mode de vie des masses : par exemple les cambistes de rue, les entrepreneurs formels ou informels, les résolveurs des problèmes qui se posent dans la vie quotidienne des masses urbaines et rurales, les créateurs d'emplois dans l'informel, les soigneurs herboristes, les artistes dans tous les domaines, les autodidactes praticiens des techniques anonymes... Tous ces marginaux de la recherche devraient intéresser la communauté scientifique, dont le rôle sera, à l'instar des académies européennes, de conférer la légitimité scientifique à des travaux de recherche entrepris au pays.

J'essaie, dans les pages qui suivent de présenter nos priorités scientifiques, tant en matière des sciences de l'organisation de la société que dans celles de la production des richesses et de la transformation physique de l'environnement vital. Je vais naturellement commencer mes suggestions des priorités scientifiques par la mère des sciences, la philosophie, qui me semble fondamentalement concernée comme préalable à toute activité scientifique.

Philosophie comme discipline de base

Il est utile de rappeler que la philosophie constitue bien *« la mère des sciences, c'est-à-dire l'ensemble de toutes les connaissances acquises le long de l'histoire jusqu'à leur éparpillement à la fin du XIXème siècle ».*[2] En effet, ai-je toujours pensé, aucune action de l'homme ne se pose sans un fondement intellectuel, sans qu'il y ait à la base une philosophie motivante, une

---

[1] Michel DUBOIS, *op. cit.,* pp. 68-69.
[2] Martin Fortuné MUKENDJI Mbandakulu, *Prolégomènes à la recherche et aux méthodes scientifiques en sciences sociales,* Ed. Feu Torrent, Kinshasa, 2015, p. XVI.

idéologie (au sens de croyance) qui peut être permissive ou dirimante, positive ou négative.

Par exemple, la conception qu'un peuple se fait de la nature peut l'inciter ou le démotiver à entreprendre certaines activités. C'est la conception biblique de la nature en rapport avec l'homme (voir le livre de *Genèse*) qui a permis à l'Occident de développer des projets, pour certains, destructeurs de la nature pour s'aménager des espaces de vie décents, ce qui leur a permis de développer les sciences pour mieux scruter cette nature et de l'asservir. Les peuples qui ont choisi le contraire, pour une raison ou une autre (philosophique), n'ont pas eu besoin de science et se sont limités à ce qui leur permettait de juste survivre en harmonie avec la nature, ce qui les a désarmés face à un Occident savant, puissant et hégémoniste.

Cette philosophie motivante est celle qui « *s'avise de donner des réponses rationnelles et raisonnables aux problèmes fondamentaux, troublants et dramatiques qui assaillent, angoissent et désolent, de manière forte, l'existence humaine* ». Cependant, le problème se pose au niveau du type de philosophie, spéculative ou pratique. Je reproduis ici ce qu'il y a 15 ans, j'avais dit de la philosophie telle que je la conçois, avec encore plus de conviction aujourd'hui.

Un fait est certain : au Congo, même entre universitaires, hormis entre les diplômés en philosophie eux-mêmes, on désigne par philosophe celui qui dit des choses qu'on ne comprend pas, comme le métaphysicien dont parlait Voltaire en ces termes : « *Quand un homme parle à un autre qui ne le comprend pas et que celui qui parle ne comprend plus, c'est de la métaphysique* ».[1]

La philosophie est alors vulgairement conçue comme une activité digressive, faisant appel à l'intelligence pour voguer intellectuellement dans les airs, coupée de la pratique et ne s'en faisant même pas... Toute pensée ténébreuse est dès lors taxée de philosophique. Cette conception n'est pourtant pas dénuée de tout fondement. Si l'acception générale de la philosophie revêt cette connotation péjorative, c'est parce que l'académisme qui la caractérise fait que les manuels de philosophie sont rédigés de manière rebutante et que les raisonnements philosophiques déroutent par leur caractère soporifique et mystificateur. En effet, telle qu'elle se pratique actuellement, la philosophie ne peut être conçue que de cette façon-là, illustration typique de ce qu'elle ne doit pas être et tout le contraire de ce qu'elle devait être.

Ce que devait être la philosophie

---

[1] Cité par A. LALANDE, *Vocabulaire Technique et critique de la philosophie*, P.U.F., Paris, 1972, p. 612.

Je considère la philosophie comme une activité intellectuelle au-dessus de toute autre, celle qui s'occupe de tous les problèmes dans leur plus grande généralité, les aspects particuliers faisant l'objet des sciences particulières. Le philosophe est celui qui doit répondre aux questions les plus essentielles concernant la vie et l'activité des hommes en société, celle-ci étant comprise dans sa totalité concrète (l'univers, la nature, les hommes, la conjoncture spatio-temporelle, les croyances…).

La philosophie est, à juste titre, considérée comme la mère des sciences car c'est à partir d'une certaine conception philosophique que l'homme oriente son activité cognitive. Ainsi, à partir d'une conception idéaliste ou matérialiste de la nature et des facultés humaines, on développera une activité cognitive déterminée quant à sa forme et ses résultats. Une philosophie agnostique nierait tout simplement la possibilité de connaître le réel tel qu'il est. Misenga Nkongolo, comparant la philosophie hindoue à l'occidentale, conclut que chez les Hindous,« *le souci de fusionner dans le Brahman par la concentration entraîne le désintéressement de ce qui entoure l'homme, car la matière est «maya», illusion et impermanence, tandis que l'Occident se concentre sur ce qui l'entoure : la nature dont il découvre les lois et tire profit pour son développement. Il en serait de même de la conception des Bantu traditionnels qui considèrent la nature comme une force dont on ne peut user n'importe comment, étant un allié avec lequel on doit vivre en symbiose »*.[1]

Comme on le voit, la philosophie constitue la discipline intellectuelle de base, passage obligé pour toute activité scientifique et pour toute pratique, quelles qu'elles soient, que le sujet-acteur en soit ou pas conscient. Le philosophe devait donc être le stratège n° 1, celui qui nous oriente tout, celui qui a des leçons à donner à tous, du plus grand au plus petit ingénieur, du plus célèbre professeur au plus petit ouvrier ou paysan, chacun devant être renseigné, éclairé, sur le sens de ce qu'il fait en vue d'orienter ses actions, de bien les penser pour réaliser l'idéal individuel et collectif. Cela est d'autant plus vrai que dans le système académique anglo-saxon, par exemple, toute présentation d'une thèse doctorale est sanctionnée par le grade académique de *Philosophy Doctor of…(Ph.D.),* pour souligner que le récipiendaire est censé être philosophe dans son domaine.

Bref, dans toute action, toute pensée, toute démarche… il y a, qu'on le veuille ou non, qu'on le sache ou pas, un sous-bassement philosophique. La femme qui obéit aux ordres d'un mari brutal, le sujet qui se révolte contre son chef, la paysan qui va à son travail, le soldat qui va en guerre pour défendre la Nation, l'enseignant qui se dépense pour ses élèves, le

---

[1] MISENGA NKONGOLO, L'affirmation de soi, condition du développement du Tiers-Monde, *Analyses Sociales*, Vol. I n° 5, Octobre 1984, pp. 48-55.

fonctionnaire de l'État qui exige des pourboires, le médecin qui soigne ses patients, le savant qui participe à l'élaboration d'une arme meurtrière, l'homme politique qui s'active pour la gestion de son pays... consciemment ou pas, tous sont philosophiquement guidés. Leurs actions ne sont mieux exécutées que dans la mesure où ils sont conscients de l'idéal poursuivi, surtout si celui-ci correspond à leurs aspirations personnelles propres. L'activité humaine est donc surdéterminée en premier essor par une conception philosophique.

Le philosophe est donc un stratège. Or, sur le plan militaire, tout stratège au cours d'une opération doit être renseigné le plus possible sur les données du champ réel de bataille en vue des stratégies appropriées qui soient efficaces. Sans ces prélèvements de renseignements, il ne saurait orienter les actions futures en vue d'atteindre les objectifs visés. Il est donc tenu de rester constamment en contact, de quelque manière que ce soit, avec le terrain opérationnel. S'il ne le fait pas, les ordres qu'il intimera risquent de ne plus cadrer avec les considérations réelles de combat, avec les graves conséquences que les troupes en action, ne sachant plus obéir aux ordres inadaptés, auront perdu leur source de commandement. Les actions désordonnées qui s'en suivront rendront la débâcle inévitable.

Il en est de même sur le terrain qui est nôtre, celui de la vie des hommes en société en lutte constante pour un mieux-être. Le philosophe, pour être efficace, pour être compris, pour éclairer ceux qu'il doit éclairer, doit rester le plus possible en contact avec le concret, le vécu réel. Il doit descendre sur le terrain de l'incessante lutte pour la survie afin de toucher du doigt l'état d'avancement de la lutte et proposer des stratégies nouvelles. Le philosophe stratège doit être celui qui s'imprègne de la praxis, celui qui va de la terre au ciel et revient à la terre pour se carburer et rentrer au ciel pour éclairer les activités terrestres... Cette démarche consiste en une suite des va-et-vient incessants entre théorie et pratique. Le philosophe, c'est ce satellite qui reste lié à la terre car sans ce lien, l'engin ne sert plus à rien et peut même se révéler dangereux. L'activité philosophique cesse de servir et peut même devenir nocive dès que cesse cette dialectique.

La déroute sociale actuelle est essentiellement due à l'absence d'une bonne philosophie existentielle, cohérente et éclairante. Cette privation est cependant bien entretenue par ceux qui n'ont aucun intérêt à nous voir sortir de cet état d'éternels nécessiteux. Les philosophes professionnels sont entraînés vers un marasme philosophique qui fait qu'ils risquent d'être à jamais perdus pour la masse, tels des satellites égarés. Cette philosophie digressive, égarant, relève d'une filouterie politique bien calculée, grâce à laquelle, écrit P. Nizan, « *la grande masse anonyme des hommes qui auraient réellement besoin d'une philosophie, c'est-à-dire d'une vision homogène de leur monde et d'un ensemble de jugements et de volontés claires, la grande masse des hommes qui auraient besoin d'un outillage intellectuel efficace pour réaliser les décisions de leur propre philosophie, sont privés de ces établissements de pensée vers quoi ils tendent. On leur offre seulement cette philosophie multiple qui existe aujourd'hui, qui affirme exister universellement, c'est-à-dire être bonne pour toutes les espèces d'hommes, pour toutes les conditions terrestres possibles ».* D'où l'urgence qu'il y a à « *défendre les pensées de la foule contre la suffisance du penseur spécialiste* »[1].

Cette philosophie qu'il nous faut, celle de la masse, celle de la libération, Gramsci nous en définit les caractéristiques : « *La philosophie de masse, la philosophie de la praxis, ne peut être conçue que sous la forme d'une lutte, d'un perpétuel combat. Mais il faut prendre pour point de départ le sens commun, philosophie spontanée des masses, qu'il s'agit de rendre idéologiquement homogène... Son mérite... ne réside pas seulement dans le fait que le sens commun fait appel, quoiqu'implicitement, au principe de causalité, mais dans le fait que, d'une façon beaucoup plus précise, il sait reconnaître par une série de jugements, la cause exacte, simple et immédiate, sans se laisser séduire par les arguties et les obscurités métaphysiques pseudo-profondes, pseudo-scientifiques* ».[2]

Nous venons de voir ce qu'est la philosophie et ce que doit être une philosophie qui libère. Pour nous résumer, je dirai que :

a) toute philosophie qui ne puise pas dans la pratique sociale (celle-ci étant fonction de conditions spatio-temporelles déterminées et déterminantes) les éléments nécessaires pour éveiller la conscience des sujets-acteurs-objets est une philosophie lamentablement bornée et relève de la *philosophaille* qui consiste à gaspiller des sommes d'intelligence pour ne rien faire d'autre que s'embourber dans le sophisme spéculatif ;

b) une formation sociale dont les membres sont *robotiquement* enclins à des travaux matériels au point que l'activité spirituelle (philosophique) est brimée et ignorée est une société inhumaine, oppressive, esclavageant, car elle utilise pour asservir ce qui aurait dû libérer l'homme matériellement et spirituellement.

C'est à la lumière de ces deux mises au point que nous allons à présent voir ce qui se passe chez nous notamment en matière d'enseignement de la philosophie qui entraîne un certain type de professionnalisme à enterrer pour faire place à une activité philosophique libératrice et coordonnatrice des énergies aujourd'hui bloquées et diffuses.

---

[1] Paul NIZAN, *Les chiens de garde*, Maspero, 1976, Paris, p. 75.
[2] H. PORTELLI, *GRAMSCI et le bloc historique*, PUF, Paris, 1972.

Voilà ce qu'il y a 15 ans, j'avais dit de la philosophie.¹

L'Utilitarisme comme philosophie de base

Je le redis aujourd'hui;, avec une insistance particulière sur l'*utilitarisme,* cette conception philosophique qui fonde sa légitimité sur les résultats des actions menées pour des objectifs prédéfinis. *« Dans ce cas,* écrit J. Fontanel, *une action n'est jugée éthiquement correcte que si les conséquences sont satisfaisantes ».²*

Je m'inscris dès lors dans le camp, peut-être critiquable d'un point de vue éthique, du *pragmatisme conséquentialiste* pour lequel ce qui compte, c'est moins la valeur morale des actions humaines, mais bien plus les conséquences qu'elles engendrent. En d'autres termes, pour reprendre les mots de Jean-Cassien Billier, *« nous devons accomplir un acte quelconque de façon à ce qu'il ait les meilleures conséquences prévisibles, afin de maximiser une valeur morale, toutes choses étant égales par ailleurs, ce qui signifie que d'autres facteurs normatifs peuvent assurément entrer dans l'évaluation morale de l'acte mais que l'examen des conséquences est* **essentiel** *à l'évaluation morale, à titre de* **facteur prioritaire** *».*³ Il est vrai, bien sûr, que l'on ne dispose pas de tous les éléments pour prédire exactement les conséquences des actions à mener. Cependant, les capacités d'analyse, surtout lorsqu'elles sont déployées collectivement, permettent aux hommes unis dans une communauté donnée d'en projeter de meilleures approximations des conséquences possibles.

A ce propos, je pense sincèrement, comme Ngoma Binda, qu'il ya *« exigence de passer de la métaphysique spéculaire, contemplativement stérile, à une philosophie active, vive, recherchant une existence vivante, sensée et heureuse pour l'être humain au sein de sa communauté. Il est dès lors urgent de sortir des ontologies - des pensées habituées à travailler et produire avec une sublime délectation intellectuelle tout autant oiseuse qu'égotique des essences et attributs actuels du* substantif *être - pour focaliser la pensée du verbe être sur le vivant appelé à la promotion impérative et légitime ».*⁴ Ceci implique qu'il soit mené des recherches dans ce domaine de la philosophie en vue d'harmoniser des points de vue, de

---

¹BONGELI Yeikelo ya Ato, *A la recherche du philosophe congolais, Analyses Sociales. Hommage à Mabika Kalanda,* Volume VIII, numéro 1, Juin 2001pp. 38-56.
² Jacques FONTANEL (Ed.), *Questions d'éthique,* L'Harmattan, Paris, 2007, p. 8.
³ Jean-Cassien BILLIER, *Introduction à l'éthique,* PUF, Paris, 2010, p. 18.
⁴ NGOMA BINDA, *Théorie de la pratique philosophique, op. cit.,*pp. 7-8.

cristalliser des idéologies partagées sur les préoccupations communes. En effet, souvent, même *l'élite nationale*, corps encore inexistant au pays, ne peut naître que si une philosophie synthétisante et idéologisant les différents corps de métiers et d'expertises nationaux, uniformisant au final les modes de penser des acteurs, des plus stratégiques aux simples exécutants, voit activement le jour pour servir de ciment devant lier les diverses expertises et les prédisposer à œuvrer pour une noble cause commune.

Dans cet ordre d'idées, j'estime que la formation civique des citoyens, ce qui s'appelle de nos jours *initiation à la nouvelle citoyenneté*, relève de l'apprentissage d'une philosophie nouvelle devant se substituer à l'ancienne philosophie du néant, celle qui préparait à ne rien faire, à l'attentisme, à la mendicité, à la résignation, à la culpabilisation, à la crédulité, à la contemplation béate, au négativisme, à l'improductivité, au mimétisme, à des singeries, à la fatalité, à la nullité, à l'absurde, au chaos... bref, à l'esclavage mental du colonisé qu'a fabriqué le colonisateur avec les manuels de ses écoles pour indigènes, les catéchismes de ses religions, les fouets atroces de sa police, l'arbitraire autoritariste de son Administration raciste, l'exploitation inexorable de ses entreprises, etc.

Le Congolais a besoin d'une nouvelle forme de formatage idéologique de type normatif ou prescriptif, qui *« indique les valeurs, les finalités, les principes et règles corrects de la pratique »*sociale. Ce type d'éthique nouvelle recherche le vrai certes (mais existe-t-il un seul VRAI universel et imposable à tous sans arbitraire ?), *« mais bien plus encore, il prescrit le bien, sous l'angle précis du juste et de l'injuste d'un système politique, d'une pratique de l'autorité, d'un raisonnement ou d'une décision politique. Il a l'ambition aussi bien de décrire que d'orienter la pratique politique[sociale] vers les idées, formes d'organisation et principes d'action intellectuellement recevables sur le double point de vue de la raison et de la moralité »*.[1]

C'est là la tâche que l'on entend de la recherche philosophique, celle de produire des types de sociétés et d'individus idéaux, adaptés à la condition humaine du Congolais. On n'a que faire d'hommes vertueux version religieuse. Ceux qu'on attend, ceux qu'on désire, ceux dont on a besoin, c'est de bons et vrais citoyens, pragmatiques, efficaces, déterminés, engagés... qui, comme de soldats en guerre, se battent au front de la bataille infinie pour l'érection de la *Nation congolaise, une et indivisible, puissante et prospère*. Pour le bien de sa communauté, pour en assurer la survie, la puissance et la pérennité, ces éléments d'élite se tiennent prêts à tout, même au mépris de ce qui peut être considéré ailleurs comme non respectueux des droits humains. Cela se mijote au niveau de la pensée qui, si silencieuse soit-elle, constitue

---

[1] *Idem,* p. 39.

une force tranquille qui, lorsqu'elle pénètre les esprits, peut envahir tout le corps, le guider, le dominer totalement et le pousser à l'action.

C'est ici où s'impose la nécessité d'élaborer un nouveau paradigme, ici comprise comme corps de principes devant commander notre vision du monde et de nous-mêmes au sein du monde. Il s'agit donc, selon Kambayi Bwatshia, de *« la constitution d'un principe organisateur de la connaissance qui doit donner autant de force à l'articulation et à l'intégration qu'aux distinctions et les oppositions »*. Ici s'impose aussi les débats sur l'atomisation des connaissances induite par les spécialisations disciplinaires arbitraires que nous impose le paradigme néolibéral dominant. Déjà posé par V. Y. Mudimbé, la question revient aujourd'hui en force lorsque s'observe la stérilité des études menées dans les domaines des sciences économiques, du droit, des sciences politiques et sociales, de la géopolitique, de la psychologie, du management, de la démographie, de l'éducation…

Dans quelle mesure peut-on sectoriser les disciplines au point de bannir toute possibilité de connaissance synthétique des problèmes sociaux qui se veulent totaux et globaux, entremêlés dans des complexités qu'il importe de dénouer ? Que gagne-t-on avec l'extrême parcellisation disciplinaire, sinon un éparpillement des connaissances qui, selon Kambayi B., font de l'intellectuel une sorte de *roi nu*, dont *« les utopies se sont effondrées, atomisées. On le voit englué dans un statu flou et complexe… On parle bien de 'silence des intellectuels'. Loin de servir de phare, on les voit se mouvoir dans les micro-querelles de chapelles devenues fondamentalistes, souvent à mécanismes sectaires ou servant de fou du roi, après avoir été tentés par le miroir aux alouettes du pouvoir. Plus… ils doutent profondément et loin d'être des maîtres à penser, ou des éclaireurs de la cité, ils passent souvent leur temps à donner des réponses simplistes, fausses aux problèmes déjà connues ».*[1] Cette situation n'est que la conséquence des micro-spécialisations à outrance qui ont émietté le savoir global en micro-savoirs inopérants.

Pourtant, poursuit l'auteur, *« être intellectuel n'est ni un métier, ni une carrière. L'intellectuel peut être littéraire, philosophe, journaliste, professeur, technicien, universitaire, scientifique. Mais il devient intellectuel tout court dès qu'il veut échapper à la culture de l'esthète, du médiocrate, du technocrate, de l'idéologue, de l'universitaire, du disciplinaire. Il devient intellectuel lorsqu'il prend au sérieux l'éthique des idées en sachant que l'éthique des idées s'oppose à l'esthétique des idées et à la mystique des idées, où les idées envoûtent par leur pouvoir de séduction et de fascination »*. La tendance actuelle est justement et malheureusement de

---

[1] Jean KAMBAYI Bwatshia, *Faillite de la raison et raison de la faillite dans la postmodernité,* Eugemonia, Kinshasa, 2016, p. 79.

pousser à des éthiques disciplinaires sclérosantes, asphyxiantes voire étouffantes.

C'est ce qui est arrivé notamment à l'enseignement des sciences économiques comme j'ai eu à le stigmatiser ailleurs : un enseignement à caractère fondamentalement trop technique, essentiellement libérale, voire ultralibérale, sans le moindre effort de tropicalisation. Alors qu'il s'agit d'un domaine purement social où se joue un pouvoir réel qui nécessite plus de profondeur dans l'analyse pour permettre la compréhension des enjeux sociaux qui influent sur la vie économique d'un pays. Au lieu de former des économistes, on forme plutôt des techniciens en art de gérer selon le paradigme libéral, donc incapables de penser un système de gestion approprié à notre pays.

Des révolutions en cours qui imposent de nouvelles formes de savoir économique ne sont pas prises en compte, notamment la mondialisation, le basculement dans l'OHADA, le sous-développement généré et la pauvreté chroniques, le développement durable, l'économie verte, le système monde... Les connaissances partielles, sectorielles, idéologiques (soumises aux conceptions néolibérales), mathématisées à outrance et non intégrées dans un corpus globalisant permettant une meilleure compréhension de l'économie générale du pays font office des connaissances économiques.

On est loin de former des vrais économistes capables de penser l'économie globale. Ainsi que le dit Georges Corn, parlant de la grande dérive des enseignements de la science économique dans le monde, « *les diplômes des sciences économiques ne garantissent plus désormais la grande culture que pouvait acquérir l'étudiant autrefois, lorsque les mathématiques n'étaient pas encore devenues le pilier de l'enseignement de cette discipline... Un étudiant ayant fait une licence de quatre en économie politique était alors armé d'un solide bagage intellectuel lui permettant de saisir le fonctionnement des économies dans toutes leurs dimensions, ainsi que leurs relations à travers l'échange international. Il avait aussi une bonne connaissance de l'évolution économique à travers les âges et des doctrines qui avaient structuré la pensée économique depuis la fin du Moyen Âge. Ces connaissances étaient assises, en outre, sur l'acquisition des grands principes de droit régissant une société et organisant son régime politique, judiciaire, administratif et économique, de même que sur une connaissance du fonctionnement des finances publiques et de l'économie publique. Bref, une culture cohérente insérée dans une connaissance des principes juridiques assurant le bien de la collectivité nationale et les mécanismes institutionnels et procéduriers gouvernant les rapports entre agents économiques, mécanismes garantis par une puissance publique soucieuse du développement harmonieux de ladite collectivité. L'intervention de l'État dans l'économie était alors considérée comme bienfaisante pour assurer une juste répartition des revenus entre les agents et la protection des plus démunis d'entre eux face aux mieux dotés en richesse et puissance matérielles »[1]*.Aujourd'hui, toutes ces compétences sont ignorées des cursus de formation par l'illusion mathématique (qui fait omettre certaines variables au profit d'autres) qui conduit à une *économie-fiction*, avec des *prêt-à-porter des formules et modèles réalisés sur logiciels*.

Il en est de même du programme de formation en droit qui s'enseigne comme une discipline entièrement indépendante des autres disciplines des sciences humaines et même physiques.

Al Gore stigmatise, à ce propos, l'héritage culturel libéral qui marque ces pratiques scientifiques réductrices des réalités sociales. « En effet, en divisant et subdivisant à l'infini les buts des recherches et les travaux d'analyse, nous prenons le risque de développer une expertise trop spécialisée alors qu'il ne faut pas perdre de vue que nous sommes dans un processus interconnecté. En concentrant notre attention sur des parties tours plus infimes de l'ensemble, nous prenons le risque de porter moins d'attention à l'ensemble et de ne pas comprendre les phénomènes imprévisibles qui sont issus des interconnexions et des interactions innombrables réseaux. C'est ce qui explique que les projections linéaires du futur sont si souvent erronées »[2].Les sciences sociales doivent donc être repensées sur base de nouveaux paradigmes répondant à nos desseins, si on veut les rendre utiles et utilisables.

Idées et politiques publiques en vue de conduites et d'actions positives

C'est le lieu de souligner le rôle que jouent les idées, au sens le plus large, incluant à la fois le rationnel et l'irrationnel, sur la formulation des politiques publiques et sur l'adoption des conduites individuelles, collectives et publiques (institutionnelles, les institutions n'étant fortes que par la force des hommes qui les animent). Expliquant les approches par les idées en matière de gestion politique, D. Kübler et J. de Maillard invitent à *« reconnaître que les politiques publiques, en tant que programmes d'action, incarnaient en fait des théories du réel, définissant des affirmations sur la nature, la gravité et la cause des problèmes publics à résoudre ainsi que les moyens et instruments pour y parvenir. Dans une telle optique, la conduite des politiques publiques apparaît comme un processus social de construction de sens, où les acteurs s'affrontent en fonction des systèmes de perceptions et d'interprétations qui leur sont propres... Dans une telle perspective, il faut*

---

[1] Georges Corn, *Le nouveau gouvernement du monde,* La Découverte, Paris, 2012, pp. 116-117.
[2] Al Gore, *Le Futur. Six logiciels pour changer le monde,* Nouveaux Horizons, Paris, 2013, p. 21.

donc appréhender les politiques publiques à partir des matrices cognitives et normatives qui sont à leur base - en d'autres termes : faire des idées la variable explicative des politiques publiques ».[1] On sent dès lors qu'à partir de ce cas de complémentarité entre philosophie et politique, le découpage arbitraire entre philosophie et sciences est stérilisant d'un point de vue de la production scientifique utile.

Il y a des travaux qui ont établi les rôles positifs ou négatifs joués par les idées sur les conduites et pratiques sociales de recherche cognitive, en se basant sur les diverses influences des idéologies profanes ou religieuses. La force des leaders politiques, ceux qui ont marqué leurs temps, réside dans la force de leurs idées, des plus pertinentes aux plus légères, des plus constructives aux plus délirantes : Hitler en Allemagne, Mussolini en Italie, Bush aux USA, Sarkozy et Hollande en France... ont, par leurs idées, entraîné des peuples civilisés dans des guerres qu'aucune idéologie humaniste ne pouvait justifier. Pol Pot au Cambodge a prêché une idéologie absurde qui a entraîné le peuple cambodgien dans une opération d'inquisition inimaginable contre ses propres intellectuels. La force des idées de Franklin Roosevelt et, plus tard, d'Obama en Amérique ont inspiré des actions positives contre les crises financières respectives des années 1930 et des années 2008.

Comme on le voit, les idées diffusées, qu'elles soient vraies ou fausses, bonnes ou mauvaises, constructives ou destructives, pacificatrices ou bellicistes, humanistes ou meurtrières, laïques ou religieuses, ces idées diffusées sous formes d'idéologies partisanes motivent des actions qui peuvent être bénéfiques tout comme elles peuvent se révéler absolument négatives. Ces idées se manifestent sous des formes diverses. E. Mokuinema en épingle« *les croyances mystico-religieuses, les idées politiques et philosophiques, les théories d'économie politique, les diktats hégémoniques, etc.* »Ces idées se sont constituées en « *grandes idéologies dont l'impact sur le vécu des peuples n'est plus à démontrer. Ces croyances ont influencé le cours de l'histoire des peuples et, dans certains cas, se sont constituées en piliers de nouvelles civilisations* ». Ainsi, poursuit l'auteur, « *dans plusieurs cas, c'est la simple volonté des États hégémoniques qui dicte et décide de l'historicité des peuples dominés* ».[2]

Idéologies

> *« Nous pouvons décider de faire usage de notre savoir grandissant pour asservir les*

---

[1] Daniel KÜBLER et Jacques de MAILLARD, *Analyser les politiques publiques*, Presses Universitaires de Grenoble, 2009, p. 157.
[2] Edmond MOKUINEMA Bomfie, *Histoire des idées et des faits socioéconomiques de l'Afrique*, L'Harmattan, Paris, 2014, pp. 8-9.

gens d'une manière jamais imaginée, pour les dépersonnaliser et les contrôler par des moyens si soigneusement choisis qu'ils ne s'apercevront peut-être jamais de leur perte de personnalité ».(Carl ROGERS).

Les idées, sous toutes leurs formes, ont une vie, circulent et se partagent entre les peuples, même les plus géographiquement éloignés les uns des autres dans cette ère des télécommunications *mondialisant*. Ces idées déterminent fondamentalement les agir sociaux, en leur qualité d'idéologie, c'est-à-dire un ensemble d'opinions fondées sur certaines valeurs sociales admises qui déterminent les objectifs sociétaux souhaités et légitimés par les membres d'une société déterminée. Il s'agit, en politique, d'une justification théorique de l'ordre établi ou à établir, des actions publiques et privées entreprises ou à entreprendre, des ambitions collectives exprimées ou latentes... Ainsi, comme le dit Olivier Reboul, *« la fonction d'une idéologie est de servir de code implicite à une société, un code qui lui permet d'exprimer ses expériences, de justifier ses actions et ses épreuves (comme la guerre) afin de se donner un projet commun ».*[1]

A la différence de la théorie scientifique ou philosophique, l'idéologie a pour but essentiel non de faire connaître, mais de faire faire, de susciter des pratiques collectives et durables de nature à servir un pouvoir effectif ou recherché. L'idéologie doit constater, expliquer, réfuter, masquer, occulter, minimiser, aggraver, amplifier... en s'appuyant sur des faits concrets ou des chiffres, donc sur des vérités pour convaincre. C'est en manipulant les faits que l'idéologie se distille, avec, évidemment, un seuil de mensonges et de mystifications acceptables, utiles et nécessaires pour emballer des esprits positivement enchaînés vers la réalisation des objectifs fixés.

A l'instar de l'illusion optique, l'illusion idéologique, quand elle n'est pas objectivée, peut conduire à des dérives sociales préjudiciables. En effet, l'idéologie prétend éduquer, alors qu'elle endoctrine, cherche à convaincre, à persuader, à manipuler, voire à violer la conscience, à faire croire en vue d'embrigader et ce, positivement ou négativement. L'idéologie imprègne donc toutes nos attitudes, opinions et jugements, qu'il s'agisse du cynisme, de la bonne conscience, de la résignation ou de la révolte. Dans nos rapports de famille, nos relations sociales, le sens que nous donnons à la vie, aux choix politiques et dans notre conception de la nature... l'idéologie est omniprésente. Ainsi que l'écrit Marta Harnecker, *« l'idéologie est à ce point présente dans tous les actes et gestes des individus qu'elle est indiscernable de leur expérience vécue ; de ce fait, toute analyse immédiate du vécu est profondément marquée par l'action de l'idéologie. Lorsqu'on pense avoir*

---

[1] Olivier Reboul, *Langage et idéologie*. PUF, Paris, 1980, p. 17.

affaire à la perception pure et nue de la réalité ou à une pratique pure, on a en vérité, affaire à une perception ou une pratique impure, marquée par les structures invisibles de l'idéologie. Comme on ne perçoit pas cette action de l'idéologie, on tend à prendre sa perception des choses et du monde pour des choses mêmes, sans voir que cette perception n'est donnée que sous l'influence déformante de l'idéologie ».[1]

C'est donc une vision du monde propre à une société, à une culture, liée à l'action sociale. Constituée de la morale, de la religion, de la métaphysique, des formes des consciences, des convictions individuelles et collectives... l'idéologie influence fondamentalement tous les rapports sociaux et toutes les activités des hommes.

L'idéologie est donc présente dans chacune de nos actions et réactions, que ce soit en paroles, actes ou gestes. L'idéologie, à ce point, joue le rôle que le ciment joue dans un édifice, le rôle de liant qui consolide les matériaux assemblés pour former l'édifice. Au sein de l'édifice social, l'idéologie assure la cohésion des membres d'une communauté dans leurs différents statuts et rôles et fonctions y relatifs, de même qu'elle rend cohérents les rapports sociaux entre les individus. Il s'agit donc d'un *« ensemble des valeurs et de symboles, une configuration de croyances, d'affectivité et de sensibilités et une multitude diversifiée des règles et de pratiques dont la combinaison donne une signification au réel, façonne les comportements et conduit à l'inculcation des normes sociales »*. Bref, il s'agit de la manière, rationnelle ou irrationnelle, dont les citoyens vivent concrètement leur citoyenneté.

Vérité ou vérités

Il se pose dès lors le problème de la vérité, essentielle en matière de recherche scientifique. En fait, la vérité n'est ni une, ni universelle. Il existe, par contre, des vérités, les unes pas plus fausses que les autres, c'est-à-dire des variantes composant cette insaisissable Vérité. Il s'agit des vérités sociales, c'est-à-dire des vérités idéologiquement colorées, chaque communauté humaine et, au sein de celle-ci, chaque couche sociopolitique ayant sa propre idéologie qui détermine pour elle ses critères de vérité, en fonction de ses intérêts propres.

Évoquant cette problématique de la vérité au plan scientifique, Adam SCHAFF dit que toute conception basée sur le mythe de la neutralité de la science est fausse, car *« la connaissance scientifique est une connaissance humaine, donc imparfaite et n'usant pas uniquement de vérités absolues - ce qui empêcherait le progrès de la connaissance et son besoin -, elle est donc*

---

[1] Marta HAERNECKER, *Les principes élémentaires du matérialisme historique*, L'Harmattan, Paris.

teintée subjectivement ». Aussi, *« la science ne peut évidemment pas être un domaine "purement" objectif et la limite soi-disant nette entre la science et l'idéologie s'estompe »*.[1] L'idéologie étant *« des systèmes d'opinion qui, fondés sur un certain système de valeurs admises, déterminent les objectifs souhaités du développement social »*, la fin de l'idéologie est inconcevable *« aussi longtemps qu'il y aura une vie sociale et une action sociale des hommes, aussi longtemps que la langue humaine transmet socialement la connaissance accumulée philogénétiquement et les stéréotypes qui se sont formés etc. »*[2]

Pour B. Verhaegen, *« la subjectivité des sciences de l'homme n'est pas un obstacle à la connaissance; au contraire elle est une condition nécessaire pour y accéder dans la mesure où c'est la pratique sociale - et non la pratique théorique - qui constitue le point de départ et l'aboutissement du procès de connaissance »*.[3] A ce propos, P. Freire dit que *« tout chercheur véritable sait que la prétendue neutralité de la science, d'où découlent la non moins fameuse impartialité du scientifique et sa criminelle indifférence à l'utilisation de ses découvertes, n'est qu'un moyen des mythes nécessaires aux classes dominantes. Vigilant et critique, il ne doit pas confondre le souci de vérité qui caractérise tout effort sérieux avec ce mythe de neutralité »*.[4]

Toutefois, à propos des vérités socio politiquement colorées, il est logique que la vérité du dominant, de l'avantagé, du privilégié social (l'Occident, par exemple, à l'échelle des Nations) soit plus portée vers le maintien et la reproduction de l'ordre social établi. Il est question pour lui de défendre le pouvoir social d'un ou de plusieurs acteurs qui orientent les conceptions sociales (idéologiques) sur des situations considérées. Un analyste qui serait de ce courant se collerait au réel pour en magnifier l'ordre et en occulter le dysfonctionnement. Par contre, le dominé, le désavantagé, le marginal, l'opprimé, lui, a besoin d'une connaissance démystificatrice, démasquant le pouvoir social responsable de l'ordre social injuste à ses yeux, dans le but d'instaurer un autre ordre jugé plus juste, où il pourra trouver son compte.

C'est donc le point de vue de l'individu (son idéologie) en quête du savoir, impliquant des éléments normatifs qui définit dans une large mesure, son champ de visibilité idéologique de la réalité sociale, ce qu'il voit et ce

---

[1] Adam SCHAFF, La définition fonctionnelle de l'idéologie et le problème de la « fin du sciècle de l'idéologie », in *L'homme et la société*, n° 4, Avril-Juin 1967, pp. 49-59, p. 54. Il faut noter ici que l'idéologie n'est pas prise dans son sens péjoratif.
[2] *Idem*, p. 55.
[3] Benoît Verhaegen, *Introduction à l'histoire immédiate*, op. cit., p. 152.
[4] Paulo FREIRE, *Pédagogie des opprimés suivie de conscientisation et révolution*, Maspero, Paris, 1971, p. 190.

qu'il ne voit pas, ses vues et ses bévues, sa lumière et son aveuglement, sa myopie et son hypermétropie, donc aussi ses vérités et ses mensonges.

En matière de savoir et même de l'agir social, il n'existe pas de Vérité unique, la vérité n'étant vérité que pour le sujet-acteur qui s'en sert pour servir ses intérêts ou répondre à une angoisse existentielle, individuelle ou collective. Globalement, il existe d'une part une vérité des dominants qui est la vérité dominante, l'officielle, dite l'universelle (en fait, l'universalisée) qui s'impose comme seule valable en tout temps et en tout lieu et, d'autre part, une vérité des dominés qui subit le terrorisme de la vérité officielle et qui ne se révèle opérationnelle que lorsque les dominés s'en servent comme arme libératrice, souvent à la faveur des moments de crise.

On comprend dès lors comment la position du sujet-acteur-pensant détermine le champ de visibilité sociale des théories sociales qu'il produit. Ainsi, la vérité du plus fort, loin d'être toujours la meilleure, n'est plutôt qu'une raison imposée; par contre, celle du plus faible n'est pas que déraison. Bien plus, la vérité dominante est souvent éloignée de la réalité car elle a besoin de mystifications même mensongères pour justifier la domination, le statu quo favorable au dominant. Tandis que les dominés ont, plus que les dominants, besoin de connaissances plus vraies, démystifiées et démystificatrices pour transformer la société dans le sens de servir leurs intérêts lésés dans une situation sociologique déterminée.

Une vérité ne reste pas nécessairement immuable. Elle est, en permanence, soumise aux mutations dues tant à sa dynamique interne qu'aux chocs subis de l'extérieur. En plus, il faut noter que ce qui est raison ou déraison hic et nunc peut ne pas nécessairement l'être ailleurs, ni après. *« Ce qui est raisonnable ou déraisonnable dans une société, à un certain moment de son développement, peut cesser de l'être dans un autre milieu, ou à une autre époque »*.[1]

Voilà pourquoi il faut rester vigilant face à des idées aujourd'hui diffusées sur fond de l'idéologie de la pensée unique néolibérale occidentaliste qui *« a décrété qu'une seule politique économique est désormais possible, et que seuls les critères du marché et du néolibéralisme (compétitivité, libre-échange, rentabilité, etc.) permettent à une société de survivre dans une planète devenue jungle concurrentielle. Sur ce noyau dur de l'idéologie contemporaine viennent se greffer de nouvelles mythologies qui tentent de faire accepter aux citoyens le nouvel état du monde »*.[2] Ces mythologies affectent profondément nos manières de voir, de penser et d'agir au point d'annihiler toute forme de réflexion critique et, malheureusement

---

[1] Etienne-Richard MBAYA, État de droit, démocratie, droits de l'Homme et paix en Afrique, in *Les Cahiers Présence Africaine,* Paris, 1996, pp.240-269.
[2] Ignacio RAMONET, *op. cit.,* pp. 257-258.

aussi, d'empêcher toute velléité de sortie de crise. Ces idéologies sont elles-mêmes à la base de cette crise qui demeurera cyclique tant que ces idéologies resteront à l'abri des critiques systématiques.

Malgré les apparences de démocratie et de liberté qui ont *apparemment* débarrassé le monde des régimes autoritaires, jamais les masses n'ont été autant soumises à des manipulations de l'ampleur prise aujourd'hui dans le formatage des esprits par les moyens les plus divers, les plus subtils, les plus insoupçonnés. Comme le note Ignacio Ramonet, « *de nouveaux et séduisants opiums des masses proposent une sorte de meilleur des mondes, distraient les citoyens et les détournent de l'action civique et revendicative. Dans ce nouvel âge de l'aliénation, à l'heure de la* world culture, *de la* culture globale, *et des messages planétaires, les technologies de la communication jouent, plus que jamais, un rôle central* ».[1]

Rien qu'à voir comment les matches de football européen (cette fabrique des idoles aux pieds intelligents) captivent l'attention de la jeunesse du pays (et pas seulement) du fait de leurs diffusions planétaires, dans l'indifférence générale, jusque dans nos cités enclavées en forêt vierge, on peut se rendre compte de l'ampleur des dégâts matériels et immatériels causés à l'avenir du pays ! Si on ajoute à cela les films d'évasion (*Novelas* et consorts) distribués par *Canal Plus,* de la multitude des idées, pour la plupart fausses et digressives, qui circulent à travers les réseaux dits sociaux, on ne peut que mesurer les gains engrangés par l'Occident à la suite du formatage programmé des cerveaux, de *l'imbécilisation* programmée des populations du Sud.

Cependant, de toutes les formes de manipulations idéologiques, celles d'inspiration religieuse sont les plus difficiles à cerner, les plus délicates à gérer, les plus pénétrantes dans les esprits, les plus fanatisant, mais aussi les plus ravageuses sur le mental de notre jeunesse. Il importe donc de les analyser en toute objectivité, sans complaisance pour pouvoir en déceler les modes opératoires, car, si, aujourd'hui en RDC, elles impactent négativement les esprits, ailleurs, elles ont favorisé des comportements qui se sont révélés socialement utiles.

Irrationalités des croyances religieuses

> « *Ne croyez pas que je suis venu apporter la paix sur la terre ; je ne suis pas venu vous apporter la paix, mais l'épée. Car je suis venu mettre la division entre l'homme et son père, entre la fille et sa mère, entre la belle-fille et sa belle-mère ; et l'homme aura pour ennemis les gens de sa*

---

[1]*Idem*, pp. 258-259.

maison.Celui qui aime son père ou sa mère plus que moi n'est pas digne de moi ; celui qui aime son fils ou sa fille plus que moi n'est pas digne de moi ».(Matthieu 10 : 34-37)

Max Weber a eu à l'établir, le lien entre l'idéologie du protestantisme et l'essor du capitalisme dans les pays anglo-saxons d'obédience chrétienne calviniste. Quand l'idéologie religieuse est porteuse de positivité, elle motive plus que toute autre forme d'idéologie. Fort malheureusement, l'histoire de l'humanité fourmille de preuves que les idées religieuses sont très souvent loin de refléter l'humanisme que prêchent d'ailleurs toutes les religions. Ainsi que l'écrit J. Marichez, *« les croyances religieuses sont parfois si rigides et totalitaires qu'elles mènent à des fondamentalismes, à des passions, des haines, des conflits et des guerres ».*[1]

Si la religion se retrouve paradoxalement être la cause ou le catalyseur de la plupart des conflits meurtriers de toute catégorie dans le monde, c'est parce que, comme le dit I. Illich, lui-même Prêtre catholique,*« la religion est elle-même l'un des plus grands dangers de la vie religieuse. Pourquoi ? Parce que les systèmes tendent à se durcir avec le temps. Quand ils sont devenus rigides, ils paralysent la recherche, le dynamisme, l'amour et les intuitions qui, à l'origine, les avaient inspirés et faits croître ».*C'est ce qu'explique bien Voltaire qui estime, non sans raison, que lorsque le zèle religieux *« est persécuteur, aveugle et faux, il devient le plus grand fléau de l'humanité ».* Ou encore le Nobel de physique Steven Winberg : *« Je crois qu'à tout prendre, l'influence morale des religions a été terrible. Avec ou sans religion, les gens bons peuvent se comporter correctement et les gens mauvais peuvent faire mal; mais pour que des gens bons fassent le mal, cela prend l'influence de la religion ».*[2]

Ainsi, plusieurs chefs de guerre n'excluent par les opportunités de s'appuyer sur des convictions religieuses ou sur quelque fanatisme de ce genre pour s'assurer le haut moral des troupes car, *« pour tuer, il faut beaucoup d'enthousiasme, il faut se sentir possédé par une force infaillible, c'est-à-dire entrer dans les transes, dans ce qu'on appelait autrefois **religion** ».*[3]Certains hommes politiques ont aussi compris, depuis des temps immémoriaux, que pour mieux dominer leurs peuples et consolider leurs pouvoirs, le recours aux croyances religieuses, floues, mystiques et

---

[1] Jean MARICHEZ, *Croyances meurtrières. Essai pour la paix,* L'Harmattan, Paris, 2011, p. 17.
[2] Cités par Rodrigue TREMBLAY, *Pourquoi Bush veut la guerre. Religion, politique et pétrole dans les conflits internationaux,* Les Intouchables, Montréal, 2003, p. 17.
[3] Françoise GIROUD, *On ne peut pas être heureux tout le temps,* Fayard, Paris, 2001, cité par *Idem*, p. 75.

mystificatrices a toujours constitué un impératif stratégique. De nombreux abus avaient été commis par les hommes *de Dieu*, fonctionnaires des différentes religions sans exception, à l'époque où le religieux et le politique composaient dangereusement bien. Ce fut au IVème siècle quand l'Empereur romain Constantin par souci de consolider son pouvoir chancelant décrète, sous l'influence du Pape Théodose, que Jésus-Christ était DIEU, scellant ainsi une cohabitation monstrueuse entre religion et politique.

En plus de toutes les illustrations des cas de guerres et de despotismes obscurs sous instigations ou influences religieuses, les religions disposent d'une autre force, celle de s'opposer à toute forme de progrès dans les idées, surtout quand il s'agit de celles qui sont orientées vers des transformations sociales que les religions ont toujours conspuées. L'histoire et la sociologie des sciences ont toutes souligné les rôles de frein au progrès scientifique joués par des croyances philosophiques religieuses. Il a fallu que les philosophes des lumières, les scientifiques ainsi que les diverses sectes antireligieuses (comme la *Franc-maçonnerie*) s'investissent dans un long combat au prix de la vie de certains pour que ce lien fatal s'estompe et que se réalise, finalement, la nette et salutaire séparation entre religion et État.[1]

En ce moment où l'Afrique noire en général et la RDC de manière particulièrement préoccupante sont happées dans le prisme envoutant et aveuglant des croyances religieuses obscurantistes, incontrôlables et incontrôlées, il est impératif que des analyses froides et non complaisantes soient entreprises sur ce domaine. Il s'agit bien de dévoiler, pour reprendre le terme de F. Bacon, cette véritable *idola,* car les pratiques religieuses, avec les nouvelles doctrines chrétiennes*(pentecôtistes, brahmanistes, salutistes, catholicistes, orthodoxistes, coptes, protestantistes, puristanistes, anglicans, baptistes, jéhovistes, adventistes,olangistes, ekankaristes, etc.) et autres islamiques (salafistes, sunnites, chiites, alaouites, djihadistes, etc.),* toutes, avec des dénominations fantaisistes, les unes plus ténébreuses que les autres, s'apparentent à autant de formes d'idolâtries qui font obstruction à toute forme de réflexion rationnelle.

Si bien qu'en RDC, le plus ancré des *idola* reste la série des croyances religieuses irrationnelles qui s'opposent de manière indiscutable à tout effort de raisonnement fécond et productif. Les médias locaux offrent des pans entiers de leurs espaces de diffusion à des religiosités qui détectent partout des mystères et créent des peurs et angoisses existentielles imaginaires mais tenaces. On trouve des prédicateurs partout : dans nos maisons, nos bureaux, nos universités, nos bus, nos stades, nos restaurants et même dans les maisons de passe ! On trouve des lieux de prière sur toutes les ruelles de nos

---

[1] R. TREMBLAY, *op. cit.* et George CORN, *La question religieuse,* La Découverte, Paris, 2009.

villes, sur des sites et entrepôts d'anciennes usines fermées suite aux pillages, dans les salles de fêtes ou de spectacles...Partout, ils sèment peurs et terreurs, détectent sorciers et mauvais esprits, suscitent angoisses et espoirs, inventent prophéties et horoscopes... bref, créent des *enfers sur terre*, font vivre psychologiquement leurs fidèles dans des univers illusoires imaginés par eux-mêmes et au sein desquels ils s'érigent en seuls consolateurs, délivreurs, antidotes contre la puissance omniprésente de Lucifer !

Même la communauté universitaire dite savante, supposée scientifique, donc éclairée et éclairante, est, elle aussi, infestée. Les gourous religieux, même illettrés, supplantent en influence les plus savants des professeurs et chercheurs, tant aux yeux des étudiants que des professeurs eux-mêmes. La plupart d'entre ceux-ci et la quasi-totalité des étudiants, leur vouent un culte surprenant, même lorsqu'ils professent des idées saugrenues, manifestement indéfendables ! Les professeurs sont fiers et n'hésitent pas à se vanter d'être *spirituellement* encadrés par ces marabouts des temps modernes que sont les leaders religieux autoproclamés, affublés des titres fanfarons d'*apôtres, évangélistes, serviteurs ou hommes/femmes de Dieu, généraux de l'Eternel, prophètes ou prophétesses, (arch)évêques ou (arch) évequettes, bi ou archibishop*, etc., mais tous marchands de *Jésus* essentiellement, produit très lucratif, non imposable, ni contrôlable, ni censurable...

Certains professeurs en sont morts, d'autres en sont devenus fous.[1] Des gourous religieux incultes ont réussi à faire encrer durablement dans les esprits l'idée caricaturale selon laquelle tous les scientifiques seraient des occultistes *(Bato ya sciences !)*.Pourtant, il se passe des faits divers extrêmement graves dans ces officines religieuses en fait d'exploitation, d'escroquerie, de viols et autres abus sexuels sur les jeunes filles et les femmes mariées, de diffusion de connaissances ténébreuses, de déstabilisation des foyers, de déperdition scolaire...

En cas d'enquête scientifique pertinente (très vivement recommandée) sur la prolifération socialement cancéreuse des activités sectaires, il y a très peu de chance d'en identifier les moindres bienfaits. On peut même aller plus loin et relever que le christianisme, même dans sa puissante version catholique romaine, entré au pays par la colonisation (donc au bout du fusil, de la chicotte, du formatage mental en vue de l'exploitation coloniale), ne

---

[1] Que d'illustres collègues sont morts dans des conditions si ridicules pour des personnalités intellectuelles de leur trempe. Certains sont devenus irrémédiablement fous à la suite de ces malheureuses manipulations, opérées en plein jour sans que personne n'ose protester. Je pense ici à ce brillant collègue sociologue devenu irrécupérable, rendu fou, déconnecté de la réalité sociale qu'il analysait avec tant de maîtrise (j'ai signé quelques articles scientifiques avec lui) à la suite des croyances aveugles et aveuglantes, affolantes qui l'ont aveuglé et rendu absolument fou, sous l'emprise des prédicateurs illettrés !

peut se targuer que des résultats fort mitigés pour les populations congolaises. On peut également foncer plus loin encore et relever qu'au niveau global, aucun peuple non européen christianisé n'a émergé. Par contre, les peuples qui se sont montrés rebelles à toute prédication coloniale, fut-elle chrétienne, ont pu éviter l'esclavage mental, pire et durable forme de dépendance. C'est le cas du Japon, de la Chine, des deux Corées, de l'Inde... Les peuples christianisés par la colonisation continuent à patauger dans des voies embrouillées par des philosophies religieuses obscures et dépersonnalisant, comme c'est le cas des pays Africains, incapables de se créer des philosophies propres.

Il y a donc lieu de suspecter l'influence dévastatrice des religions, accusées, par ailleurs, d'avoir bloqué le progrès des connaissances pendant 1000 ans en Europe, d'avoir été à la base de plusieurs guerres, d'avoir soutenu des idéologies fantaisistes et génocidaires (esclavagismes, racismes, exclusions meurtrières, inquisitions, croisades...), de continuer à ce jour de servir de fondement à d'obscurs fondamentalismes menant à des fatalités génératrices des actes de terrorisme de plus en plus sophistiqués et imprévisibles...

Cette situation correspond bien au but premier de l'évangélisation coloniale, à ce qui avait été projeté comme rôle de l'évangélisation dans l'entreprise coloniale. En effet, notait R. de Gourmont en 1915 sur la facile convertibilité des Noirs,« *ni l'Inde, ni la Chine, ni le Japon n'ont été pour ainsi dire entamés. L'Islam est rebelle à toute prédication. Restent les Peaux Noires. Celles-ci sont fort dociles à toute maxime accompagnée d'un cadeau ; on achète une âme pour un collier de verroteries, une bouteille de raphia ou trois aunes de cotonnade* ».Pour B. Mels, missionnaire catholique en 1947, « *la prière sera l'antidote de leur mentalité païenne et leur superstition ; le travail sera le remède à leur sensualité et à leur paresse* ».[1]

Comme on le voit, la volonté de dominer a été, depuis le début de la colonisation, érigée en principe : les dominateurs s'élèvent toujours en seigneurs et se comportent comme tels. La domination entraîne, partout et toujours, à défaut de la destruction physique de l'autre, un double esclavage corporel et spirituel. Ainsi, en rapport avec l'objectif primordial qu'est la soumission des dominés, les maîtres déploient toutes les armes à leur portée, lesquelles armes sèment toutes les formes de violences, dures (militaires, policières, économiques, politiques, administratives...) et douces (mentales, religieuses, culturelles, intellectuelles, etc.).

Celui qui s'est imposé à l'autre, le Blanc, développe sur cet autre (le Noir)une attitude de profonde déconsidération : le Noir est un être craintif et

---

[1] Cité par MABIKA Kalanda, Un regard zaïrois sur... 100 ans de regards belges, *Analyses Sociales,* Vol. VIII, n° 1, janvier - mai 1990, pp. 27-57.

peureux, il est faible de volonté, irrésolu, irréfléchi, terre-à-terre, etc. En vue de « *perfectionner et améliorer les Noirs* », il fut décidé en 1885 de les christianiser. « *En faire des chrétiens* »en vue de les rendre plus malléables, tel semble avoir été l'idéal affirmé de la colonisation. Cette prétention rencontra le refus de certains prophètes à l'exemple de Kimbangu, qui eut à payer cette *forfaiture* au prix d'une douloureuse incarcération à vie.

L'œuvre semble avoir réussi pour toujours, tant la religion est de nos jours transformée en business très rentable, débridé et défiscalisé. A l'allure où vont les choses, l'avenir du pays reste sûrement hypothéqué, comme on ne semble pas pressé d'enclencher des mesures correctives susceptibles d'infléchir les attitudes collectives brouillées et corrompues par les croyances et pratiques négatives dans le sens souhaité du positif, de l'efficace, du rentable, de l'utile et de l'agréable. L'évolution actuelle de la société congolaise ne laisse présager aucune issue de sortie prometteuse. Il y a péril en perspective.

Volonté de puissance et émergence des Nations

Nul pays ne peut atteindre l'émergence s'il n'y aspire. Or, cette aspiration est dans l'ordre des idées, des utopies réalisables. Il existe bien une corrélation positive entre la montée en puissance d'une nation et le rayonnement des idées en son sein. Les idées qui motivent le besoin et la volonté de puissance importent plus que les moyens mis en jeu pour le réaliser. En effet, lorsque les individus sont motivés, il s'en suit des actions volontaristes qui incitent à trouver les moyens nécessaires à la réalisation des objectifs liés à leurs ambitions de puissance.

Toutes les grandes créations et réalisations humaines, qu'il s'agisse des mégastructures, de méga-constructions, d'appareils géants ou miniaturisés du High Tech, d'engins volants, flottants ou roulants les plus sophistiqués, de vitesses les plus folles, de découvertes scientifiques sensationnelles et révolutionnaires, d'exploits de nanosciences, d'inventions politiques et institutionnelles importantes, etc., toutes résultent de la matérialisation utilitaire de ce qui, au départ, relevait d'abord des idées vagues dans des cerveaux *fous*, ensuite systématisées et mises en exécution par des passionnés déterminés à les rendre utilitaires, même en cas d'utilités moralement contestables par ceux qui en subissent les conséquences. Sans une certaine dose de conviction à la limite du religieux, sans ces rêves fous et forts, même les choses les plus simplement réalisables ne sauraient se matérialiser.

Ces intimes convictions déclencheuses, aux confins de la spiritualité, sont souvent le fait de l'élite, ou du moins, d'une partie de l'élite, celle qui est active et éclaireuse. L'histoire de tous les pays qui ont émergé regorge des récits qui attestent cette détermination psycho-collective des personnalités déterminées à réaliser leurs projets fous, malgré l'hostilité ambiante, comme pour l'Ir Eiffel, dont la Tour qui porte son nom fut combattue et n'a pu être acceptée que pour une existence momentanée ; aujourd'hui, cette folie architecturale est devenue la plus grande attraction de France, le symbole même du génie français.

En ce qui concerne la RDC, on ne peut que déplorer l'inexistence d'un corps d'élite citoyen et l'existence des individualités intellectuelles fortes mais dispersées, esseulées, peu citoyennes, non motivées, non idéologisées, peu enclines aux affaires intellectuelles, peu pensantes, incertaines et lamentablement improductives. Du fait de ne pas être unis par un idéal commun fondé sur l'intérêt du pays, les pseudos intellectuels congolais ne peuvent point accorder leurs violons sur ce qui est utile ou pas pour leur pays.

En exemple, lorsqu'à l'instar de plusieurs autres gouvernements dans le monde, le gouvernement congolais a fait venir les Chinois pour accélérer la reconstruction d'un pays lamentablement délabré, les *contrats dits chinois* ont fait l'objet des avis les plus divergents d'une intelligentsia divisée, apparemment inconsciente des enjeux enclenchés, dont les jugements sur le sujet étaient fonction de leur appartenance ou pas au camp du pouvoir. Il en est de même du projet des *Cinq chantiers* et du programme de la *Révolution de la Modernité* dont l'acceptation ou le rejet sont toujours fonction des mêmes critères, mais non fondés sur une compréhension des programmes proposés. Ce négativisme arriérant a fait le lit de la propagande antichinoise alimentée par les partenaires dits traditionnels (occidentaux) qui ont pu, dès lors, manipuler les universitaires nationaux, même au sein des institutions respectables du pays. On a ainsi vu des Honorables Députés lire des textes rédigés dans d'obscures officines d'ambassades occidentales contre la Chine, au sein du plus somptueux des bâtiments publics qu'est le Palais du Peuple, siège des deux chambres du Parlement congolais, paradoxalement érigé par la même Chine.

Dans tous les cas, ces attitudes, gratuitement hostiles et négatives ne sont pas de nature à favoriser la mobilisation des énergies requises pour la reconstruction nationale. Elles ne participent pas à la consolidation de la culture du recours à la science pour faire face aux défis qui se posent à nos communautés respectives, surtout quand les universitaires, manipulés contre leur propre pays, se dressent eux-mêmes en obstacles insurmontables. Finalement, tous, instruits et non instruits, on sombre dans le piège tendu par les concepteurs de *l'imbécilisation* programmée (loi du moindre effort) des uns et des autres.

Il y a donc fort besoin d'une véritable formation éthique qui puisse dépasser le niveau d'une instruction civique normale, car *« il s'agit de développer les compétences, qui représentent des ressources mobilisables pour être appliquées dans des contextes différents, contrairement à un savoir-faire qui ne serait mis en pratique que de façon sporadique. Ces compétences reposent sur des habiletés intellectuelles et sociales qui dépassent un niveau réflexe et reposent sur la conscience et l'analyse ».*[1]

Esprit congolais de puissance

C'est sur cette conviction que j'essaie d'aborder la délicate question des problématiques urgentes en sciences sociales en RDC, dont l'analyse devrait déboucher sur des éléments susceptibles de contribuer à la naissance d'un *esprit congolais*, source fécondante pour un nationalisme congolais agissant, créatif et générateur de puissance. C'est ce qui manque le plus à la RDC pour que celle-ci étonne le monde !

A cet effet, parlant justement de la naissance de l'esprit congolais, D. Mumengi écrit : « *Manifestement, les Congolais ont une très mauvaise image d'eux-mêmes. Ne fuyons pas ce constat : les Congolais ne s'aiment pas. Ils se supportent et se tolèrent de moins en moins. Ils croient ne plus avoir des raisons de s'aimer ni de sacrifier du temps et de la peine à l'intérêt collectif. Le sort de la communauté nationale passionne de moins en moins, ne mobilise plus les consciences et ne rassemble plus les Congolais. Ce double déficit de fraternité entre nous et d'amour pour la patrie, sape la socialisation des individus et mine les rapports des Congolais au bien commun. Comment construire un projet commun si nous ne sommes plus liés que par nos rancœurs, que par nos esprits haineux, si nous négligeons l'importance de nous grouper pour prendre en main une œuvre nécessaire d'intérêt collectif. Comment penser à un autre futur si la société n'aime pas son passé, en sachant que la société qui n'aime pas son histoire ne s'aime pas elle-même, en ayant conscience que la société qui ne chérit son pays n'aime pas ses enfants... »*[2] Il se pose dès lors un sérieux problème identitaire pour le citoyen congolais.

Ceci constitue un défi pour les sciences humaines qui doivent s'engager pour y faire face, en procédant à des remises en cause de certaines certitudes qui se révèlent virtuellement inutiles, voire dangereuses, du fait de leur non fécondité. On devrait également se détourner de certaines pratiques obsolètes et s'employer à concevoir de nouveaux paradigmes qui permettent de s'adapter au nouvel ordre du monde, un monde intelligent qui impose aux élites des comportements responsables et non plus des prises de décisions à l'aveuglette.

---

[1] Catherine BLATIER, L'éducation des compétences éthiques, in Jacques FONTANEL (Ed.), *Questions d'éthique*, L'Harmattan, Paris, 2007, pp. 139-155.
[2] Didier MUMENGI, *La naissance du Congo. De l'Egypte à Mbanza Kongo*, L'Harmattan, Paris, 2009, p. 357.

Il faut impérativement créer un **esprit congolais de puissance**, sur base de tout ce qui peut concourir à l'ambition de puissance de la Nation. L'étendue du territoire, le poids démographique, la diversité climatique, la présence de diverses ressources naturelles… constituent certes des atouts exploitables. Mais tout cela ne vaudra rien si, individuellement et collectivement, les citoyens ne nourrissent pas de nobles ambitions susceptibles de booster ces atouts. A la limite, on peut même avancer que c'est la condition incontournable de l'émergence, condition sans laquelle les minuscules (en espace et démographie) pays comme Israël, la Suisse ou même, pourquoi pas, le Rwanda n'auraient jamais pu faire parler d'eux.

Cet esprit congolais de puissance, pour être réaliste, rationnel et productif, doit reposer sur des bases des connaissances fiables, tirées des recherches scientifiquement menées. Même si la science peut, à la limite, revendiquer son caractère universel, l'esprit scientifique, lui, est propre à chaque Nation qui s'en dote en fonction de ses réalités physiques et métaphysiques propres, rarement identiques à celles des autres Nations.

En ce qui concerne les domaines à couvrir par des investigations scientifiques, nul ne peut prétendre les établir de manière exhaustive, d'autant plus que nos formations respectives nous préparent à la parcellisation des connaissances qui rend difficile les visions globales et globalisantes des phénomènes en vue d'orienter des choix sociaux utiles et adaptés ainsi que des prises de décisions raisonnées, loin des improvisations fatales.

Il faut noter qu'il n'est pas un domaine de l'activité humaine qui soit hors portée de l'investigation scientifique. Qu'il s'agisse de l'organisation politique et économique, de la définition des politiques publiques, de la conception et de l'implémentation d'un projet de société approprié, de la gestion des entités territoriales, de la défense et de la sécurisation du territoire, de la diplomatie, de l'organisation du travail et de la production des biens et services, du transfert de technologie, de l'industrialisation, de l'éducation, de l'emploi, de l'épargne, de la productivité, du management, du marketing, de la publicité, de la santé, de la littérature, de la jeunesse, des femmes, de la déviance délinquante, des loisirs, des sports, de l'art, des religions, etc., les sciences sociales disposent d'immenses champs de recherche encore vierges, mais dont l'exploration peut mener à des résultats susceptibles de jouer des rôles déterminants dans la prise des décisions fondamentales en vue de transformer positivement la société congolaise. Grâce à des recherches scientifiques sur fond de pensée utilitariste, on peut éviter des improvisations qui, dans l'agir social, débouchent souvent sur de malheureux atterrissages.

Après cette réflexion sur l'incontournable fondement philosophique d'une pensée congolaise en vue de former **l'esprit congolais de puissance**, je vais tenter quelques priorisations en recherche dans les sciences sociales et dans les sciences appliquées.

Mais au préalable, il me paraît utile de rappeler une réalité qui, bien que choquante, mérite d'être évoquée. Contrairement aux idées hystériquement répandues même dans l'opinion des intellectuels, la colonisation belge a légué au Congo indépendant une économie forte, un système médical meilleur que tous les pays colonisés d'Afrique, une agriculture florissante, un système multimodal de transport très performant (routes, fleuve, rivières, lacs, rail et avions), des infrastructures et activités scolaires, académiques et de recherche impressionnantes, une Administration efficace... Bref, un pays qui, à l'époque dépassait le niveau de la Corée du Sud et de l'Afrique du Sud et égalait celui du Canada.

On peut reprocher aux colonisateurs d'avoir réalisé leurs prouesses sans les Congolais, selon la formule célèbre *"Dominer pour servir"* du Gouverneur général Pierre Ryckmans. Mais cela ne peut plus servir de prétexte pour justifier l'énorme gâchis postindépendance qui cloue aujourd'hui la RDC à la queue des Nations modernes. Même si l'indépendance a été acquise dans la précipitation, l'improvisation et l'hystérie collective, rien n'explique que la situation continue à se détériorer plus de 50 ans après l'accession du pays à l'indépendance, alors même que le système éducatif reste un des plus prolifiques en matière de production massive de diplômés.

C'est ce qu'avait évoqué le Roi Baudouin dans son discours du 30 juin 1960[1], tout en conseillant aux dirigeants du nouvel État de ne rien rejeter du précieux héritage colonial quand on n'avait rien de meilleur en guise de substitution. Il disait, avec une fierté plus légitime encore aujourd'hui qu'au moment des faits, avoir légué au Congo, *« malgré les plus grandes difficultés, les éléments indispensables à l'armature d'un pays en marche sur la voie du développement »*.Toujours dans ce discours hâtivement et abusivement qualifié de paternaliste, il mettait en garde les nouveaux dirigeants en ces termes : *« Ne compromettez pas l'avenir par des réformes hâtives, et ne remplacez pas les organismes que vous remet la Belgique, tant que vous n'êtes pas certains de pouvoir faire mieux...N'ayez crainte de vous tourner vers nous. Nous sommes prêts à rester à vos côtés pour vous aider par nos conseils, pour former avec vous les techniciens et les fonctionnaires dont vous aurez besoin... Veillez aussi sur l'œuvre scientifique qui constitue*

---

[1] Ce court discours du Roi Baudouin de Belgique à l'octroi de l'indépendance, balayé par le Premier Ministre congolais dans un discours virulent, improvisé, inopportun, bien que légitime, n'a jamais été analysé à sa juste valeur. Sa relecture actuelle appellerait à la sagesse les partisans d'un patriotisme littéraire, surtout après le constat d'échec de plus de 50 ans de gouvernance publique par les élites politiques, intellectuelles et économiques congolaises !

pour vous un patrimoine intellectuel inestimable ». On a décelé dans ces mots aussi sages que du mépris du colonisateur. Ce sentiment a été traduit par le Premier Ministre Lumumba dans sa réplique improvisée aux allures populistes qui, valorisée sans analyse par l'ensemble des compatriotes, eut comme effet immédiat le renvoi précipité, parfois même brutal, des agents coloniaux qui laissèrent le Congo tomber comme une *"pomme chaude".* Nous en vivons les méfaits jusqu'à ce jour.

Ainsi, Wemo Menge recommande qu'au lieu de rejeter purement et simplement le patrimoine scientifique colonial au motif qu'il a été produit dans un cadre de domination et d'exploitation, il faut au contraire *« revisiter le passé scientifique colonial, chercher à se l'approprier et à dépasser toute polémique sur ses origines historiques ».* C'est essentiel pour intégrer dans nos cultures la science moderne. *«La science coloniale, même si elle a été conçue pour des objectifs autres que la formation et l'africanisation des programmes de recherche, reste un héritage que les Congolais ne peuvent négliger, mais qu'ils doivent réexaminer pour chercher à se le réapproprier ».*[1]

L'histoire coloniale devrait être réécrite de manière sereine en vue de la débarrasser des connotations trop subjectivistes et sentimentalisées des uns (les justificateurs fanatiques de l'ordre colonial) et des autres (ses pourfendeurs invétérés). Nous devrions savoir ce qu'était le Congo réel en vue de mesurer le niveau du déclin enregistré et de susciter un sursaut de responsabilité politique et intellectuelle. Cela n'est pas envisageable en restant éternellement cloué, comme c'est le cas, dans la *déraison,* sans recourir à la rigueur de l'activité intellectuelle et scientifique.

Sciences sociales

D'emblée, je dénonce fermement les enfermements disciplinaires, les cloisonnements sectaires, qui me paraissent bloquer la réflexion visant une compréhension globale des situations qui caractérisent objectivement le pays dans son ensemble. En effet, les paradigmes disciplinaires, élaborés ailleurs dans des contextes bien spécifiques de ces *ailleurs*, stérilisent quelque part l'activité cérébrale des chercheurs africains. Ces derniers se montrent plus soucieux de démontrer qu'ils maitrisent correctement les théories, méthodes et techniques de leurs disciplines isolées que de contribuer à l'avancement des connaissances par des recherches atypiques sur les réalités propres à leurs pays. En fait, ici, on a fort besoin de *contre-recherche* dont parlait Yvan Illich, qui consiste à rire des prêts-à-porter idéologiques que nous proposent des enseignements destinés à former des cerveaux inutiles.

---

[1] WEMO MENGE, *Transfert du savoir agricole au Congo-Zaïre. Héritage colonial et recherche agronomique,* L'Harmattan, Paris, 2001, p. 17.

Pour ce faire, je conseille, comme toujours, une attitude de *vigilance épistémologique* qui consiste en la suspicion légitime de tout ce que l'Occident propose en termes de recettes théoriques, méthodologiques et paradigmatiques qui, ici, n'ont produit qu'illusions, sous-développement, pauvreté et misère. Concomitamment, ces recettes imposées comme seules valables ont généré de nouvelles disciplines misérabilistes, destinées à aider les sous-développés à soi-disant lutter contre la pauvreté qu'elles ont engendrées. La *misérologie*, aujourd'hui, opère tant au niveau théorique qu'à celui des techniques, urgentistes ou pas, appliquées dans nos territoires savamment *misérabilisés*.

Ce système fonctionne bien dans la science économique, censée s'occuper, au sein des communautés humaines, de la production et de la distribution des biens et services. Délibérément détachée de la sociologie et de la science politique, la science économique a évolué de manière autonome, dans des certitudes imaginaires confortées par des formules mathématiques incontrôlables et incomprises, créant un univers propre à des experts sans humanités, avec un *ecospeak* (langage économique) indéchiffrable et des schémas déconnectés de la réalité, à la limite de la métaphysique.

Cet amas d'idéologies, parées de vernis scientifiques les plus diversifiés tant au niveau mondial qu'à l'échelle des communautés les plus diverses, se trouve à la base des crises qu'on éprouve tant de peine à juguler, tant qu'on reste cramponné dans des erreurs idéologiques quasi religieuses, que personne n'entend ni n'est disposé à soumettre au crible de la critique élémentaire. Il suffit d'observer la façon dont l'Europe intelligente et entreprenante peine à s'affranchir des crises et des contradictions qui la tourmentent et qui s'amplifient avec l'entêtement de ses dirigeants et élites à persister dans des carcans idéologiques qui leur avaient assurés l'hégémonie d'antan et qui se révèlent à ce jour obsolètes. Et J.-M. Le Breton, parlant de la vieille Europe, de s'interroger : « *Est-ce signe d'un vieillissement de ces sociétés ? Est-ce un* et déconcerte à la fois. Je prends pour exemple la sacro-sainte notion de *démocratie*. Déclamée par toutes les bouches, dans tous les cercles universitaires, politiques ou civils, dans tous les débats politiciens, la démocratie s'invite et se revendique à tout moment, souvent sans qu'on en saisisse le sens profond ni la réelle quintessence. Outre qu'elle est difficile à définir ou à identifier, le modèle qui en est imposé à l'Afrique est loin de répondre aux attentes sociales en matière de gestion politique des États. Mais la démocratie reste sacrée, inattaquable !

Il est utile à ce stade, de souligner l'importance des études historiques pour nous situer par rapport au temps, à l'espace environnant ainsi qu'à la géostratégie mondiale. On ne peut induire quelque changement dans n'importe quel domaine en en négligeant l'historique. Or, le sort et l'orientation réservés aux études historiques dans notre pays relèvent d'une irresponsabilité collective avérée.

Au-delà des limites disciplinaires sclérosantes, je propose quatre grands domaines de recherche porteuse en sciences sociales. Il s'agit de :

- Domaines politiques, juridiques et institutionnels
- Domaines socioéconomiques
- Domaines de la diplomatie, de la géopolitique et de la défense
- Domaines culturels et cognitifs

Pour l'essentiel, je reprends ici, en les actualisant, quelques propositions de pistes de recherche émises il y a quinze ans dans mon ouvrage intitulé *Sociologie et sociologues congolais.*[1]

Domaines politique, juridique et institutionnel

> « *Avec mes préfets, mes gendarmes et mes curés, je puis faire de la France ce que je veux* » (Napoléon Bonaparte).

La politique, comme art d'organiser la vie en société, a trait à l'activité humaine de structuration de toute forme d'organisation sociale, de création d'institutions et de gestion de tout changement social. A ce titre, on peut affirmer que la politique, plus que l'économique telle que prônée par K. Marx, joue en dernière instance le rôle le plus déterminant dans l'orientation générale de toute entité structurée.

Paradoxalement, en RDC, la politique constitue le champ de discours et d'action où dominent les idées e t pratiques les plus extravagantes, depuis les tâtonnements des temps de *l'indépendance* jusqu'en cette période de cacophonie générée par le processus dit de *libéralisation politique*. Ici, on pratique la *politique des principes et modèles* imposés au détriment d'une politique pratique, pensée et appliquée pour affronter les nombreux défis organisationnels et institutionnels qui se posent au pays à tous les niveaux. On dépense quantité d'énergie pour discuter des choses frivoles pendant que le pays s'enlise parce que tout effort de relève est balayé dans un contexte de négativisme délirant.

Ainsi par exemple, malgré les ravages visibles semés par la démocratie à l'occidentale en Afrique noire, on ne voit pas les intellectuels africains oser dénoncer la réalité aujourd'hui vécue dans tous les pays africains où la tenue des élections charrie de manière récurrente des crises meurtrières! Pourtant, les élites ici ne parlent de la *démocratie* que pour en vanter les virtualités non perceptibles, une façon de vivifier des certitudes imaginaires !

---

[1] E. BONGELI Yeikelo ya Ato, *Sociologie et sociologues africains…op. cit..*

Habitués à laisser les forces de la nature nous guider comme les animaux dans la forêt, force est de reconnaitre que les hasards ne nous seront toujours pas favorables, ne seront toujours pas au rendez-vous pour nous mettre à l'abri des *braconniers* de tous les jours, ces prédateurs impitoyables et peu scrupuleux que sont les nations puissantes occidentales pour qui tous les moyens sont bons lorsqu'il s'agit de maximiser et de protéger leurs intérêts.

C'est le lieu de rappeler à l'élite intellectuelle africaine en général (pour peu qu'elle existe) une réalité dont elle doit profiter, en l'occurrence l'affaiblissement des vieilles puissances occidentales, plus spectaculairement européennes, face à une Asie stratégique et émergente. Ayant ouvert plusieurs fronts dans le monde, y ayant suscité beaucoup de foyers de tension, l'Occident s'est fait absorber les problèmes du monde tout en oubliant les leurs propres. Parlant de la crise en Europe occidentale, P. Dobrescu montre comment l'Union Européenne est secouée par des problèmes internes au point de ne plus *« être capable de gérer ses problèmes »*.

Dans le même ordre d'idées, l'auteur en conclura qu'il *n'est pas sage, même pour une puissance de la taille des États-Unis, d'ouvrir trop de fronts de confrontation, sans parler du fait que trop de points de conflits peuvent générer une masse critique de confrontation dont on ne peut pas prévoir l'évolution. De ce point de vue, on peut parler d' un 'stade critique' de la discipline géopolitique »*[1].

II **Ambition collective de puissance**

y a lieu, pour les intellectuels africains, de saisir l'opportunité de la faiblesse profonde d'une Europe empêtrée dans ces contradictions internes et externes qui la font sombrer dans une crise insurmontable pour développer des réflexions stratégiques intelligentes afin de libérer l'Afrique du joug qui l'étreint depuis la traite esclavagiste jusqu'à nos jours.

> *« Marcion regarda le monde qui l'entourait, et en tira la conclusion suivante : le Dieu qui a créé notre cosmos ne peut pas être bon. L'univers était tissé de fils effroyables : violence, massacres, maladie et souffrance. Ces maux étaient l'œuvre du Créateur. Celui-ci ne pouvait être qu'une force perverse et sadique, dont il fallait entraver l'influence sur l'esprit des hommes ».* (Howard Bloom)

---

[1] Paul DOBRESCU, *op. cit.*, p. 13.

Il faut partir de la reconnaissance du monde tel qu'il est, tel qu'il se vit. Ce monde est régi selon *le principe de Lucifer*. Howard Bloom qui a ainsi titré son ouvrage s'en explique bien : « *Marcion l'hérétique affirmait que Dieu était responsable du mal... Le mal est une conséquence, une composante de la création. Dans un monde évoluant vers des formes toujours supérieures, la haine, la violence, l'agression et la guerre sont les éléments d'un plan évolutionniste... Le* Principe de Lucifer *est un ensemble de règles naturelles, fonctionnant à l'unisson pour tisser une toile qui nous effraie et nous épouvante parfois... La nature n'abhorre pas le mal, elle l'intègre. Elle l'utilise pour construire. Avec lui, elle conduit le monde humain vers des niveaux supérieurs d'organisation, de complexité et de pouvoir... La mort, la destruction et la fureur ne dérangent pas la Mère de notre monde ; elles font partie intégrante de son plan... Nous sommes les victimes de l'indifférence sans pitié de la Nature envers la vie, des pions qui souffrent et meurent pour mettre en œuvre ses projets. Résultats : de nos meilleures qualités découle ce qu'il y a de pire en nous. De notre ardent désir de nous réunir provient notre tendance à nous déchirer. De notre dévotion pour le bien résulte notre propension à commettre les plus infâmes atrocités. De notre engagement envers les idéaux naît notre excuse pour haïr. Depuis le début de l'histoire, nous sommes aveuglés par la capacité du mal à porter un masque d'altruisme. Nous ne voyons pas que nos plus grandes qualités nous mènent souvent aux actions que nous abhorrons le plus : le meurtre, la torture, le génocide et la guerre... Le mal est intégré à notre structure biologique la plus fondamentale...* ».[1]

Je reproduis ces phrases qui disent pratiquement la même chose pour justement attirer l'attention des uns et des autres sur de nouvelles façons de voir le monde tel qu'il est, dans son état naturel, et non selon des prismes hypocrites des enseignements des morales produites par des religions qui, toutes, ont la vertu comme principe et le mal comme pratique utilitaire. Dans ce monde sauvagement compétitif, chaque communauté humaine éprise du besoin de survie est donc contrainte de faire recours à ses cerveaux collectif et individuels pour s'équiper mentalement et matériellement afin de faire barrage à toute forme de menace. Pour se prémunir contre toute éventuelle attaque physique ou mentale de nos autres semblables humains, potentiels et/ou réels ennemis, chaque communauté doit, en toute responsabilité se constituer en puissance dissuasive, défensive ou même offensive. Croire à la bonne volonté des autres et espérer vivre de leur charité et *humanisme,* c'est s'exposer aux pires plans d'exploitation, de déstabilisation, de domination, d'asservissement et même d'extermination des autres plus forts parce que plus savants.

---

[1] Howard BLOOM, *op. cit.,* pp. 24-25.

Or, la recherche de la puissance pour la survie dans la diversité et la rivalité des communautés humaines doit justement constituer l'obsession de toute forme d'activité politique. L'ambition de tout État, même le Vatican ou les toutes petites agglomérations nationales, est de devenir puissant, encore et toujours plus puissant. Ainsi que l'écrit J.-M. Le Breton, « *tout État aspire à la puissance. L'histoire est le récit des tentatives faites par des peuples pour acquérir une puissance supérieure à celle de leurs voisins. Lorsqu'un État cesse de lutter pour développer sa puissance, le lien social qui tient rassemblés les citoyens s'effrite ou se détruit, à moins que ce ne soit la dégénérescence de ce lien qui explique qu'un État abandonne son ambition* ».[1]

A propos de la notion de puissance, j'ai eu à en relever les conditions préalables dont l'essentiel porte sur les humains, leurs savoirs et leurs savoir-faire, individuels et collectifs.[2] Disposer des ressources naturelles ne constitue qu'une virtualité s'il n'a pas été développé des intelligences à même de les transformer en ressources réelles, utilisables par l'homme. Le développement contraint des intelligences requises relève, bien sûr, du besoin de puissance.

Cette aspiration à la puissance, au sein de toute Nation consciente, devrait se manifester de manière obsessionnelle dans le for intérieur de chaque citoyen. Elle implique qu'au-delà de leurs droits reconnus, les citoyens s'imposent librement ou forcément des devoirs vis-à-vis de leur Nation au regard de l'ambition affichée. Ces attitudes individuelles positives devront être cimentées par des idéologies unificatrices communément partagées, qu'elles soient dominantes ou marginales, globales ou sectorielles. Comme un seul homme, toute la communauté devrait se sentir enthousiasmée par tout succès collectif et se retrouver affectée par les moindres blessures communes.

Cela impose qu'il soit mis en place des mécanismes organisationnels contraignants, la contrainte sous toutes ses formes étant dès lors perçue et acceptée par les citoyens comme nécessaire à la réalisation de l'ambition commune de puissance. En effet, l'arbitraire du pouvoir a toujours été perçu comme signe d'efficacité lorsqu'il sert de nobles aspirations vers la puissance collective. Tout laisser-aller du pouvoir est, par contre, considéré comme un signe de faiblesse du pouvoir, ressenti comme une manifestation de l'inefficacité institutionnelle. On dira alors que *le pouvoir est dans la rue,* et l'État sera dit *État au monopole éclaté.*[3]

---

[1] J.-M. Le BRETON, *op. cit.,* p. 293.
[2] Sur cette question, voir E. BONGELI, *D'un Etat-bébé..., op. cit.,* pp. 167-176.
[3] Guy AUNDU Matsanza, *L'État au monopole éclaté. Aux origines de la violence en RD Congo,* L'Harmattan, Paris, 2012.

L'organisation politique devra donc être conçue de manière à servir, sous tous ses aspects, la survie de la Nation, notamment par l'acquisition d'une puissance en matière de production pour le bien-être général et de défense collective face à d'éventuelles menaces ennemies. Les ennemis, quand ils ne se manifestent pas, doivent être créés dans l'imagination parce qu'ils sont toujours là. Car l'existence des autres nations constitue toujours de potentielles sources d'agressions, tant aux plans économique et culturel qu'au plan militaire. Il ne suffit pas, pour ce faire, de disposer de richesses ou d'hommes, si intelligents soient-ils. Ce qui compte, c'est la volonté de puissance partagée par l'ensemble des citoyens, ce qui implique pour ceux-ci, l'acceptation des efforts spéciaux (soutenus par une certaine violence étatique, même symbolique), pour servir l'ambition commune par tous les moyens, y compris, à la limite, par les armes. Quand cette volonté est rendue opérationnelle, les moyens finissent par être trouvés et mis en œuvre.

Organisation politique

Le recul du pays en matière d'organisation et de gouvernance est plus que flagrant et scandaleux par rapport à la période coloniale. Un simple regard sur les villes et campagnes de l'intérieur où ne se rendent que très rarement les membres du Gouvernement renseigne sur la grande reculade enregistrée en matière de gouvernance au niveau national par rapport au niveau hérité de l'Administration coloniale. J'ai eu l'occasion de sillonner plusieurs villes, cités, centres agroindustriels et villages de l'intérieur du pays : partout, c'est la catastrophe organisationnelle, infrastructurelle, économique et sociale. Les humains y sont réduits à une vie végétative et illusoire : alimentation, sexe, prière, alcool et violence, voilà des éléments qui rythment la vie normale des Congolais, de manière plus notable chez les ruraux. Donc échec total de la gestion post indépendance, une gestion qui réduit les ambitions des humains à la satisfaction des besoins primaires !

Pour ce faire, la question primordiale qui devrait prioritairement préoccuper toute réflexion en matière politique est celui de la forme d'organisation politique à instituer pour servir l'ambition politique nationale et réduire le potentiel des violences intra-citoyennes. Cette tâche, je n'ai eu de cesse de le répéter, doit rester une affaire proprement congolaise, purement nationale, strictement interne.

Il faut se défaire de l'attitude puérile de laisser les autres imaginer les solutions à nos problèmes.« *En effet*, écrit Mwayila Tshiyembe, *l'expérience historique atteste qu'un système politique n'est pas une fin en soi. Sa validité dépend de ce que les peuples veulent faire des opportunités qu'il leur offre, dans leur recherche des solutions aux crises saillantes menaçant la survie des sociétés et des États. Abordé sous cet angle, le choix d'un système politique n'est pas un jeu de hasard. Il est doublement conditionné : d'une part, par l'histoire et la culture des peuples en cause, d'autre part, par leur version du monde et de la société, téléguidant le calcul coût/risque des objectifs à atteindre et les moyens correspondants ».*[1] Il n'y a que des intelligences locales pour réaliser ces tâches.

Les membres intéressés de l'élite locale, pour ce qu'il en est réellement, sont sensés disposer seuls des éléments pouvant leur permettre de comparer, d'imiter, d'ajuster, d'évaluer et d'adapter les options d'orientations politiques à prendre pour servir l'intérêt national qu'ils doivent être seuls à concevoir. On peut importer la nourriture, l'argent, les marchandises, les médicaments... mais jamais les institutions. Celles-ci, parce que charriant des pesanteurs culturelles imparables, doivent émaner des réflexions internes ou alors, au cas où elles sont inspirées des modèles étrangers, subir les ajustements appropriés opérés par les intelligences locales.

Plusieurs questions devraient préoccuper les chercheurs congolais en matière politique. Les États-nations africains actuels, se sont-ils départis des divisions ethniques et tribales ? Sont-ils capables d'assurer l'intégration des minorités en vue de la création des nations véritables à partir de la multitude des communautés ethniques arbitrairement coincées dans des frontières héritées de la colonisation ? Comment aborder la problématique de la formation de la Nation congolaise ? Quelle est la forme de l'État qui conviendrait le mieux pour cette grande invention politique de Léopold II qu'est le Congo ? Quelles sont les grandes lignes de la géopolitique interne ? Quels sont les avantages que présentent l'érection et la consolidation d'un État-Nation fort au Congo ? Quelles stratégies déployer pour faire face à la ténacité des stratèges de la mondialisation qui, à défaut d'anéantir ce pays par une balkanisation pure et simple, tiennent à l'affaiblir, à l'instrumentaliser et à le dépouiller de ses attributs les plus élémentaires ?

Les études sur la géopolitique interne, sur le redimensionnement des entités territoriales, sur les modes de gestion et d'évaluation des actions entreprises, etc., devraient également être menées en urgence. De même, il faut passer aux peignes fins de l'analyse scientifique les modes de création, de mise en œuvre, d'organisation et de gestion des institutions nationales et régionales ainsi que l'évaluation de l'efficacité institutionnelle.

Il y a donc ici un vaste champ de recherche pour identifier (en vue d'agir de manière appropriée) les raisons de l'incompétence permanente relevée en matière d'organisation administrative, politique et institutionnelle, en matière aussi de leadership organisationnel et de gouvernance publique.

Dans ce cadre, plusieurs sujets peuvent être exploités, entre autres : les survivances précoloniales, l'héritage colonial, le statut et l'idéologie des

---

[1] MWAYILA TSHIYEMBE, *Quel est le meilleur système politique pour la RDC : fédéralisme, régionalisme, décentralisation ?*, L'Harmattan, Paris, 2012, p. 107.

pères de l'indépendance, l'implication des intellectuels dans la politique, les options politiques de base et la crise ou même l'absence des politiques publiques, les immunités politiques, l'éthique, l'impunité, l'organisation et la gestion des entités locales et territoriales, les relations entre la politique et l'économie, entre la politique et l'Administration, entre la politique et la religion, la géopolitique interne, la participation citoyenne à la vie politique, les partis politiques et leurs rôles, la pratique généralisée de l'obstructionnisme politique, les repositionnements et le partage du pouvoir en politique, le népotisme, le tribalisme, le clientélisme politique, le trafic d'influence, la prise des décisions politiques, le sexe dans la gestion politique, l'arbitraire, la corruption, etc.

L'exploration scientifique de ces pistes peuvent apporter de nouvelles connaissances susceptibles de booster des actions politiques réfléchies, d'acquérir de nouvelles mœurs politiques débarrassées des suivismes, platitudes et extravagances des méthodes actuelles de gestion, caractérisées, selon les mots de Lobho Lwa Djugudjugu, par *« l'oisiveté, l'inconscience professionnelle, la paresse, la somnolence, l'absentéisme au travail, le détournement des deniers et biens publics, la corruption et le népotisme»* dans le chef des dirigeants des affaires publiques qui, *"à l'assaut des immunités »,* ne manifestent leur zèle que *"quand il s'agit de la course effrénée à la préséance, aux honneurs et à l'acquisition malhonnête des biens matériels ».*[1]

Silence, on démocratise...

> *« Il n'y a plus que la démocratie. Rien d'autre que la démocratie ».* (Ali Kebir)

Dans la conjoncture mondiale actuelle, remettre cette question en débat serein revient à poser un acte répréhensible, un blasphème, démocratie rimant avec progrès, liberté, égalité... *« La démocratie sature donc l'air de la pensée, de la parole et de l'action... La démocratie fait donc l'objet d'une évidence... elle est le paradigme du véritable bien politique par exclusion de tout autre. Elle s'installe alors comme discours dominant : aucun autre ne peut être tenu contre lui. Silence autour de la démocratie... L'omniprésence d'un idéal au sujet duquel nous sommes pourtant désenchantés ; nous savons qu'elle n'existe pas vraiment, nous avons la secrète certitude qu'elle ne se réalisera probablement jamais, mais nous nous accrochons par une sorte*

---

[1] Lobho Lwa Djugudjugu, *Troisième République au Zaïre. Perestroïka, Démocrature ou Catastroïka*, Bibliothèque du Scribe, Kinshasa, 1991, pp.82 et 84.

d'enthousiasme étrange qui mêle énergie du désespoir et résignation désabusée ».[1]

Il faut rompre cette résignation et oser ouvrir un débat sur la question, eu égard aux multiples échecs des pratiques dites démocratiques en Afrique. Au nom de la démocratie, mot fourre-tout, toutes choses et leur contraire sont permises. Tout s'est produit, y compris des morts d'hommes, au nom de cette démocratie virtuelle !

La ***démocratie***, concept-fétiche mécaniquement évoqué dans tous les sens sans être ni compris, ni cerné, ni, encore moins, tropicalisé, a fort besoin d'analyses scientifiques. Le courant de pensée évolutionniste présente la démocratie à l'occidentale comme le système le plus évolué, auquel devraient obligatoirement accéder toutes les sociétés humaines, de gré ou de force. D'où démocratie, liberté, égalité, justice, droits de l'homme et autres notions inattaquables, sacrosaints, deviennent, comme autrefois civilisation et développement, des concepts magiques, indiscutables, justificateurs des interventions intempestives, molles ou dures, d'un Occident triomphant, arrogant, dominant et hégémoniste, qui remodèle la planète au mieux de ses intérêts géostratégiques, sans la moindre considération pour l'espèce humain de souche non occidentale.

Voyons ce qui se passe en Afghanistan, en Irak, en Lybie, en Syrie, en République Centrafricaine... Au nom de la démocratie, on y largue quantité de bombes, on y expédie quantité d'armes meurtrières, on y verse autant de litres de sang humain... L'histoire de notre pays fait état de deux dirigeants (dont l'un démocratiquement élu) assassinés en plein exercice de leurs fonctions au sommet de l'État, tandis que son présent et son avenir sont planifiés par les stratèges occidentaux, partisans et planificateurs de sa balkanisation, au nom de la démocratie !

Pourtant, comme je l'avais écrit en parlant de l'État-bébé, *« le peuple congolais a été soumis à des épreuves que très peu de peuples du monde ont connues. Pour ne citer qu'exemple, le pays a payé lourd, très lourd, la facture de la guerre froide, sa position stratégique ayant fait de lui le bouclier de l'anticommunisme menaçant. Cela lui a valu le maintien d'un régime insupportable durant trois décennies, régime qui a considérablement et systématiquement détruit le pays. Comme si cela ne suffisait pas, les mêmes puissances, victorieuses de la guerre froide, ont mis tous les moyens à la disposition des voisins pour déstabiliser, voir balkaniser la grande RDC, trop grande à leurs yeux ! Des intellectuels et hommes politiques*

---

[1] ALI KEBIR, *Sortir de la démocratie,* L'Harmattan, Paris, 2015, pp. 8-9.

congolais ont été manipulés à cet effet et ont activement participé, consciemment ou pas, à la déstructuration du pays ».[1]

N'ayant toujours pas encore renoncé à leur agenda visant la balkanisation du pays, les puissances *"démocratiques",* au nom de la démocratie, continuent à manipuler et instrumentaliser les politiciens congolais peu conscients de leur responsabilité et dont les comportements semblent confirmer les propos de Wade qui avait estimé qu'ils souffraient d'absence de *culture politique*. Le but poursuivi par l'Occident est, bien sûr, de provoquer l'implosion. Toutes les batteries sont actionnées pour ce faire. La logique occidentale vis-à-vis des pays africains est restée la même depuis la traite des esclaves il y a quatre siècles.

L'Occident des *droits de l'homme* se retrouvent dans toutes les subversions qui pèsent sur le pays. Notamment, ils se retrouvent derrière toutes ces manifestations qui tournent à l'émeute, derrière les revendications irréalistes de ce qui s'appelle démocratiquement *opposition*, derrière aussi les rébellions dans les régions orientales du pays avec l'armée onusienne *protectrice*(des rebelles armés) ; ils s'impliquent savamment dans la désorganisation socioéconomique du pays par le biais des institutions internationales multi interventionnistes ; ils recrutent des parlementaires avides de visas de séjour à l'étranger pour interférer dans les travaux parlementaires, ils intoxiquent l'opinion par leurs puissants médias, avec en première ligne la Radio OKAPI installée en interne et les fameux *réseaux sociaux*[2] ; ils font venir des jeunes africains pour venir apprendre aux Congolais l'art de la subversion interne, etc. L'expérience tragique vécue au Moyen-Orient (Lybie, Irak, Syrie, Yemen…) pourrait instruire les élites congolaises et les pousser à des raisonnements intelligents aux fins d'évaluer l'ampleur des menaces qui pèsent en ce moment sur la RDC.

Pourtant, cette démocratie tant vantée et imposée de manière sélective n'a nulle part généré des effets positifs.« *L'histoire universelle,* écrit J.-M. Le Breton, *ne s'arrête pas le jour de Noël 1991 avec la disparition de l'Union soviétique. Le triomphe de la démocratie, dans son modèle occidental, n'a pas apporté la paix ni le respect du droit que certains espéraient. L'injustice est toujours aussi insoutenable. Les puissants ont davantage raison que les faibles ; bref le monde n'a pas vraiment changé : des illusions se sont évanouies qui sont remplacées par d'autres accueillies, comme naguère les précédentes, avec enthousiasme ».*[3] En Afrique, ni les conférences nationales imposées par l'Occident, ni les élections tenues sous haute surveillance

---

[1] *D'un Etat-bébé…, op. cit.,* p. 10.
[2] « Vrai ou faux ? Comment les réseaux sociaux brouillent l'information », in *Le Courrier International*n° 1349 du 14 septembre 2016, pp. 30-36.
[3] *Op. cit.,* p. 262.

occidentale, ni le libertinage de la presse tant réclamé par l'Occident, ni l'interventionnisme intempestif et sanglant du même Occident via les troupes onusiennes... n'ont réussi à endiguer les contestations, les coups d'État, les guerres civiles, les émeutes et mutineries, les menaces de balkanisation, la corruption, les blocages, les dictatures, les pillages, les injustices, les violences multiformes, la précarité, la pauvreté, le sous-développement, etc. Alain Cappeau parle même de *cauchemar démocratique*[1] pour stigmatiser ce qui se passe en Afrique sous l'emprise de la démocratie.

Il n'y a pas que l'Afrique qui pâlit des effets de ces démocraties multipartites, monocordes et empoisonnées. Le cas le plus parlant est celui de la chute rapide et spectaculaire de la Russie qui, prise dans le piège idéologique de l'Occident, s'était retrouvé, réduite au statut humiliant d'exportatrice des matières premières brutes et de quémandeuse de nourriture, en dépit de ses impressionnants atouts en ressources naturelles, humaines, culturelles, scientifiques, technologiques et industrielles. Cela, grâce à la magie de la démocratie et des droits de l'homme tels que conçus, imposés et téléguidés par les gendarmes de fait du monde dont elle était un des plus grands. Les tentatives de recadrage entamées par le Président Poutine se heurtent, non seulement à une campagne massive de dénigrement par les puissants médias occidentaux, mais aussi par l'activisme d'une société civile interne manipulée idéologiquement et financièrement par des officines occidentales commises à cet effet. Heureusement que la Russie n'est pas l'Afrique qui, elle, subit tout sans résistance.

Les pays asiatiques qui émergent aujourd'hui avaient choisi des régimes politiques moins laxistes, je veux dire moins démocratiques, pour répondre à leurs besoins pressants de développement. On parle du modèle asiatique du développement pour désigner ces régimes qui accordaient aux États des pouvoirs étendus, à la limite de l'autoritarisme, en matière de financement des investissements, à l'achat des brevets, à la politique monétaire ainsi qu'à d'autres politiques publiques volontaristes. On y avait donc besoin d'acteurs politiques forts pour diriger les efforts de développement qu'on voulait accélérer. On n'y acceptait pas l'idée selon laquelle il n'y avait que la voie empruntée par les pays développés pour mener au développement. On y avait dès lors que du mépris pour la *démocratie* qui empêchait de prendre des décisions utiles, qui forçaient les hommes politiques à prendre des mesures politiques populaires mais insensées pour amadouer l'électorat. On avait *« besoin de stratégie politique et de courage, de leadership intelligent, de travail acharné et standards moraux »*.

---

[1] Alain CAPPEAU, *Cauchemar démocratique. L'Afrique d'hier et d'aujourd'hui*, L'Harmattan, Paris, 2014.

C'est ainsi que la Chine, vilipendée par la presse occidentale comme mauvaise *élève*, indisciplinée, orgueilleuse, mégalomane, ambitieuse, dictatoriale, peu respectueuse des droits et libertés humains, surpeuplée... s'impose aujourd'hui au respect de tous, progresse à pas de géant et poursuit inexorablement sa marche vers le leadership mondial. Face à cette montée fulgurante et imparable de la Chine et aux succès du modèle asiatique de développement de référence autoritariste, les Occidentaux eux-mêmes fustigent leur modèle démocratique et dénoncent : « *Nous sommes forcés de prendre trop de mesures populaires mais qui sont des sottises... Les pressions et calculs électoraux réduisent notre potentiel économique à long terme. Mais à court terme, les politiciens a besoin de voix. La Chine, elle, peut s'en tenir au long terme. Et même si elle ne fait pas tout comme il faut, elle prend beaucoup de décisions intelligentes et clairvoyantes* ».[1]

Quant aux pays africains arrimés à une démocratie mimée de l'Occident, mais encore et toujours incomprise, ils restent liés, enchaînés dans l'engrenage d'une domination instaurée depuis la traite des esclaves et le commerce triangulaire y afférent jusqu'à la mondialisation actuelle, en passant par la colonisation et la coopération, dont ils ne tirent depuis lors que des lots de misérables impacts. Il convient de stigmatiser le fait que l'on ait choisi de mimer un Occident aujourd'hui perdant, alors que le centre de gravité économique du monde a basculé vers l'axe asiatique.

L'Europe manque aujourd'hui de dynamisme propre : « *La vraie différence entre les économies émergentes et les économies développées est liée à la stratégie. Les premières en ont une, les autres ont considéré que l'évolution allait de soi. Si les États émergents ont trouvé des solutions différentes, astucieuses, à presque chaque problème, les États développés ont persévéré dans l'inertie et la surestimation de leurs capacités* ». Il est donc irrationnel voire irréfléchi pour les pays africains de continuer à croire encore utile de recevoir des leçons d'une Europe vieillie, fatiguée, constipée et visiblement en déclin.

En ce qui concerne le Congo, la mise en garde de Lobho dès le début de la période de libéralisation politique est encore et toujours d'actualité. En effet, disait-il, « *au moment où le Zaïre récupère le multipartisme, il faut éviter à tout prix des oppositions stériles, des tiraillements, des sécessions, des troubles de la Première République. Le multipartisme en soi n'est pas une panacée, au contraire, il pourra en créer. Le multipartisme ne doit pas être considéré comme un messianisme. En effet, il n'y a pas de messie qui ramènera au Zaïre un ordre politique originel perdu, qui, du reste n'a jamais existé. Le multipartisme à lui seul ne porte pas le germe des solutions*

---

[1] ZAKARIA Fareed, *Le monde post-américain*, Perrin, Paris, 2011, p. 152, cité par P. DOBRESCU, *op. cit.*, p. 343.

aux problèmes que le Zaïre connaît aujourd'hui sur le plan socio-économique ».[1]

En conséquence, face aux multiples échecs de la rhétorique et des financements occidentaux et onusiens, l'intellectuel congolais ne peut se contenter de bouts de phrases, ni de slogans creux, ni de morceaux de vocabulaire non assimilés, ni des concepts inadaptables aux conditions africaines. Il doit se libérer de la tyrannie sémantique et conceptuelle mystificatrice, asphyxiante et du terrorisme intellectuel. Même en leur propre sein, chacune des nations démocratiques occidentales entretient sa propre pratique de la démocratie, taillée sur mesure de ses enjeux et des ambitions parfois même personnalisées de leurs leaders respectifs.

On doit pouvoir imaginer pour l'Afrique des formes de démocratie spécifiques pour nos environnements différenciés. Ainsi que le disait E.R. Mbaya, « *la pratique de la démocratie doit amener les principaux acteurs... à aller au-devant des simples remplacements des dictateurs par de nouvelles élites sans programmes politiques réels* ».Elle doit aider à résoudre des questions essentielles, notamment celles concernant la maîtrise de« *l'incompétence des cadres, les détournements des deniers publics, les violations massives des droits de l'homme malgré les professions de foi, le poids excessif de la dette et réussir l'harmonisation des relations Nord-Sud* ». La démocratie doit également constituer un système de gouvernement capable de répondre au défi des misères imposées aux masses et entretenues par des femmes et hommes politiques« *jaloux de leurs prérogatives ou complices du pouvoir international* » en quête de légalité et non de légitimité.[2]

On peut donc, de manière tout-à-fait légitime, suspecter la démocratie de n'être qu'un système éloigné de la nature, car l'homme naturel accepte plutôt facilement la monarchie, l'oligarchie ou d'autres formes de dictature souhaitée positive. Sans un minimum de dictature, le pouvoir n'existe pas, le leadership ne s'exerce pas. La démocratie ne peut se concevoir dans une société qu'à travers les âges. Il s'agit d'un processus de maturation collective, nécessitant un certain niveau de vie, impliquant une certaine élévation mentale pour que les hommes en viennent à la démocratie. Par contre, en tout temps et en tout lieu, les hommes des sociétés qui désirent le développement ont toujours eu soif de leaders éclaireurs pour les y conduire rapidement. Contrairement à ce qu'affirmait B. Obama, l'Afrique a besoin d'hommes forts pour rendre fortes et compétitives les institutions opérationnelles.

---

[1] LOBHO L. D., *op. cit.,* pp. 133-134.
[2] E.-R. Mbaya, *art. cit.*.

Comme le dit le philosophe français Henri Bergson, la démocratie moderne basée sur les droits de l'homme *« attribue à l'homme des droits inviolables. Ces droits, pour rester inviolés, exigent de la part de tous une fidélité inaltérable au devoir. Elle prend donc pour modèle un homme idéal, respectueux des autres comme de lui-même, s'insérant dans des obligations qu'il tient pour absolues, coïncidant si bien avec cet absolu qu'on ne peut plus dire si c'est le devoir qui confère le droit ou si c'est le droit qui impose le devoir ».* Aussi, les principes de liberté, de légalité, des droits de l'homme et autres chers aux théoriciens de la démocratie virtuelle restent difficiles à définir, car ils sont en mouvance permanente en fonction des circonstances des temps et des lieux. *« Comment, s'interroge Bergson, demander une définition précise de la liberté et de la légalité, alors que l'avenir doit rester ouvert à tous les progrès, notamment à la création des conditions nouvelles où deviendront possibles des formes de liberté et de légalité aujourd'hui irréalisables, peut-être inconcevables ? »*

Nzenge A. commente l'idée de Bergson en avançant que *« la démocratie ne réussit vraiment dans une société que suite à une série de tâtonnements, car il faut refaire sous une nouvelle forme, la cohésion relâchée entre les éléments de l'État. La difficulté d'asseoir une démocratie est plus grande que celle que l'on rencontre dans l'établissement de la monarchie et de l'oligarchie où le style de discipline renforce la relation de commandement-obéissance et de domination-soumission... Ce n'est pas en un jour, ni même en un siècle, qu'on pouvait substituer ou tout au moins superposer au sentiment et à la tradition, qui avaient toujours été les ciments intérieurs des sociétés humaines, le principe d'unification purement rationnel... de démocratie vraie et qui est la communauté d'obéissance librement consentie, à une supériorité d'intelligence et de vertu ».*[1]

Robert A. Dahl, pour sa part, relève les difficultés qu'il y a à définir de manière unanime la démocratie : *« Depuis maintenant près de 25 siècles que l'on revient sans cesse sur la question de la démocratie, on pourrait penser que l'on a eu le temps de proposer un ensemble cohérent d'idées sur lesquelles tout le monde, ou presque, pourrait s'accorder. Or, il n'en est rien, qu'il faille ou non le déplorer. Les 25 siècles au long desquels on a débattu de la démocratie, où on l'a défendue, soutenue, attaquée, ignorée, établie, pratiquée, détruite ou parfois rétablie, n'ont pas, semble-t-il, abouti au moindre accord sur les questions fondamentales qui la concernent. Paradoxalement, le fait même que la démocratie soit riche d'une si longue histoire a contribué à entretenir la confusion et le désaccord, dans la mesure*

---

[1] Henri BERGSON cité et commenté par NZENGE Alaziambina, *Intelligence et guerres. Essai sur la philosophie politique d'Henri Bergson*, Thèse en Philosophie, Faculté des Lettres, UNAZA/Lubumbashi, 1990, p. 84.

où le terme a eu des significations différentes pour des peuples différents, à des époques et en des lieux différents ».[1]

Il est donc déraisonnable, bien qu'on ne s'en rende pas compte, de se laisser engloutir par des idéologies d'un système inacceptable, qui n'a jamais fait ses preuves ailleurs dans des conditions semblables aux nôtres. Les intellectuels africains doivent donc penser concevoir des formes inédites de démocratie, appropriées aux diversités socio-spatiales africaines, au lieu de singer l'Europe dont la forme actuelle de démocratie est le fruit d'un processus de maturation à travers des siècles et dans des espaces socio-historico-géographiques bien différents de ceux de l'Afrique.

Les recettes démocratiques occidentales se trouvent de plus en plus contestées à domicile à la suite des confiscations ou même des violations avérées des libertés individuelles par des politiques démocratiquement élus, mais conseillés par des experts sans légitimité démocratique. Elles ne sont donc pas *universelles*, mais bien en voie d'être *universalisées* par la force ou le chantage sous toutes leurs formes, même les plus odieuses (militaire, politique, idéologique, économique, financière, diplomatique, morale, culturelle, médiatique, alimentaire, etc.). Liam Fauchard et Philippe Mocellin parlent, eux, de la fin des illusions de la démocratie participative.[2]

Y souscrire tête baissée, comme on le fait si naïvement à l'heure actuelle, c'est accepter de mordre à l'appât de ceux pour qui ne comptent que leurs intérêts essentiellement mercantiles. En RDC, l'homme congolais devra être au centre de toutes les préoccupations visant à y instaurer une quelconque démocratie. Il n'est pas profitable pour la communauté d'en ignorer les aspirations profondes en lui imposant des valeurs occidentales souvent porteuses de germes de catastrophes qui sévissent au pays depuis toujours. Pour emprunter la formule lapidaire d'E.-R. Mbaya, *« la démocratie ne s'exporte pas, elle surgit de son milieu ».*[3] Comme le dit Robert A. Dahl, *« tout comme le feu, ou la peinture, ou l'écriture, la démocratie a été inventée plus d'une fois, et en plus d'un endroit ».*[4]

En tout état de cause, l'État doit être suffisamment fort pour pouvoir agir discrétionnairement, non seulement pour fixer les limites des libertés publiques et individuelles, mais aussi pouvoir en déterminer les conditions d'exercice et de jouissance. Les pays émergents ont réussi à la suite de l'importance qu'ils ont accordée à leurs appareils étatiques dans le processus du développement. *« La compétition économique actuelle se caractérise par*

---

[1] Robert A. DAHL, *De la démocratie,* Nouveaux Horizons, Paris, 2001, pp. 2-3.
[2] Liam FAUCHARD et Philippe MOCELLIN, *Démocratie participative : progrès ou illusions ?,* L'Harmattan, Paris, 2012.
[3] E.-R. MBAYA, a*rt. cit.,* p. 266.
[4] R. A. DAHL, *op. cit.,* p. 9.

le fait que les pays en développement ont utilisé leurs propres structures étatiques en tant qu'instruments de réussite et en tant que moyen de réduire l'écart avec les pays développés ».[1] Seul un État fort peut promouvoir et défendre l'intérêt général, de même que seul, il peut déployer des moyens requis de contrainte et de persuasion en vue d'emmener les citoyens à adopter une discipline collective, gage d'une ambition collective de puissance. Il va sans dire qu'il ne doit pas s'agir d'exiger plus aux citoyens et peu aux dirigeants et aux élites, manipulateurs de la puissance publique. Bien au contraire, sans une élite dévouée avec abnégation à la noble cause publique, on ne pourra atteindre l'objectif recherché, car cela émousserait l'enthousiasme requis pour une discipline collective librement consentie.

Sur les élites

Face aux échecs enregistrés en matière de gouvernance publique et qui ont réduit le pays dans un état de morbidité spectaculaire, les recherches en profondeur devraient se pencher sur la classe dirigeante, héritière des idéologies des pères de l'indépendance et des Commissaires Généraux. A la suite de leur gestion, l'État congolais est réduit au niveau de ce qu'on a appelé *grandet béant trou noir* face aux voisins qui se débattent tant bien que mal pour ne pas occuper la queue des nations pauvres. La vie des citoyens se mène ici de manière de plus en plus végétative et incertaine, ce qui fait que la désobéissance civile et l'incivisme (avec tous les vices imaginables) s'érigent en normes de vie politique, tant au niveau des animateurs de l'appareil étatique à tous les échelons qu'au niveau des citoyens qui ne trouvent pas des raisons de consentir des sacrifices que leur imposent des dirigeants douteux.

Ici s'invitent les recherches en sciences historiques pour analyser les stratégies intéressées montées par les acteurs politiques dans l'exercice du pouvoir depuis l'époque coloniale jusqu'à nos jours. L'analyse de ces manières de gérer la chose publique pourrait mener à comprendre les comportements des acteurs politiques congolais et mener à d'utiles psychanalyses collectives. Pour bien nous orienter dans le futur, pour réaliser des prospectives politiques réalistes tenant compte des réalités objectives propres à notre environnement physique, économique et socioculturel, l'histoire devra nous renseigner sur le chemin déjà parcouru : connaître d'où l'on vient, où on est et ce que sommes-nous devenus du fait des actions humaines qui nous ont façonnés au cours des différents moments historiques, tout cela pourrait nous permettre de nous objectiver et *d'infléchir* nos manières de penser et d'agir aux foins d'adopter des comportements responsables.

---

[1] P. DOBRESCU, *op. cit.*, p. 320.

Il y a donc, on s'en doute, de grands défis lancés aux chercheurs en sciences sociales. Le pouvoir politique et son exercice, en tant que facteurs déterminants du devenir des sociétés humaines constituent des matières trop importantes pour échapper à l'investigation scientifique locale pour ne pas les laisser servir de champ à des pratiques irrationnelles.

Car l'irrationalité ne manque pas de caractériser les dirigeants congolais (dont moi-même) dont la propension à effectuer des missions à l'extérieur plutôt qu'à l'intérieur du pays les prive des connaissances sur les situations réelles que vivent leurs concitoyens. Il en résulte la sous-administration généralisée de nos entités tant rurales qu'urbaines. On comprend dès lors la déconnexion des réalités de terrain qui caractérise les Ministres-experts dont les honteux discours d'auto-surévaluation contrastent étrangement avec les réalités d'un sous-développement en développement, sensiblement vécu au quotidien.

Le droit

D'aucuns, spécialement les juristes, s'imaginent que le droit et le système judiciaire sont essentiellement l'affaire des seuls *diplômés en droit* qui, pourtant, ont reçu une formation déconnectée ne pouvant pas les rendre aptes à résoudre les multiples défis juridiques sans l'apport essentiel des sciences sociales. L'abondante production des juristes congolais reste, en très grande partie, moins le fruit de réflexions originales que le résultat d'une production scientifique de cueillette, consistant en compilation de textes mélangés, sur fond d'une logique propre aux doctrines piquées ci et là dans les bibles juridiques occidentales. Il s'agit, en fait, des *réflexions circulaires*, basées sur des *raisonnements par procuration*. Si bien que, lorsqu'il s'agit d'amorcer des réformes importantes, on a toujours recours à de lamentables expertises extérieures.

Qu'il s'agisse de la *Constitution* actuelle qui fait problème, de la *Loi électorale* imposée[1], de la *Loi minière*, de la Loi agricole, de la réforme des entreprises de l'État, de la Loi des Finances, des textes qui régissent plusieurs domaines importants de la vie sociale, tels l'enseignement, la recherche, l'économie, les services de sécurité, la justice, la diplomatie, la santé, la culture, etc., toutes ces dispositions légales et règlementaires ont été rédigées sous la supervision vigilante des experts étrangers infiltrés sous divers labels, onusiens ou pas : PNUD, FMI et Banque Mondiale, OMS,

---

[1] Un rapport de la CENI évaluant l'application de la Loi électorale sur la vie politique en RDC rend compte des dégâts sociopolitiques causés par le système de la *proportionnelle,* en grande partie responsable du dysfonctionnement des institutions issues des élections.

FAO, UNFPI, HCR, UNESCO, BIT, UNICEF, Union Européenne[1], USAID, Vatican, Fonds Mondial et autres fondations étrangères.

Toutes ces institutions étrangères sont partout vigilantes, interfèrent dans tout et ne laissent passer aucune occasion aux Congolais (et même les Africains) de réfléchir seuls sur leurs problèmes. Elles ont même instauré le système d'*agencification* qui consiste en la création des administrations parallèles qui, mieux outillées, paralysent les services traditionnels alors qu'elles vont disparaître dès que cessent les financements extérieurs épisodiques.

Or, on ne pourra bâtir un droit qui réponde à nos besoins que lorsque l'on aura compris la nécessité de recourir aux sciences sociales locales en vue de déterminer nos besoins en droit. Seuls les juristes doublés de scientifiques de la société provoqueront la naissance des doctrines juridiques nouvelles et d'un droit véritablement congolais, adapté, équitable, sécurisant et utile, générateur de progrès social. Ce n'est pas en s'inspirant de John Rawls, théoricien du libéralisme américain, qu'on pourra s'en sortir. Il faut consulter nos propres philosophes, pour peu qu'ils se détournent des voies des spéculations métaphysiques auxquelles ils ont été préparéspour s'orienter sur la voie des réflexions philosophiques plus concrètes, mieux ancrées sur nos réalités qui, j'insiste, sont différentes de celles des autres, maîtres du monde soient-ils !

On attribue généralement les performances de l'économie allemande (par rapport à celle boiteuse du voisin français)à deux juristes (Franz BÖHM et Hans GROSSMANN-DOERTH) associés à l'économiste, Walter EUCKEN. Le Gouvernement du Chancelier ADENAUER, après la guerre, s'est servi des travaux de cette équipe qui avait créé *l'école ordo libérale de Freiburg* en 1933. Celle-ci avait jeté les bases de ce qui s'appelle aujourd'hui *Économie sociale du marché* qui se préoccupe« *du sort du pouvoir privé dans une société libre... L'une des premières conclusions des travaux communs des économistes et des juristes de l'école de Freiburg avait été que l'absence d'un cadre juridique efficace et adapté avait conduit à la désintégration économique et politique de l'Allemagne. Tous étaient persuadés que le cœur du problème avait été l'incapacité du système juridique existant à empêcher la création et les abus de puissances économiques privées* ».

Il fallait donc mettre au point une *constitution économique* pour consacrer, structurer et légaliser un système consacrant les liens entre droit et économie, avec, en fait, une politique de régulation appropriée. Ce système

---

[1] Très rarement l'Union Africaine, dont le Modérateur désigné pour le Dialogue des acteurs politiques en RDC, M. Edem KODJO, est aujourd'hui combattu par la communauté des pays maîtres du monde !

intelligent résultant d'une collaboration savante des juristes et des économistes continuent, sept décennies après, à faire trôner l'économie allemande sur les autres.

La France, quant à elle, bloque les dynamismes de ses excellents scientifiques et ingénieurs créatifs et entreprenants par un système imbibé d'idéologies consacrées, ni pensées, ni objectivement évaluées, mais telles quelles*« inscrites dans la Constitution et dans les lois »*. C'est ce qui explique la lourde pesanteur des idées pas nécessairement vraies qui prévaut en France face à la souplesse des systèmes réfléchis des Allemands et des Britanniques.[1]

Suivant ce cas d'école, on comprend bien que l'ensemble de l'arsenal juridique et judiciaire d'un pays doit relever de *la nature des choses,* c'est-à-dire des réalités locales qui changent d'un milieu à un autre, d'une époque à une autre, d'un contexte à un autre. Il n'y a donc pas lieu de consacrer arbitrairement, comme ici, l'universalité d'un droit créé dans des contextes et milieux bien précis. Et qui, de surcroît, impacte négativement sur la vie nationale.

Il faut déplorer et dénoncer ce qui se passe en RDC où le droit romano-napoléonien a été transplanté par le système colonial. En effet, un produit calqué artificiellement sur les communautés congolaises et, en plusieurs égards, incompatibles avec les réalités congolaises fait office de droit et ne peut que mener aux effets et dommages déplorés par tous: codes et lois calqués (photocopiés et collés) et inadaptés, juridisme sclérosant, système judiciaire procédurier, mystificateur, injuste, corrompu et inefficace, logiques et argumentations juridiques aristotéliciennes, notions de preuves inopérantes et contournables dans une société de l'oralité, magistrature sous-payée et donc manipulable, procès et barreaux favorables aux plus offrants...

Sur tous ces faits, des études scientifiques sociales peuvent contribuer au rétablissement de la rectitude de notre droit, à l'humanisation du système judiciaire, à l'opérationnalisation efficiente des enquêtes criminologiques, à la lutte contre la corruption généralisée au sein de nos institutions, y compris dans nos cours et tribunaux, à la démystification d'un langage juridique archaïque, sophistiqué et inutile, à la réhabilitation d'une magistrature discréditée aux yeux des justiciables, à l'établissement d'une justice juste, équitable et sécurisant. En effet, dans cette atmosphère d'insécurité juridique et d'incertitude judiciaire, on ne peut rien espérer en termes d'investissements tant nationaux qu'étrangers.

L'univers carcéral constitue également un domaine qui doit préoccuper la recherche sociale congolaise. Il y a fort besoin de réformer la conception

---

[1] Lire à ce sujet Alain Peyrefitte, *Le mal français,* Plon, Paris, 1976.

de la prison, en la faisant passer de l'unique idée de peines à celle de rééducation pour de meilleures réinsertions sociales post-carcérales. En effet, la pratique actuelle, au lieu de les combattre, contribue plutôt absolument à renforcer des comportements déviants et délictueux.

Car, soit que l'emprisonnement endurcit les déviationnismes initiaux, soit qu'il pousse à la révolte les nombreux individus innocemment incarcérés comme prévenus ou même comme condamnés, les erreurs judiciaires étant trop courantes dans notre système judiciaire fortement débridé. Nos prisons sont souvent surpeuplées des personnes prévenues, donc, aux termes de notre droit, présumées (et souvent réellement) innocentes. Même dans le cas où il s'agirait des personnes coupables, les peines sont souvent disproportionnées, souvent plus dures pour les délinquants mineurs que pour les prédateurs avérés des biens publics. D'où la fréquence des récidives.

Le Code de la famille pose de sérieux problèmes face à la conception africaine de la vie familiale : âge de la fille majeure (dans les milieux ruraux, les filles non scolarisées se marient généralement avant l'âge légal fixé à 18 ans), succession (ici on hérite aussi la femme mère des enfants), monogamie (malgré la chrétienté, plusieurs hommes, dont les dirigeants, sont polygames, ouvertes ou hypocrites), etc.

L'efficience de toute technologie juridique est imputable à une meilleure connaissance des circonstances (temps, lieux et cultures) dans lesquelles on l'applique. Cette technologie sera d'autant plus efficiente qu'elle aura été élaborée sur base d'expériences historiquement vécues et systématiquement théorisées et non sur des copies et adhésions non pensées à des traités internationaux *souverainicides*. Le droit congolais doit pouvoir sécuriser, encourager, crédibiliser et promouvoir l'émergence nationale.

Les travaux de recherches doivent également précéder les adoptions des traités internationaux défavorables ainsi que les adhésions aveugles à des *machins* internationaux suspects auxquels le pays est poussé à souscrire sans conditions. Sans en nier les avantages éventuels, je regrette l'engouement de nos experts sans débat au traité OHADA. Conçu en France pour ses ex-colonies, celles-ci bénéficient de plus d'attention de cette puissance moyenne en termes d'investissements productifs, même s'il faut reconnaître que la RDC, affublée du titre vide de plus grand pays francophone du monde, bénéficie de l'appui de la France contre les tentatives de sa balkanisation par les Anglo-Saxons.

Il y a donc ici fort à faire en matière de mise sur pied d'un système juridique organisationnel fiable, motivationnel et sécurisant les uns et les autres, l'insécurité juridique étant un facteur de sous-développement chronique.

Administration publique

L'Administration publique congolaise, véritable champ d'études sociales, est plongée dans une crise profonde. Que de fois ne l'a-t-on pas dit et redit ? Cependant, les différents diagnostics établis à cet effet, souvent par des experts étrangers, reposent souvent sur des constats apparents du genre : mauvaise foi des dirigeants, pléthore du personnel, incompétence des agents, salaires de misère... Pourtant, les vraies causes de la sclérose administrative observée se trouvent enfouies dans l'essence même du système politique postcolonial, institué par des politiciens qui, de 1960 à nos jours, ont en commun un style de gestion politique incompatible avec les impératifs d'ordre, de principes, de discipline et d'orthodoxie financière propres à l'Administration.

J.-M. Mutamba relève, en ce qui concerne les Commissaires Généraux, par exemple, comment ces premiers universitaires au pouvoir ont « *découvert avec plaisir certains avantages liés à leurs fonctions : les véhicules et les logements de service, les frais de représentation, les jetons de présence, les indemnités de sortie. N'étaient-ils pas les nouvelles autorités ?* » Quand une lettre du Secrétaire Général des Travaux Publics et Mécanisation stigmatise l'abus dans l'utilisation des véhicules de fonction par certains Commissaires, ces derniers ont rechigné : « *Nous sommes de hautes personnalités, il faut éviter la perte de prestige !* ».[1] S'il faut ajouter à cela l'inconscience et l'absentéisme avéré de ces premiers universitaires au pouvoir, on comprend bien que les tares héritées de cette étape initiale continue à marquer les pratiques actuelles de gestion publique.

A partir des premiers coups encaissés lors de l'accession du pays à l'indépendance en 1960, l'Administration publique de la RDC a connu des soubresauts qui l'ont complètement désarticulée. Il existe des entités entières mal, sous ou carrément non administrées, tandis que les ressources tant humaines que matérielles sont inégalement réparties : elles sont pléthoriques à Kinshasa mais déficitaires à l'intérieur du pays. D'où la perte sensible de l'autorité et de l'efficience étatiques.

C'est dans ce contexte qu'il faut chercher à expliquer l'incompétence de l'Administration publique, caractérisée par des tares originelles tels la corruption généralisée, le népotisme, l'inefficacité, la neutralisation des services administratifs au profit des cabinets politiques, une justice à multiples vitesses, une diplomatie passive, la démotivation et l'absence d'assurance professionnelle, la clochardisation des agents et fonctionnaires, la sous-qualification des ressources humaines, le sous-équipement,

---

[1] Jean-Marie MUTAMBA Makombo, *Autopsie du gouvernement au Congo-Kinshasa. Le Collège des Commissaires Généraux (1960-1961) contre Lumumba*, L'Harmattan, Paris, 2015, p. 30.

l'inadaptation des cadres organiques mimés de l'extérieur... L'Administration qui aurait dû s'ériger en outil de développement constitue à ce jour un levier de sous-développement en se révélant nuisible, inutile, improductive et tracassière.

Il y a également de graves irrationalités à signaler dans le système de gestion territoriale du pays, marqué par le gigantisme prétentieux de l'Administration centrale kinoise, outrancièrement centralisatrice, asphyxiant littéralement les entités territoriales du Congo, trop vaste territoire pour être maîtrisé à partir d'une capitale mal située et coupée de l'arrière-pays faute de moyens de communications fonctionnels.

Cette situation soulève la question du mode d'organisation fédéraliste ou unitaire avec ou sans décentralisation, question laissée par des scientifiques aux seuls politiciens qui l'appréhendent, comme d'habitude, avec une légèreté déconcertante. Dans ce même cadre, le problème du découpage territorial devrait être appréhendé en vue d'enrayer l'idiotie administrative territoriale qui éloigne tant les centres de décision des masses administrées. Si les dernières opérations de découpage des provinces tendent à atténuer le déficit d'Administration, il y a fort à craindre des dérapages asphyxiants si des réflexions scientifiques n'interviennent pas pour soutenir et éclairer les politiques, comme c'est le cas jusqu'à ce jour.[1]

La crise qui frappe l'Administration congolaise est si profonde que des solutions de façade ne peuvent sauver le pays de la débâcle administrative que connaît le pays. Cela nécessite impérativement des actions réfléchies pour la rendre performante et opérationnelle au regard des objectifs politiques et des impératifs technico-scientifiques définis et arrêtés en vue de l'édification d'une Nation moderne et forte au cœur de l'Afrique.

Il y a donc ici également d'inépuisables volets d'études pour les chercheurs intéressés à l'Administration et à la fonction publique, aux fins d'instituer une science administrative congolaise opérationnelle. On pourra dès lors rendre l'Administration dynamique, au lieu de la laisser *« figée dans ses structures et ses habitudes...»* héritées de la période coloniale et la préparer *« à évoluer d'une culture de consommation vers un véritable culte*

---

[1] Lire à ce sujet Thomas MUNAYI Muntu-Monji, *Genèse et évolution des circonscriptions administratives et des entités politico-administratives congolaises (1888-2009. Quelques références pour une administration et un découpage territorial efficients,* EDUPC, Kinshasa, 2010 ; Adolphe LUMANU Mulenda Bwana-Sefu, *Les Provinces du Congo : 1888-2015. Création, démembrement, regroupement,* PUC, Kinshasa, 2016.

de la productivité et de l'excellence ».[1] La recherche de cette transformation constitue un des défis majeurs à relever.

Il faut aussi regretter le recours permanent à des coopérations étrangères chaque fois qu'un besoin de réforme s'impose. Souvent, les réformes amorcées répondent, non pas à des besoins formulés par l'élite locale, mais bien par des coopérations étrangères, généralement occidentales qui débarquent dès lors avec leurs espèces sonnantes, théories, experts, vélos, motos, automobiles, ordinateurs, logiciels, formules et recommandations.

On aboutit souvent aux phénomènes déjà relevés *d'agencification* qui consiste à créer des structures parallèles à l'Administration officielle. Ces agences, insolemment soutenues, disparaissent à la fin des financements de projets, après avoir affaibli la structure pérenne. On comprend dès lors les contreperformances accumulées par les systèmes administratif, éducatif, médical, minier, agricole, forestier, environnemental, judiciaire, sécuritaire, etc., tous massivement envahis par des partenaires aux compétences mitigées.

Theodore Trefon, dont je reconnais la pertinence des analyses sur la mascarade des réformes opérées en RDC, sans toutefois partager son ultra *Congo-pessimisme*, a fait une critique du dictat exercé par la Banque Mondiale sur le secteur forestier. En plus d'imposer un code forestier laxiste, elle a imposé ses hommes aux « *postes clés en tant que conseillers dans certains ministères, une situation pouvant être perçue comme un affaiblissement du processus de réforme de l'État. En effet, remplacer l'État, ou agir à sa place, ne développe pas ses capacités* ».[2]

Ces experts internationaux n'ayant pas de connaissance de base sur le pays, ne tiennent compte que des intérêts des coupeurs industriels de bois, foulant aux pieds la survie des populations riveraines dont la forêt, source vitale, est soumise à une impitoyable dévastation par ces assoiffés de bois sans compensation. Les soi-disant cahiers des charges soumis par des populations exposées aux *investisseurs* portent sur des revendications mineures, guère susceptibles de compenser les nuisances consécutives à l'abattage des arbres des forêts nourricières.

Ces revendications ne sont du reste que rarement respectées par des exploitants industriels très protégés tant par les experts internationaux que par des autorités locales, tant civiles que militaires, parfois à de hauts niveaux. Cependant, l'État ne se contente que des miettes que veulent bien

---

[1] Jules-César IBULA Mwana Katakanga et KAMBALE Kavunga, La réforme de l'Administration publique, in *Le Diagnostic*, Vol. 1, n° 00, Avril-Juin 1993, pp. 64-70.
[2] Theodore Trefon, *Congo, la mascarade de l'aide au développement*, Academia - L'Harmattan, Louvain-la-Neuve, 2013, p. 103.

lui verser ces entreprises sous forme de taxes et impôts, sans profits substantiels, d'autant plus que le bois est presqu'entièrement exporté sous la forme brute de grumes, sans la moindre valeur ajoutée locale, même pas au niveau de simples sciages aux sites où s'opèrent les coupes.

Ces considérations sont aussi valables pour le secteur minier. Ici, une législation minière laxiste met à l'abri des exploitants industriels peu scrupuleux, sans aucune considération pour les populations locales dont les terres nourricières sont mécaniquement creusées et remuées en vue de l'extraction de minerais, sans que cela ne soit compensé proportionnellement aux dégâts causés à l'environnement local et aux nuisances imposées aux communautés locales. Ici également, l'État congolais ne se contente que des miettes fiscales, les minerais extraits étant exportés sous sa forme brute, sans la moindre valeur ajoutée locale. Ce qui occasionne des pertes réelles en termes de recettes, d'industrialisation, d'emplois et d'expertises dont profitent d'autres pays, parfois voisins.

Je persiste sur l'idée que la création des institutions administratives doit répondre aux besoins locaux, tels qu'exprimés par l'élite locale chercheuse et non par le type d'universitaires complexés et copistes aujourd'hui en fonction. Le mimétisme institutionnel ne garantit rien en fait d'efficience, s'il n'est raisonné par des cerveaux locaux. Cette tâche revient indiscutablement à *« l'État, qui se doit d'être intelligent, et à une élite préoccupée non pas par son propre profit, mais par l'avenir de la communauté à la tête de laquelle elle se trouve ».*[1] L'Europe aujourd'hui se révèle incapable de se sortir de ses crises puisqu'elle a cru pouvoir résoudre ses problèmes en amenuisant les pouvoirs de ses États. Il s'avère qu'elle s'est trompée au vu des résultats engrangés par les BRICS qui émergent tous grâce au renforcement de pouvoirs de leurs États à la limite de l'autoritarisme, singulièrement en Chine et en Russie. Il est donc dangereux, pour un pays encore faible comme la RDC de céder dans des réformes antiétatiques.

Domaines économique et social[2]

> *« En définitive, c'est l'outillage qui résout les problèmes politiques... L'Histoire générale est l'Histoire des peuples qui ont de bons outils pour*

---

[1] P. DOBRESCU, *op. cit.*, p. 19.
[2] Inspiré alors par mon maître J. KANKUENDA Mbaya et plus tard par KABEYA Tshikuku, tous économistes de renom, je suis revenu sur la science économique dans tous mes ouvrages antérieurs. Je persiste et signe que c'est la plus fausse des sciences humaines enseignées en RDC en particulier. Cela serait tout aussi valable à travers le monde, comme l'attestent la série d'études y consacrées dont certaines sont citées ici.

retourner la terre et forger des épées ». (André Leroi-Gourhan)

Le domaine économique concerne la production et la distribution des biens et services dans l'espace géographique national, leur répartition équitable en interne ainsi que des échanges entrepris avec l'extérieur. En RDC, le secteur économique ne me semble pas avoir été appréhendé de manière vraiment intelligente. L'économie nationale a été imaginée, orientée et gérée sur fonds des postulats discutables mais non discutés parce que s'imposant à tous comme évidents.

Conformément au principe de la loi du marché selon lequel la hausse appelle la hausse et la baisse appelle la baisse, le tout réglé par une main invisible, toute la science économique est restée figée sur ces idées simplistes. Or, Samir Amin met en garde contre les idées simplistes qui, en général, tirent leur force virtuelle dans leur extrême simplicité. *« Une théorie de ce genre,* écrit-il, *n'aide pas beaucoup à rationaliser l'action ; mais elle a l'avantage de pouvoir être conciliée avec à peu près n'importe quelle intervention. Il ne s'agit donc pas d'une théorie qui réponde au moindre critère de la science, mais d'une affirmation idéologique pure et simple. Sa force tient à sa simplicité extrême... L'histoire nous donne quelques autres beaux exemples de l'immense force que des affirmations idéologiques simplistes peuvent avoir, dans certaines circonstances. La tâche de l'analyste consiste à découvrir la nature des circonstances en question et donc, non pas de savoir si l'idée simpliste qui a le vent en poupe est juste ou fausse (elle est toujours fausse), mais de savoir pourquoi elle paraît convaincante ».*[1]

Or, s'il est un domaine qui nécessite des réformes pensées en interne, c'est bien celui-ci, qui a trait à la production des richesses et aux échanges internes et externes y afférents, lieu de toutes les interventions dominantes, tant l'exploitation économique des pauvres par les riches intéresse les pays puissants et leurs alliés locaux. Plusieurs études ont démontré le caractère idéologique de la science économique dominante, sans que celle-ci ne se sente ébranlée. Bien au contraire, elle continue à jouer des rôles centraux dans la vie des Nations, malgré les erreurs commises, les échecs enregistrés et les catastrophes sociales induites. Les modèles économiques dominants, professés par une science économique contestée même par des économistes nobélisés et qui ressemble bien à de la métaphysique mathématisée, continuent à s'imposer au monde.

Si, dans les pays dits développés eux-mêmes, on déplore les effets du néolibéralisme arrogant, dans les pays pauvres, on en vit quotidiennement

---

[11] La couleur du logarithme, in *Bulletin du CODESRIA*, n° 3-4, 1998, pp. 39-40.

l'épouvante. Pourtant, la contestable science continue à régenter le monde qui, d'ailleurs, va toujours de moins en moins bien !

La RDC reste confrontée à des défis économiques tant au plan interne qu'externe. A l'intérieur du pays, les défis qui se posent sont essentiellement géoéconomiques pour une économie non productive, fondamentalement dépendante de l'extérieur et *dollarisée* à l'extrême. Il n'existe aucun pays au monde où les monnaies étrangères font concurrence à la monnaie nationale tout en la supplantant. Partout, c'est le dollar américain suivi de loin par l'Euro qui constituent les devises référentielles préférées, tandis que les monnaies des voisins pays voisins angolais, congolais d'en face, ougandais, rwandais, tanzaniens et zambiens sont utilisées dans les frontières respectives. Cette situation devenue normale n'émeut plus nos économistes formatés au respect du dollar américain. Je ne vois pas comment on peut avoir une politique monétaire de développement en ne misant que sur des monnaies étrangères, fussent-elles le Dollar ou l'Euro ![1]

En effet, la structure géoéconomique congolaise laisse transparaître une désintégration interne et une fragmentation en zones économiquement dépendantes des pays voisins. Dans mon livre consacrés à l'échec du système éducatif congolais, je décris des situations économiques défiantes en Ituri ainsi que dans le nord de la Province du Nord-Kivu, entités dépendant totalement de l'Ouganda dont la monnaie y est la plus prisée après l'américaine au détriment de la monnaie locale ; de même que la partie sud de la Province du Nord-Kivu et la Province du Sud Kivu relèvent, elles, du Rwanda, la Province du Tanganyika dépend, pour sa part, de la Tanzanie tandis que celle du Haut-Katanga, de son côté, respire du Sud-Africain via la Zambie. Quelle n'a pas été l'humiliation subie par l'État congolais lorsqu'une forte délégation congolaise (dont le Ministre de l'Agriculture !) s'est rendue en Zambie en vue d'en supplier le Président de bien vouloir autoriser l'exportation de la farine de maïs vers la RDC affamée, comme si le maïs ne pouvait pas être produit ici ! Toute honte bue, avec l'inconscience qui nous caractérise, l'événement a été fortement médiatisé comme un exploit de la diplomatie congolaise !

On assiste ce jour à une honteuse dépendance de Kinshasa envers les produits importés de l'Angola par la voie de la frontière de Lufu ! Les

---

[1] A ma connaissance, seule une publication nouvelle semble se préoccuper du fond de cet aspect capital de notre économie : Noël K. TSHIANI, *Vision pour une monnaie forte. Plaidoyer pour une nouvelle politique monétaire au Congo*, L'Harmattan, Paris, 2015.

mesures arrêtées dernièrement par les autorités angolaises visant à restreindre les exportations alimentaires vers la RDC ont étonnamment mis tout le monde en émoi : autorités publiques, agents de l'État, commerçants et consommateurs, alors qu'il se présentait là une opportunité qu'il fallait saisir pour relancer la production nationale des produits alimentaires et les vendre aux Angolais qui exportent chez nous des produits qu'ils importent eux-mêmes d'un lointain ailleurs.

Aucune réaction réfléchie n'est enregistrée de la part de nos différentes institutions ! Ni même de nos économistes ! Ni de nos intellectuels ! Encore moins de nos hommes politiques, plus obsédés de *constitution* et des *délais constitutionnels* que des problèmes qui rongent le pays ! En fait, toute l'élite congolaise se contente d'un attentisme suicidaire pour l'économie du pays, d'un effroyable défaitisme politique, si pas d'un fatalisme globalement arriérant. Ici, la fameuse *main invisible* agit en pleine liberté, tant les hommes se laissent mener passivement par elle.

Or une économie non régulée est une anti-économie. Les forces de la nature et les dynamiques sociales sont toutes destructrices par essence.[1] Seule l'intelligence humaine peut en limiter les dégâts ou même les transformer en forces positives, comme c'est le cas pour l'électricité issue de la domestication des forces hydrauliques hostiles ou des feux de natures diverses. Ce principe s'applique bien en économie qui des directives d'ordre politique. L'économie est trop importante pour la laisser aux seuls soins des économistes à l'expertise mitigée pour avoir été formés autrement.

Ce sont là les conditions qui permettront d'opérer de bons et utiles choix d'actions économiques de tous les opérateurs impliqués, en l'occurrence l'État, les producteurs publics et privés ainsi que les consommateurs internes d'abord, avant d'envisager les actions de coopération avec l'extérieur ensuite. Une économie qui, en interne ne produit rien pour se contenter des seules importations, se fait elle-même moribonde et se livre à une dépendance infernale qui finira par l'asphyxier et la noyer dans des situations de crises érosives à plusieurs têtes.

Action économique de l'État

D'où la nécessité d'interventions politiques à tous les niveaux qui se fait sentir dans tous les pays, les plus libéraux compris.

Avant toute chose, il faut se défaire des idées reçues en matière de développement, mot fétiche, mot fourre-tout, qui s'est imposé tant dans le langage courant que dans les programmes des pays, tous poursuivant un objet indéfini, désignant *« tantôt un état, tantôt un processus, connotés l'un*

---

[1] Lire à ce sujet Howard BLOOM, *Le principe de Lucifer. Une expédition scientifique dans les forces de l'Histoire,* Le Jardin des Livres, Paris, 2002.

et l'autre par les notions de bien-être, de progrès, de justice sociale, de croissance économique, d'épanouissement personnel, voire d'équilibre écologique ».[1] Il faut analyser ce concept d'un point de vue sociologique pour que soient éliminés toutes les prénotions et fausses évidences qui émaillent le sens commun. En s'en tenant aux seuls résultats observables des applications des politiques issues de la croyance au *développement*, on est contraint d'accepter le cuisant échec, tant dans le cadre de la lutte contre le sous-développement (qui se développe) que dans celui de la lutte contre la pauvreté (qui s'amplifie en se généralisant), développement et lutte contre la pauvreté étant issus du même moule idéologique, libéral et occidental.

Dans ce cas, à la suite de Rist, démystifions le concept en la définissant telle qu'elle se pratique et se vit : *« Un ensemble de pratiques parfois contradictoires en apparence qui, pour assurer la reproduction sociale, obligent à transformer ou à détruire, de façon généralisée, le milieu naturel et les rapports sociaux en vue d'une production croissante de marchandises (biens et services) destinées, à travers l'échange, à la demande solvable ».*[2] Il s'agit donc, en fait, de l'expansion de l'économie du marché dans le monde entier (mondialisation) dont le cynisme, affiché à ce jour à la faveur d'un retour au libéralisme sauvage et débridé qualifié de *néolibéralisme* par les latino-américains, n'a que faire ni des objectifs philanthropiques ni des principes *humanitaro-humanistes*.

On commet donc une grossièreté épistémologique en se contentant d'une conception du développement qui, de la traite à la mondialisation, en passant par la colonisation et la coopération, n'a jamais pu réaliser les objectifs philanthropiques déclarés. En effet, hier, on justifiait la traite des Noirs en vue d'évangélisation de ces peuples païens ; cet objectif a été réalisé au-delà de tous les espoirs, les Africains étant aujourd'hui plus christianisés (sans être plus vertueux) que leurs évangélistes d'esclavagistes !

Puis, on a justifié la colonisation des peuples sauvages par la nécessité de leur apporter la civilisation ; objectif réussi car, *civiliser* et *exploiter* allant de pair, les théoriciens de l'époque disaient :*« Civiliser au sens moderne du terme signifie apprendre aux gens à travailler pour pouvoir acheter, échanger et dépenser ».*[3] Plus concrètement, Cecil Rhodes, Administrateur colonial et homme d'affaires britannique qui laissa son nom à la Rhodésie, déclarait : *« L'idée qui me tient le plus à cœur, c'est la solution du problème social, à savoir : pour sauver les 40 millions d'habitants du Royaume-Uni d'une guerre civile meurtrière, nous les colonisateurs, devons conquérir des*

---

[1] Gilbert RIST, *Le développement, histoire d'une croyance occidentale*, Presses de Sciences Po, Paris, 2013, p. 35.
[2] *Idem*, pp. 40-48.
[3] Cité par Henri WESSELING, *op. cit.*, p. 169.

terres nouvelles afin d'y installer l'excellent de notre population, d'y trouver de nouveaux débouchés pour les produits de nos fabriques et de nos mines... Si vous voulez éviter la guerre civile, il vous faut devenir impérialiste ».

En ce qui concerne notre pays, les propos des officiels étaient parfois secs, comme le témoignent ceux du Gouverneur Général P. Ryckmans qui disait : « *Appelons les choses par leur nom. Placer son argent dans une colonie pour y réaliser des bénéfices, c'est faire une affaire tout à fait légitime... mais où la philanthropie n'a rien à avoir».*Pour sa part, le Gouverneur Général Pétillon avouait sans vergogne : « *C'est en fonction de nous-mêmes que nous avons relié les diverses parties de ce qui s'appelle aujourd'hui le Congo, par des moyens de communication divers, c'est pour nos besoins et ceux de nos travailleurs que nous avons provoqué des transports de produits et de vivres...»*Sur ce point, P. Joye et R. Lewin notaient, en synthèse, que« *la mise en valeur des richesses naturelles du Congo ne fut pas réalisée en fonction des besoins des populations qui habitaient ce pays. Elle fut accomplie pour de grosses sociétés capitalistes, pour quelques grands trusts dont le but était de gagner de l'argent ».*[1] Tous les moyens étaient justifiés par leurs fins : toujours plus de travail, plus de corvées, plus d'impôts, plus de portage, plus de main-d'œuvre et comme conséquence de tout cela, plus de bénéfices, mais aussi plus de police pour plus de répression.

Avec la décolonisation, les pays colonisés accèdent à l'indépendance, vécue plus comme un statut juridique fictif qu'une réalité sociologique concrète. Léopold II, Roi des Belges, fondateur du Congo Belge, n'avait-il pas souhaité que l'exploitation instaurée ne cessât guerre :« *Ayant travaillé uniquement pour mon pays, mon cœur souhaite qu'il profite de mon labeur et de mes sacrifices, non seulement pendant ma courte existence, mais de longues années après moi ».*

On inventa alors la coopération, sous le prétexte humanitaire de développer les pays sous-développés. A ce propos, Charles De Gaule était plus clair : « *Le changement de la colonisation en coopération moderne... apporte à la France, non seulement l'allégement de charges devenues injustifiables, mais encore de fructueuses promesses pour l'avenir ».*[2] Vingt ans après, son troisième successeur, le très tiers-mondiste F. Mitterrand, va clairement déclarer : *« Aider le Tiers Monde, c'est s'aider soi-même ».*On vantera dès lors la croissance, on parlera de macroéconomie, d'ajustements, de réformes, d'aides au développement... comme si c'était cela ce qu'attendaient les peuples désespérés, déchantés.

---

[1] Cités par P. JOYE et R. LEWIN, *Les trusts au Congo*op. cit., p. 56.
[2] Cité par le CEDETIM (Centre d'Études anti-Impérialistes*), L'impérialisme français*, Maspero, 1978.

Aujourd'hui, on parle de mondialisation pour lutter contre la pauvreté, alors même que cette pauvreté se généralise et s'incruste durablement, aussi bien dans les pays développés dominants que dans les pays *sous-développés* dominés!

Face à l'essoufflement du concept de développement dont les effets générés étaient tout le contraire des attentes suscitées, au moment où l'on s'apprêtait à sonner le glas du développement, à en entonner le *requiem*, les institutions onusiennes qui ne tarissent pas d'imagination ne se sont pas avouées vaincues. Elles ont mis sur le marché un concept nouveau, celui du *développement durable*. La question semblait ne plus se poser : le développement à l'occidentale avait réussi à occidentaliser le monde avec des effets collatéraux indiscutables : ouverture au monde, mais aussi déculturation des peuples sous domination, déstructuration des communautés, mauvaise répartition des richesses plus abondantes que jamais dans l'histoire de l'humanité, amplifications des inégalités entre citoyens, communautés, nations et régions dans le monde, destruction des environnements vitaux (air, eau, terre, climat, forêt, sous-sol...). Bref, *« à la pauvreté partagée succédait la misère importée; les bidonvilles remplaçaient les villages »*.[1] *La grande désillusion*[2] dont parle Stiglitz s'est ainsi dévoilée.

Cependant, l'implémentation malheureuse du développement avait donné lieu à la création de plusieurs organismes onusiens ou non, publics et privés, qui employaient beaucoup d'experts qui, par instinct de conservation des emplois menacés, *« cherchèrent à donner un nouvel élan à la notion de développement, de convaincre de son bien-fondé, d'inclure dans ses objectifs ce qui lui avaient jusqu'ici échappé pour qu'il devienne 'durable' et 'humain'... grâce à l'invention d'un oxymore qui allait faire fortune : le* **développement** durable *(ou* **soutenable***) ».*[3]

Le concept continue donc à faire fortune auprès de ceux qui les subissent sans discernement et, curieusement, ce sont les mêmes qui, hier professaient *du développement* qui inculquent aujourd'hui *du développement durable ou soutenable*. Et, comme toujours, ils sont écoutés tout aussi religieusement par nos experts, chercheurs et officiels. Cette nouvelle trouvaille repose sur un présupposé fort discutable selon lequel le genre humain, qui a détruit la nature et déséquilibré l'écosystème par son agir pour une survie vraisemblablement folle et injustifiée, peut, grâce à son

---

[1] Gilbert RIST, Que reste-il du développement ?, in Bertrand BADIE et Dominique VIDAL (Dir.), *Un monde d'inégalités. L'état du monde 2016*, La Découverte, Paris, 2015, pp.101-107.
[2] Titre d'un ouvrage de Joseph STIGLITZ, Nobel d'Économie, ancien Conseiller économique du Président américain, ancien Vice-président de la Banque Mondiale.
[3] Gilbert Rist, *op. cit.*, p. 103.

intelligence, assumer une croissance et un développement soutenables pour répondre à ses besoins présents (illimités), tout en préservant des ressources de la nature pour les besoins de survie des générations futures. La nature devrait donc être exploitée avec intelligence et délicatesse.

Ce postulat devrait impliquer une désindustrialisation généralisée du monde, une diminution drastique des besoins humains... objectifs qui, à mon sens, paraissent impossibles à réaliser dans un monde soumis à un système de compétitivité obsessionnelle entre les Nations, au risque, pour ces dernières, de se laisser surpasser ou même de se faire écraser par les autres. D'où des tergiversations observées de la part des pays industrialisés face aux objectifs limitatifs de puissance ainsi fixés. Tout ce qui est dit en matière de limitation de la prolifération des armes ou de préservation de la nature ou d'émission de gaz à effet de serre ne se traduit jamais en actes concrets.

Mais en RDC, comme d'ailleurs en Afrique en général, on est loin de vouloir s'interroger sur la pertinence des enjeux auxquels sont soumises nos nations. On notera par exemple que le Ministère congolais du Plan, depuis sa création sous Mobutu, ne se préoccupe guère de quelque stratégie nationale de développement autocentré. Bien au contraire, il s'est fixé pour objectif de gérer les hypothétiques et aléatoires ressources extérieures, les minables fonds de contrepartie, les réformes incapacitantes, les renforcements illusoires des capacités humaines, etc., en vue des micros projets conçus par des ONG essentiellement occidentales ou locales alliées dans le cadre des DSRP[1] endossés aveuglément par le Ministère et ses experts, facilitateurs des ONG étrangères, elles-mêmes courroies de transmission des idéologies du sous-développement.

Quant au Ministère de l'Environnement et ses différentes institutions conçues et imposées par les coopérations étrangères, de même qu'au sein de nos écoles supérieures où sont imposées les options massivement appuyées de *gestion de l'environnement,* on n'enseigne, respire, programme, projette... que de la COP 21 à laquelle la participation de la RDC, aujourd'hui deuxième et très prochainement premier *poumon de l'humanité*(nous apprend-on), a été des plus marginales ! On y a décrété le reboisement par les acacias, eucalyptus et autres arbres secs et stériles, au lieu des arbres

---

[1] Dans mon ouvrage *D'un État-bébé à un État congolais responsable*, j'essaie "*de dévoiler l'absurdité des directives reçues en matière de LCP (Lutte contre la pauvreté) et consignées dans le DSRP (Document de stratégie de lutte contre la pauvreté), document qui, en fait, ne change rien à la logique prédatrice qui appauvrit davantage ceux qui mordent à l'appât. En fait, l'objectif, ici, est de susciter un débat franc sur cette question qui concerne tout le monde et qui doit, par conséquent, cesser de constituer l'apanage des manipulateurs des chiffres non vérifiables et, donc mystificateurs."* (p. 93)

fruitiers, la RDC devant rester éternelle importatrice de nourriture, boissons et fruits importés !

Quant au Ministère de l'Agriculture et à celui du Développement Rural, on y peine toujours à définir des politiques agricoles et rurales osées, afin de faire passer la RDC du statut honteux et peu reluisant d'État quémandeur ou importateur de nourriture à celui de puissance alimentaire de l'Afrique.[1] On se limite à vanter le mégaprojet inutilement onéreux de Bukangalonzo dont j'entrevois difficilement la rentabilité, encore moins la pérennité, sans parler des nuisances sociales durement ressenties dans les zones environnantes, comme ce blocage observé en territoire de Bulungu dont les paysans ne voient plus les acheteurs qui s'y rendaient avec leurs véhicules pour l'évacuation des denrées alimentaires destinées essentiellement au marché de Kinshasa.

Au lieu de se fier aveuglement aux experts étrangers, on peut, à travers les recherches appropriées, beaucoup à apprendre des productions paysannes au niveau d'unités familiales, à l'instar de ce qui se passe en Thaïlande, devenue grande exportatrice de riz grâce à des mini exploitations familiales organisées et encadrées par l'État. En ce qui concerne les pays africains, Hugues Dupriez, lui-même coopérant à la retraite, invite à réfléchir sur les opportunités qui s'offrent. En effet, interroge-t-il, *« les choses les plus intéressantes pour le progrès des fermes familiales ne seraient-elles pas à portée de nos yeux et de nos mains ? Faut-il, pour que progresse l'agriculture au village, faire simplement confiance aux messagers venus d'ailleurs, qui ne connaissent ni le contour, ni la qualité des terres, ni leur chaleur ou leur fraicheur? Celui qui vient de loin et qui passe pour le temps d'un 'projet' donne-t-il autre chose qu'une simple parole? Est-il lui-même concerné pour sa survie par le message qu'il émet? »*[2]

Face à ces rouleaux compresseurs que nous font subir les théoriciens, technocrates et experts de la destruction de la nature et des peuples, face au triomphe sans partage du néolibéralisme, véritable religion des temps modernes, face à une classe dirigeante sans vision ni stratégie véritable, face à des conditions d'impuissance ainsi installée et entretenue, on n'a qu'une voie de secours, la seule possible et qui vaille vraiment la peine : la **recherche technoscientifique**. Celle-ci pourrait fédérer les savoirs relatifs aux objectifs économiques ainsi qu'aux modes de gouvernance appropriés, notamment en matière des politiques économiques et sociales à élaborer.

Je pense qu'il faudrait, face à la furie antiétatique générée par le *Consensus de Washington*, réhabiliter l'intervention étatique. L'État, comme

---

[1] Je suis revenu sur ce thème dans tous mes ouvrages antérieurs !
[2] Hugues DUPRIEZ, *Agriculture tropicale et exploitations familiales d'Afrique*, Terres et Vie, Nivelles, 2007, p. 4.

garant de l'intérêt général, peut seul imposer des choix économiques réfléchis, devant privilégier des investissements productifs et constructifs contre des investissements destructifs et de prestige[1]. La dollarisation excessive de notre économie, cas unique au monde, requiert une forte action volontariste de l'État.

Seule la protection par l'État peut permettre aux chercheurs locaux de jouir de la latitude requise pour des remises en cause des théories économiques dominantes qui ont littéralement foudroyé l'économie congolaise qu'elles ont séquestrée, soumise, faussée, affaiblie, fragilisée, voire paralysée. Seul l'État peut encourager l'élaboration des théories nouvelles susceptibles d'inspirer des pratiques nouvelles, utiles, saines et productives de richesses ainsi que des politiques distributives équitables. Cependant, il ne s'agit pas de n'importe quel État, surtout pas de ces États tenus par des dirigeants opportunistes et jouisseurs. Seul un État réellement responsable, animé par des personnalités responsables et volontaristes, rompus aux pratiques civiques et éthiques portées vers l'intérêt général, peut redonner espoir aux populations médusées, déçues par les promesses politiciennes locales, internationales, onusiennes (IFIennes) et locales.

Les États libéraux occidentaux eux-mêmes, dans l'impitoyable guerre économique[2] qu'ils se livrent, ne cessent de se reprocher mutuellement l'interventionnisme des États qui soutiennent activement leurs industries et leurs exportations respectives, tout en protégeant leurs marchés, contre les principes du protectionnisme qu'ils professent eux-mêmes et imposent aux autres. L. Abdelmalki et R. Sandretto[3] montrent comment l'État américain s'active pour protéger ses industries face à la concurrence de l'Union Européenne, du Japon et de la Chine qui en font autant.

Ces auteurs évoquent la fameuse exclamation musclée du Président américain B. Clinton qui, dans le cadre d'un *bilatéralisme agressif,* s'écriait : « *Je ne laisserai pas Airbus pousser l'Amérique à la faillite* ».Il réagissait ainsi contre les subventions européennes accordées au Consortium Airbus devenu le plus sérieux concurrent du constructeur aéronautique américain *Boeing*. Aujourd'hui, les politiques étrangères des grandes puissances se

---

[1] En son temps, la construction de l'immeuble inutilisable CCIZ, heureusement transformé aujourd'hui en Hôtel du Fleuve à coup de millions de dollars, aurait été troquée contre la construction de la route Kisangani-Bukavu ! Aujourd'hui, le bel immeuble prétendument intelligent (sans parking) à Kinshasa a coûté de quoi refaire des milliers de kilomètres de routes carrossables !
[2] Bernard ESAMBERT, *La guerre économique mondiale,* Ed. Olivier Orban, Paris, 1991.
[3] Lahsen ABDELMALKI et Réné SANDRETTO, *Politiques commerciales des grandes puissances. La tentation néoprotectionniste,* De Boeck, Louvain-la-Neuve, 2011, pp. 236-370.

focalisent sur la défense de leurs intérêts commerciaux respectifs. D'où les incessantes crispations qui caractérisent les relations entre ces nations à la fois partenaires et concurrentes en matière de commerce. Ces auteurs en concluent que, « *en tout temps, les États sont intervenus pour soutenir les industries jugées les plus importantes pour l'économie du pays et les plus susceptibles de stimuler la croissance économique ou de renforcer l'indépendance nationale... Depuis les années 1980, les politiques de 'Managed Trade' sont largement pratiquées par les grandes puissances commerciales, le plus souvent de manière discrète, mais ouvertement aux États-Unis* ».[1]

Le Japon, quant à lui, subventionne carrément son agriculture. Ainsi, « *pour garantir l'autosuffisance en riz, l'État japonais, depuis 1942, achète la récolte et la revend à perte aux consommateurs. Ce dispositif a encouragé la production de riz... a permis à de nombreux agriculteurs de se maintenir* » jusqu'en 2008. Pour assurer la puissance de la nation japonaise dont la devise est *Un pays riche, une armée forte*, « *faute d'une classe d'entrepreneurs assez puissante, le développement industriel est mis en œuvre par l'État qui crée,* de facto, *un capitalisme sans capitalistes. Les quatre grands conglomérats, ou Zaibatsu, qui se développent alors (Mitsui, Mitsubishi, Sumitomo et Yasuda) restent étroitement liés à l'administration. Ces caractéristiques perdurent encore en partie aujourd'hui. Elles font du capitalisme japonais un système fortement dépendant du rôle et de la prospérité de l'État* ».[2] Un véritable capitalisme d'État donc !

Les autres pays émergents d'Asie (Chine, Corée du Sud, Taïwan...) ont suivi la même voie de l'interventionnisme étatique, indispensable surtout en période de crise.

Peut-il en être autrement, ainsi que le souhaitent les multinationales, elles-mêmes génératrices des crises que seuls les États (les citoyens dont surtout les pauvres) assument ? Cependant, les mêmes Occidentaux nous conseillent la théorie suicidaire des *avantages comparatifs* que la RDC applique aveuglement, ce qui lui ouvre la porte à un auto-emprisonnement qui l'oblige à dépendre en tout et pour tous des importations. Rien, alors rien n'est entrepris dans ce sens, les experts s'étant carrément détournés des promesses électorales de 2006 et 2011.[3] Même pas une politique de relance de l'agriculture, dans un pays qui a hérité d'un solide système agricole et qui dispose d'opportunités inégalables en Afrique en cette matière ! Or, à notre connaissance, aucun pays au monde n'a atteint l'émergence par des

---

[1] *Idem*, p. 257
[2] *Idem*, pp. 323-324.
[3] Les *5 Chantiers de la République* et la *Révolution de la modernité*.

importations tentaculaires, sans une politique commerciale d'exportation des produits à forte valeur ajoutée.

Le Président KABILA vient ainsi de gaspiller son deuxième mandat (2011-2016) en se fiant de manière étonnante à une équipe gouvernementale faite d'une bande d'experts économistes apolitiques, arrogants, suffisants qui ont dévié le pays de l'élan reconstructif pour le conduire dans des voies ténébreuses d'équilibres et autres machins macroéconomiques aux effets non palpables. Cinq ans durant, la rhétorique publique officielle a proliféré en termes obscurs et en chiffres invérifiables, éloignés des actions constructives. Rien n'a été entrepris en fait de diversification des productions économiques restées telles qu'elles avaient été formatées, avec comme conséquence la dépendance quasi totale au secteur minier primaire pour les exportations et la dépendance absolue aux produits matériels et immatériels de consommation importés, nourriture et jeux compris. Il a été privilégié des constructions de prestige aux dépens de routes urbaines (sauf pour la ville de Kindu, et pour cause !) et rurales, aux dépens aussi des dépenses sociales et de promotion de l'expertise et de l'entrepreneuriat des nationaux.

La RDC a plus besoin aujourd'hui des dirigeants politiques actifs dans l'élaboration et la mise en œuvre des politiques publiques incitatives encourageantes pour les entrepreneurs nationaux dans tous les domaines de la vie sociale. Dans le domaine financier par exemple, les Congolais éprouvent plus de difficultés d'accès aux crédits bancaires, plus ouverts aux opérateurs étrangers. Couvertes par une tolérance intéressée des autorités publiques, les banques, toutes étrangères, installées ici imposent des taux d'intérêts prohibitifs, incompatibles avec les nécessités incitatives à la création des richesses nouvelles. Ce point mérite des études scientifiques spécifiques et approfondies. Et aussi des mesures étatiques favorables.

Il faut insister sur le fait que l'Occident, lui-même embourbé dans des crises inextricables générées par son mode de production ultra libéralisé, n'offre plus le modèle à imiter. Les États y sont faillis, quand on voit leurs dirigeants (qui disposent d'armes de destruction massive) agités, apeurés et désarmés face à des guerres asymétriques que leur livrent de petits *voyous* armés de bombes artisanales. Il faut donc innover, d'abord en matière intellectuelle. Une révolution intellectuelle s'impose donc de manière impérative. Une économie réellement politique reste donc à inventer ! Tout doit être repensé, même le sujet tabou de la planche à billet.[1] Il faut absolument des contre-recherches en économie !

---

[1] Lire à ce sujet E. BONGELI, *D'un État-bébé à un État congolais responsable* et *La Mondialisation, l'Occident, et le Congo-Kinshasa, op. cit..*

Économie rurale

C'est dans le cadre des études économiques qu'il sied de penser le monde rural. Gros porteur d'opportunités de création et de répartition des richesses, l'univers rural reste pourtant entièrement ignoré des politiques et stratégies globales de développement. Il en est résulté un abandon total des campagnes désertées par des bras productifs qui se transforment en bouches parasites à nourrir dans les villes. En revanche, les villes congolaises, surtout Kinshasa, se retrouvent avec un surpeuplement cancéreux.

Ce phénomène n'est pas l'exclusivité du Congo. J.M. Ela, parlant du fossé qui se creuse entre ruraux et citadins en Afrique, dénonce cette *« classe urbaine qui... tend... à confisquer à son profit et au détriment du milieu rural les investissements nationaux dans les équipements typiquement urbains. De fait, l'ensemble des flux des biens et des services existant dans les pays africains se trouve dominé par le milieu urbain. Dès lors, par son mode de production et sa constitution, la ville devient un facteur de dépérissement des campagnes. L'exode rural couvre en réalité l'incohérence des pouvoirs des minorités urbaines sur la majorité des populations rurales. C'est en ville que se trouvent les classes détenant le pouvoir d'exploiter le travail des paysans sous-payés. Les bas prix officiels des récoltes font obstacles aux marchés parallèles dont profitent les commerçants et les trafiquants privés. De la même manière, et avec aussi peu de scrupule, une partie des aides extérieures reçues par les États africains est détournée de son objet pour devenir une source d'enrichissement entre les mains des fonctionnaires corrompus ».*[1]

Ces concentrations humaines dans des entités urbaines non préparées et dépourvues d'infrastructures adéquates condamnent les populations actives à l'oisiveté et au parasitisme tout en privant les entités rurales de leurs forces productives. L'exode rural affecte sensiblement la production nationale et contraint le pays à d'inutiles, honteuses et coûteuses importations des aliments productibles localement. La RDC se retrouve ainsi astreinte à la pire des dépendances qu'est la dépendance alimentaire, au désinvestissement dans les secteurs productifs au profit des activités spéculatives improductives, à l'abandon destructif des infrastructures (routières, portuaires, aéroportuaires, ferroviaires, scolaires, sanitaires, etc.), au chômage généralisé, à l'aggravation de la pauvreté...

Les scientifiques doivent déceler toutes ces anomalies et incohérences et démontrer, en vue de prospectives, les gros avantages à tirer des politiques publiques rurales. En effet, tous les pays aujourd'hui développés, même les USA, sont partis de l'agriculture avant de se déployer dans d'autres secteurs. Le Sommet spécial du Conseil Européen tenu en mars 1999 à Berlin avait

---

[1] Jean-Marc ELA, *La ville en Afrique noire,* Karthala, Paris, 1983, p. 31.

renforcé la position de l'activité agricole en Europe : « *Le poste de dépenses encore et toujours le plus important au sein de l'Union Européenne est celui de la politique agricole commune qui subventionne largement l'agriculture européenne. Près de la moitié du cadre financier sera mis à la disposition de la politique agricole au cours des sept prochaines années* ».[1]

Au Congo Belge, l'Administration coloniale misait beaucoup sur le secteur agricole. Elle avait créé au Congo l'INEAC (Institut National d'Études Agronomiques au Congo), plus grand centre de recherche en agronomie tropicale du monde à l'époque dont les résultats ont enrichi la Côte-d'Ivoire, le Nigeria, l'Argentine ainsi que les Dragons d'Asie. Malheureusement, comme on a eu à le signaler plus haut, l'impressionnant héritage agricole colonial a été réduit en cendre à la suite du départ précipité des scientifiques belges, eux-mêmes terrorisés par le discours nationaliste extrémiste. Pire encore, les mesures irréfléchies de zaïrianisation prises par les dirigeants politiques assoiffés d'enrichissement facile ont fait basculer de grandes unités agro-industrielles dans des mains inexpertes des acquéreurs issus d'une classe politique inexpérimentée, improductive, faite de vils jouisseurs. L'économie agricole s'en est trouvée amputée et réduite au niveau de la production de subsistance.[2]

Pourtant, le monde rural offre d'immenses opportunités de décupler la richesse nationale et les emplois grâce, notamment, à : l'agriculture (cultures vivrières et pérennes, textiles...), l'élevage (des espèces connues, de nouvelles à sélectionner dans notre riche faune, diverses espèces d'abeilles, de la faune aquatique comme les crocodiles, les huîtres et autres poissons...), la sylviculture, la foresterie, la pêche, l'exploration scientifique des plantes utilisables (alimentaires, médicinales, cosmétiques, horticoles, ornementales et autres combinaisons chimiques...), les diverses autres activités scientifiques (portant sur la faune, l'hydraulique, l'électrification rurale, le génie rural, l'habitat rural, la conservation des aliments, l'économie agricole et rurale, les crédits agricoles...), le tourisme, etc. En tout état de cause, la production vivrière devrait bénéficier de toutes les attentions officielles, car il n'est de pire dépendance que l'alimentaire.[3]

---

[1]Markus Günter, Agenda 2000 : un train de réforme pour l'UE, in *Deutschland. Revue sur la politique, la culture, l'économie et les sciences*, n° 2/99, avril-mai 1999.
[2]Fernand TALA NGAI, *R.D.C. de l'an 2001 : déclin ou déclic ?,* ED. Analyses Sociales, Kinshasa, 2001, pp.183-189.

[3]BONGELI Y., La nouvelle politique européenne face à la crise alimentaire en Afrique , in *Analyses Sociales,* vol. II, n° 6, déc. 1985.

A ce sujet, note Hugues Dupriez, « *de tout temps, les cultivateurs et les cultivatrices d'Afrique ont apprivoisé la nature, obtenant d'elle les produits essentiels à leur existence : aliments, médicaments, fibres, bois de chauffage, outils, ustensiles ménagers ou instruments musicaux. Ils l'ont fait à leur façon, en se fondant sur l'expérience empirique, par essais et erreurs, comme tous les peuples du monde. Malgré tant de dégradations de la vie campagnarde, les agricultures paysannes africaines nourrissent une population nombreuse dans les campagnes, dans les villes et ailleurs dans le monde, et lui donnent du travail* ».[1] Ils méritent donc une attention réfléchie.

Le monde rural devrait fournir des matières premières pour une industrie agro-alimentaire diversifiée de taille modeste, à la portée des fortunes moyennes. La valeur ainsi ajoutée localement est censée contribuer à la rémunération des emplois ruraux générés, à l'augmentation des recettes rurales et des revenus individuels des ruraux (qui forment près de 80% de Congolais), ce qui, mieux que les mots d'ordre technico-politiciens, pourrait contribuer à lutter de la manière la plus efficace contre les souffrances sociales dues à l'extrême pauvreté généralisée tant en milieu urbain que dans nos campagnes.

Le développement et l'augmentation de la production rurale devraient promouvoir plusieurs secteurs d'activités comme les transports, les communications, le commerce, la construction, le génie rural, la mécanisation agricole, l'électrification et l'hydraulique rurales, l'éducation, le tourisme, les opérations bancaires, les coopératives de production et de crédit, le management, la véritable promotion de la femme, etc.

Sociologie des villes ruralisées

Parallèlement à ces prospectives sur le monde rural, on devrait également s'intéresser au surpeuplement de nos villes. En fait, rendre le monde rural attrayant entraînera, à coup sûr, l'exode urbain pour un retour au travail productif dans nos campagnes aux terres et eaux fertiles, nourrissantes et enrichissantes.

Le cadre de vie dans nos villes ruralisées devrait préoccuper les chercheurs en aménagement des espaces, en vue d'y répartir les espaces de façon à limiter d'inutiles et longs déplacements journaliers des personnes, de récréer des sites verts et récréatifs en vue des distractions saines, reposantes, constructives et instructives en lieu et place des loisirs abrutissants actuels essentiellement hédonistiques, de construire des logements sur de normes nouvelles conformes aux besoins de familles africaines généralement nombreuses, d'élargir les routes de plus en plus saturées, d'atténuer les nuisances dues aux facteurs générateurs des maladies (promiscuité, saleté,

---

[1] H. DUPRIEZ, *op. cit.*, pp. 4-5.

immondices...), de lutter contre la propagation des antivaleurs qui dépravent les mœurs de la jeunesse, etc.

En fait, les villes, lieux des grandes concentrations humaines, devraient constituer des entités hautement intelligentes car les fortes densifications démographiques imposent des intelligences multiples pour organiser les différents services que nécessite une vie communautaire optimale à plusieurs. Sans ce recours à des pratiques intellectualisées, on y fragiliserait les humains en les exposant à des nuisances parfois mortelles. On voit aujourd'hui comment la même tempête *Matthew* qui a causé un millier de morts et des dégâts matériels importants en Haïti comporter un bilan de loin moins lourd en Floride, région plus intelligente des États-Unis : solides infrastructures, mesures de prévention et de secours intelligemment préparées, ressources humaines formées prêtes à intervenir en temps réel.

Imaginons une catastrophe s'abattre à Kinshasa, ville peu intelligente, incapable même de se débarrasser de ses immenses et nombreuses monticules d'immondices, on y verrait le nombre de victimes décupler par rapport à des entités dont les habitants sont mieux formés intellectuellement. Continuer à vivre comme on s'y plait dans nos villes contribue à rendre notre existence moins certaine dans nos villes et cités à forte densité humaine.

Construire une économie forte

On devrait donc lancer des recherches multidisciplinaires afin de définir des politiques économiques appropriées en vue d'un relèvement autocentré du pays. On devrait penser scientifiquement comment organiser et renforcer le marché interne, comment diversifier les bases économiques, notamment en misant sur la production agricole au lieu de ne miser que sur les mines épuisables, comment relancer la production nationale, comment réaliser la transformation industrielle des produits agricoles, forestiers et des minerais, la construction des infrastructures routières et touristiques, le renforcement et la diversification des sources d'énergie, la refonte du système éducatif en rapport avec les besoins économiques nationaux, la prise en compte du social (santé, éducation, salaires...) dans les politiques économiques, etc.

En matière des statistiques économiques, les données économiques chiffrées ne sont pas fiables. Dans la production des statistiques, le constat est pire que partout ailleurs. Des fois, face à nos experts qui n'en présentent rien, ce sont les experts des Institutions Financières Internationales qui les *inventent*, de sorte que les estimations économiques du pays sont loin de refléter la réalité de l'économie réelle. Bref, nul domaine ne semble faire exception à cette règle. Tout le monde sait donc que les chiffres psalmodiés à longueur de journées par les membres de la non moins fameuse *Troïka stratégique* sont faux et ne reflètent aucune réalité vécue. Il faut donc penser à de vrais problèmes économiques qui sont tous des problèmes sociaux par excellence.

En ce qui concerne particulièrement l'industrialisation, il faut dévoiler le pacte anti industrialisation de l'Afrique décrété aux débuts de la colonisation, tel que l'exprima le Ministre *protectionniste* français de l'agriculture Jules Méline en 1899 au Congrès annuel de l'Association de l'Industrie et de l'Agriculture. Pour lui, il fallait *« décourager par avance les tentatives industrielles qui pourraient se faire jour dans nos colonies, obliger en un mot nos possessions d'outre-mer à s'adresser exclusivement à la métropole pour leurs achats des produits manufacturés, et à remplir, de gré ou de force, leur office naturel de débouchés réservés, par le privilège, à l'industrie métropolitaine ».*[1] René Dumont suspecte la reconduction de ce pacte lorsque, analysant les crédits FIDES remplacé par le FAC (Fonds d'Aide et de Coopération), il constate que ceux-ci ne prévoyaient, au début des années 1960, de ne financer que *« les études, la production agricole, l'infrastructure et l'équipement social. L'absence de toute rubrique relative à l'industrialisation était révélatrice. L'aide au développement aboutit ainsi à prolonger le caractère primaire de l'économie d'Afrique tropicale, à base agricole et extractive des matières premières ».*[2]

Pourtant, le Japon est devenu aujourd'hui la partie du *High Tech* grâce à une politique d'industrialisation amorcée dès le départ de son contact avec les Européens, avec le sérieux que l'on reconnaît aux Japonais, plus qu'aux Allemands. Face à l'échec du fordisme, le Japon amorce le *toyotisme* qui constitue *« un système intégré de production dans lequel les travailleurs sont liés à leur entreprise par une formation permanente et une participation active. On est proche d'une conception* artisanale *du travail, où dominent le souci de la tâche bien faite, la patience, l'indifférence au temps de travail. Les Japonais travaillent plus longtemps... ont la réputation d'être extrêmement sérieux, acharnés et perfectionnistes... vivent et travaillent comme des fourmis... continuent à travailler tout faisant grève, décidemment infatigables, incapables de s'arrêter et trop méticuleux pour être loyaux ».*[3]

La RDC, pour sa part, est restée totalement prisonnière de la politique limitatrice instituée par la colonisation et se retrouve aujourd'hui, comme je n'ai eu de cesse de le dire, totalement dépendante des importations de toute forme de pacotilles, y compris celles en provenance des pays voisins qui implantent des manufactures pour le marché d'une RDC restée passive en la matière. Il faut réagir intelligemment contre ce manège d'une industrialisation ratée, consolidée par nous-mêmes. Si le gouvernement des

---

[1] Cité par René DUMONT, *L'Afrique noire est mal partie,* Seuil, Paris, 2012, p. 37.
[2] *Ibidem.*
[3] Lahsen ABDELMALKI et René SANDRETTO, *op. cit.,* pp.321-323.

experts avait au moins tenu compte d'une des assignations de la Révolution de la Modernité qui portait sur le projet d'industrialisation du pays promis avec force pendant la campagne électorale, le pays aurait beaucoup gagné durant ces 5 dernières années gaspillées.

Il importe également de faire comprendre aux Congolais que le *social* ne va pas de soi si la richesse nationale n'est pas augmentée par le travail des citoyens. Le *social* ne peut que dériver d'un accroissement de la richesse nationale, de la vraie croissance économique, celle qui se traduit par des activités productives réelles versus la croissance comptable, sur papier tant vantée par l'autoévaluation gouvernementale. Toute promesse d'amélioration du social à partir du vide actuel ne peut que relever de la démagogie dont nos politiciens savent si bien se servir, surtout lorsqu'ils ne sont pas au pouvoir auquel ils aspirent obsessionnellement.

Le domaine économique, essentiel pour la survie de la Nation, est trop important pour ne relever que des seules compétences, du reste fort mitigées, des cerveaux formatés par la science économique néolibérale, avec ses axiomes, postulats, formules et tableaux mathématisés incompréhensibles et invérifiables. Il faut, pour les matières économiques, des études sociales globalisantes, holistiques, impliquant une transdisciplinarité conséquente.

Domaines de la diplomatie et de la défense

La diplomatie congolaise peine à se définir et à se positionner face à la géopolitique continentale et mondiale. Conforté dans son statut d'État-bébé, la RDC semble mener une diplomatie passive, situationnelle et acculée à la défensive. C'est le lieu ici de réaffirmer le statut de l'État-Nation comme sujet des tractations internationales, contrairement aux tentatives réussies (bien que souvent contestées) des stratèges de la mondialisation de l'anéantir, en l'instrumentalisant et en le dépouillant de ses attributs les plus régaliens, à travers les traités et autres conventions internationaux imposés, ayant préséance, parfois injustifiable, sur les législations nationales. Il faut donc, pour l'Afrique, générer une science nouvelle des Relations entre nations. Cette nouvelle science devrait ne plus se limiter aux analyses fonctionnalistes, institutionnalistes simplistes, stériles et lamentablement occidentalistes relevant d'une épistémologie systémiste sclérosant pour basculer dans le champ fécondant, dynamisant et globalisant de l'épistémologie sociologique et géopolitique.

Il est normal que les Occidentaux campent dans ce type de positivisme institutionnaliste. Les institutions internationales étant conçues et imposées par eux dans la juste mesure de leurs intérêts qui, souvent, divergent des nôtres, les chercheurs occidentaux n'ont aucun intérêt à dévoiler les vérités sociologiques des relations internationales. La lecture d'un ouvrage collectif, sous la direction de G. Devin[1], renseigne sur la mauvaise foi (certainement pas l'ignorance) des chercheurs occidentaux sur les questions de paix dans le monde, face à l'échec global de l'ONU en la matière, de même face à l'incapacité des appareils internationaux onusiens ou pas. Pour un Africain, rien ne peut paraître plus invraisemblable que de considérer ces appareils internationaux comme des *institutions qui font la paix*. Ce doute peut être aussi partagé par l'ensemble des non européens dans le monde, si on tient compte de ce qui se passe en fait de guerre dans les Proche et Moyen Orient ainsi qu'en Amérique Latine.

Ce qui est vécu des troupes onusiennes partout où elles sont déployées de force dément formellement la conclusion de B. Badie selon laquelle *« la paix n'est plus seulement une affaire d'équilibre de puissances. L'extinction de la bipolarité était là pour le confirmer. Distinguée désormais du bouclier militaire nécessairement national, l'idée de paix se globalise en même temps qu'elle s'humanise. Elle renvoie à l'idée de solidarité internationale et de promotion collective, se rattachant donc à l'idée trentenaire de biens communs qu'elle restaure et renforce »*. Rien n'est plus irréel. L'idéologue B. Badie n'a qu'à observer ce qui se passe aujourd'hui en Syrie pour revoir sa théorisation tronquée !

Ce qui est réel, c'est bien pourtant ce que dit l'auteur lui-même au début de son texte et qu'il balaie dans la suite : *« Tout semble annoncer, en ce début de millénaire, une crise sévère des institutions internationales. La politique irakienne des États-Unis a consacré le retour en force de l'unilatéralisme ; les opérations de maintien de la paix marquent le pas, après avoir connu une courte envolée au début des années 1990 ; les grandes institutions commerciales ou internationales sont sévèrement dénoncées, soumises à une contestation amorcée à Seattle et routinisée depuis. Tout semble accabler le multilatéralisme : limité par le souverainisme des États, soupçonné de faire le lit de la mondialisation ou de l'ultralibéralisme, accusé d'incompétence ou d'inefficacité dans les Balkans, en Afrique des Grands Lacs ou dans le Golfe de Guinée, au Proche et au Moyen-Orient »*.[2] On peut compléter en citant les cas antérieurs de la Corée, du Vietnam, de la Palestine, de l'Argentine (Malouines), de l'Angola, de le Somalie, etc., sans oublier les cas récents de la Lybie, du Soudan, du Sud-Soudan, du Mali, de la Côte d'Ivoire, de la Centrafrique, du Nigéria... Et les Congolais n'en savent que trop sur ce qui se trame en RDC sous la haute protection de la MONUSCO !

---

[1] Guillaume DEVIN (Dir.), *Faire la paix. La part des institutions internationales*, Presses de Sciences Po, Paris, 2009.
[2] Bertrand BADIE, in *idem,* pp. 267-271.

Quand on observe la guerre asymétrique que les *djihadistes* imposent à l'Occident, on est tenté d'établir une corrélation avec l'impuissance de ces institutions internationales sensées garantir la paix dans le monde, tout en étant soumises aux irrationalités des dirigeants bellicistes de l'Occident, qui ordonnent des bombardements aveugles dans les pays d'où proviennent ces kamikazes désespérés. Entre le porteur d'une bombe vivante artisanale qui vise une cible connue (le djihadiste) et un lanceur aveugle de bombes destructrices à large spectre (le Président français ou le Russe), on peut choisir qui pratique la légitime défense et qui agit en barbare ! Il y a donc là un défi épistémologique à relever qui recommande la reconnaissance des points de vue divergents en sciences sociales en fonction des intérêts du chercheur impliqué.

Un monde conflictuel

K. Marx a eu tort de tout focaliser sur la lutte des classes sociales, difficiles à identifier dans certaines sociétés, surtout avec les dynamiques actuelles qui induisent des mobilités socio-individuelles significatives. Par contre, il me semble plus vraisemblable d'affirmer que l'histoire de toute l'humanité est l'histoire de la lutte des peuples. Toutes les fois que certains peuples se sont sentis plus forts que les autres, la tendance naturelle était de chercher à écraser les plus faibles, à les soumettre aux lois, logiques et rationalités dominantes, à leur imposer culture, langue, système politique, vision du monde et autres pratiques... des dominants.

Ici, se vérifie, au niveau collectif, les principes de la raison du plus fort énoncés par le philosophe anarchiste Max Stirner (1806-1856). L'anarchisme de ce philosophe se base sur la thèse selon laquelle tout pouvoir doté de force garantit la jouissance du droit. Darwin a donné à ces principes une base (pseudo)scientifique. En apparence cynique, ces idées semblent énoncer ce qui se passe dans la vie sociale concrète. En effet, dans *L'unique et sa propriété*, l'auteur accorde une valeur inaliénable à l'individu, au Moi considéré comme seul réel. *L'unique*, c'est ce *Moi absolu*, c'est cet égoïste intégral qui écarte toute norme, toute règle, toute valeur qui ne soit fondée sur son propre épanouissement, sur sa propre jouissance. Tandis que la *propriété*, c'est tous les biens sur terre, considérés comme héritage de l'humanité (technique, production économique et culturelle) dont le *Moi* peut disposer librement, qu'il peut anéantir ou gaspiller comme bon lui semble, sans devoir se justifier.

Pour Stirner, « *l'humanité, la société, la vérité, le bien... autant d'abstractions démodées, autant de fétiches taillées de nos propres mains devant lesquels nous nous inclinons avec respect et dont nous acceptons dévotement l'autorité, comme les fidèles acceptent celle de leur Dieu. Ces abstractions n'ont cependant pas plus de réalité que les divinités de l'olympe ou les revenants dont s'émeut l'imagination des enfants. La seule réalité, c'est le moi individuel. Nous n'en connaissons point d'autre ».* Chaque individu, qui constitue une force indépendante et originale, un exemplaire unique en son genre, doit se dire : *« Je veux être tout ce que je peux être et avoir tout ce que je peux avoir ».*

Cet individualisme extrémiste aboutit à une conception de la vie sociale basée exclusivement sur le rapport de force : *« Tous les intérêts sont légitimes, pourvu qu'ils aient la force »,* ou encore *« celui qui a la force a le droit ; qui n'a pas celle-là n'a pas celui-ci ».* Celui qui attaque l'autre a le droit de le faire. Il appartient à la victime de se défendre, sans plus. Tous les principes, philosophiques ou religieux qui tendent à limiter les libertés humaines ne sont que de simples créations de l'esprit humain. Nul n'est tenu de les respecter impérativement. La terre appartient à qui sait la prendre et la garder. La société est une union des égoïstes, c'est-à-dire l'union d'individus égoïstes qui, conscients de leurs égoïsmes respectifs, ne viennent dans l'association que pour satisfaire, chacun, ses intérêts égoïstes, pour accroitre ses satisfactions personnelles. Il quittera l'union sans scrupules dès lors qu'il n'y trouvera plus de compte. Chaque homme dit réellement à son prochain : *« Je ne veux rien reconnaître en toi, ni rien respecter en toi, je veux... me servir de toi ».* C'est le type de société où règne la guerre de tous contre tous, où d'inévitables adversités sont tempérées par des alliances précaires, momentanées et opportunistes.

En réalité, Stirner dit les choses telles qu'elles se vivent. Le *moi individuel* peut se muer en un *moi collectif.* Ainsi, Stirner est non seulement le logicien de la société libérale où l'on prône le *chacun-pour-soi*, mais aussi le penseur-justificateur des systèmes concrets tels l'esclavagisme, le colonialisme, le napoléonisme, le totalitarisme Nazi, le néocolonialisme, sans oublier l'impérialisme euro-américain, œuvre d'un conglomérat de pays puissants qui dominent le monde et que, par euphémisme, on appelle *communauté internationale.* Tout est fondé sur le culte de la force des *moi collectifs*, incarnés par des races, peuples ou États supérieurs, des peuples forts qui s'arrogent tous les droits du fait de leur puissance et de leur supériorité sur les communautés plus faibles, esclavagisables et corvéables à merci.

Les notions d'essence moralisante de citoyen du monde, de communauté internationale, d'égalité de tous... n'existent que pour endormir les faibles à qui on fait miroiter un semblant de liberté ou de solidarité entre les peuples du monde tout en les maintenant dans l'esclavage et l'exploitation. Ainsi que le disait le Président Théodore Roosevelt (1858-1919), promoteur de la diplomatie américaine de puissance, aucun peuple ne peut espérer obtenir de la communauté internationale ce qu'il ne peut s'octroyer lui-même. Sans puissance, les Traités et Accords internationaux ne valent pas plus que le papier froissable ou brûlable sur lequel ils sont consignés.[1]

Aucun État n'a de devoir envers un autre État. Tout État n'a de devoir qu'à l'égard de lui-même et de ses membres. Ces devoirs, disait H. Bergson, se résument en un seul : « *Etre fort, devenir de plus en plus fort...La force est la seule mesure –entre les États, bien sûr– équivalente au Droit et le remplaçant ; aussi, plus un État sera fort, plus il aura des raisons d'être et de subsister*». Pour Nzege Alaziambina, « *le degré de personnalité d'une nation ou d'un État dépendra du degré de force dont il dispose* ».Plus un État sera fort, plus il aura des raisons d'être et de subsister.

Un État faible ne vivra que tant que le voudront les États forts. La justice entre États ne se conçoit point dans un contexte mondial où les plus puissants d'entre eux s'estiment en droit de faire sans remords ce qu'ils veulent quand il s'agit de défendre leurs intérêts vitaux, qu'ils soient stratégiques, économiques ou simplement hégémoniques ou sentimentaux. Nicolas Sarkozy ne sera jamais jugé pour avoir tué Kadhafi. Les officiels occidentaux ne seront jamais entendus pour de nombreuses pertes des vies humaines causées par des expéditions meurtrières, avec armes de destruction massive et aveugle, qu'ils envoient dans les pays dominés.

C'est la loi de la jungle qui régit ce monde fondamentalement violent, violence voulue par le fait même de sa création. Un lion qui tue une antilope et s'en régale ne se reproche de rien : ou il le fait pour se nourrir et vivre, ou il s'en prive et meurt de faim! L'Occident se sert de ce principe sans remord. Ainsi, les USA se sont servis de prétextes reconnus fallacieux pour lancer, sans attendre le quitus de l'ONU, l'expédition militaire destructrice de l'Irak de Saddam Hussein.

Les dirigeants bellicistes français, britanniques et russes agissent de la même façon dans différents champs d'opérations militaires ouverts par eux dans le monde. Ils n'en éprouvent aucun regret, même si cela a donné naissance au mouvement État Islamique qui menace asymétriquement l'Europe dont l'Union est à présent divisée sur les questions des mouvements migratoires en provenance des pays autrefois stables qu'ils ont déstabilisés. Les médias occidentaux ne pointent jamais ces dirigeants qui devraient être accusés véritables de crimes commis contre l'humanité. Encore moins les cours pénales internationales où ne se retrouvent que de minables dictateurs africains dont les crimes, comparés à ceux des maîtres du monde, se révèlent insignifiants.C'est aussi une question de gros sous car l'industrie de l'armement se porte bien, très bien même. En France, par exemple, où l'on voit un Président de la République harcelé dans les sondages récupérer les points perdus en exhibant les avantages liés aux ventes d'engins militaires français à l'étranger !

---

[1]Henry KISSINGER, *op. cit.*.

Toutes les organisations internationales ont été créées pour répondre aux besoins en domination des pays puissants. Ainsi, même si cela ne paraît pas visible, le camp occidental connaît d'interminables crises internes : USA contre les autres avec l'appui de la Grande Bretagne, l'Allemagne contre la France, les deux contre les autres pairs de l'UE, l'Italie du Nord riche contre l'Italie du Sud pauvre, l'Allemagne contre la Grèce, etc.

Il est donc illusoire de tabler sur l'égalité des Nations, pas plus que de miser sur la philanthropie des aides internationales, du reste *fatales*.[1] Ici, entre Nations, seuls les intérêts priment. Le semblant d'amitiés qui se nouent dans les règles de l'hypocrisie diplomatique ne change rien au rapport de force. Les forts s'arrangent entre eux pour que les conflits armés se déroulent en dehors de leurs territoires respectifs, mais bien dans les territoires des nations faibles et soumises.

Ce sont là des éléments pouvant constituer des fondamentaux d'une science des relations internationales concrètes. Celles-ci sont enseignées dans nos universités comme si les expériences nationales et internationales des relations entre les nations ne servaient à rien. Or les vécus quotidiens des Nations soi-disant égales contredisent les vérités théoriques enseignées, surtout en ces périodes cruciales de guerres multiples et multiformes commanditées par les puissances au sein des pays pauvres arbitrairement traités de *voyous*, terroristes, barbares... Le droit international, le droit international humanitaire, le droit de la guerre, le droit des peuples, les droits de l'homme, les droits de la femme et de l'enfant, les Chartes et autres Traités de l'ONU et consorts, tous ces textes que méprisait T. Roosevelt, père de la diplomatie américaine de puissance, révèlent leurs limites et se dévoilent comme écrits dont la valeur ne vaut pas plus que celle de la paperasse sur laquelle ils sont gravés.

Élaborés sur mesure par des pays dominants, ceux-ci n'hésitent pas à les violer chaque fois qu'ils sentent leurs intérêts en jeu. Ce sont des faux droits, dirigés contre les faibles. Des concepts à connotation philanthropique tels le respect des droits de l'homme, le droit d'ingérence humanitaire, le droit international humanitaire, le droit des réfugiés, le respect de la démocratie (qui, jusque-là, n'apporte toujours rien à l'Afrique), le droit de ceci et de cela... ne sont que de nouveaux prétextes justificatifs de l'interventionnisme intéressé et souvent meurtrier que l'Occident triomphant exerce sur le reste de l'humanité.

Au lieu donc de se fier à des droits, traités et pratiques diplomatiques auxquels leurs propres géniteurs ne croient pas, il y a lieu de forger une science des relations internationales concrètes, en la basant sur des

---

[1] Lire à ce sujet Dambisa MOYO, *L'aide fatale. Les ravages d'une aide inutile et des nouvelles solutions pour l'Afrique,* JC Lattes, Paris, 2009.

recherches scientifiques des relations concrètement vécues par des Nations inégales. Cela implique que soient remises en question toutes les théories en la matière et que soient élaborées des bases épistémologiques nouvelles fondées sur des paradigmes nouveaux, exploitant des données de la diplomatie concrète, telle qu'elle se pratique (sous la forme officieuse de *diplomatie secrète* qui est la seule agissante et productrice d'effets) et non telle qu'on nous la présente, en toute hypocrisie quelquefois criminelle, formatée dans les écrits académiques ou à travers les puissants et ubiquistes médias occidentaux.

Ce n'est qu'à partir des connaissances ainsi acquises que pourront être établis les fondements d'une diplomatie africaine et congolaise réaliste, qui tienne compte de nos forces et faiblesses réelles et de nos intérêts réels historiquement définis. C'est en tablant sur des forces réelles que nous saurons évaluer notre pouvoir effectif de négociation, fondement d'une diplomatie réaliste et agissante. Ainsi, par exemple, si pour l'Occident, l'ONU est présentée comme l'organisme chargé d'assurer la paix dans le monde, les autres nations devraient la définir, selon un paradigme élaboré à partir de l'observation des faits sur le terrain de son déploiement dans le monde. Pour les pays faibles, l'ONU ne serait-elle pas ce *machin au service des...* dont parlait le Français Charles de Gaulle, outré par l'impérialisme américain contre la France sortie affaiblie par la guerre.

La diplomatie serait dès lors comprise comme le domaine où s'opère l'hypocrisie du philanthropisme de l'Occident *humanitariste* qui a institué la Croix Rouge, le HCR, le PAM, l'OMS, l'UNICEF et d'autres organisations onusiennes ou celles dites humanitaires (Amnesty International, Médecins Sans Frontières, Human Right Watch et autres *machins*...) pour panser les plaies ou essuyer les larmes provoquées par les armes qu'il fournit, les guerres qu'il provoque, la famine qu'il instille, les pouvoirs totalitaires qu'il installe et entretient... bref, la misère et le sous-développement qu'il impose à travers un processus de mondialisation envahissante et imparable, savamment pensée.

Il faudrait aussi, dans les analyses nouvelles, intégrer le fait de l'évolution des pôles de croissance qui passent de l'Ouest (Occident) à l'Est (Asie), tout en retenant que les puissances occidentales disposent encore pour longtemps de grandes capacités de nuisance et, donc, détiennent encore et pour longtemps les rênes de la domination. Les choses vont certainement évoluer autrement si l'on considère que les guerres alimentées contre le monde arabe génèrent des réactions *asymétriques* inattendues contre une Europe aujourd'hui secouée en son sein et visiblement surprise et dépassée par l'ampleur soudaine des migrants arabes, dont certains emportent dans leurs sacs et cerveaux des tonnes d'explosifs aux fins de semer la terreur dans un Occident lui-même terroriste hors Europe. Face à des feedbacks aussi inattendus au terrorisme d'État pratiqués par les pays occidentaux dont les actes sont *légitimés* par les droits et traités internationaux taillés sur mesure, on doit certainement s'attendre à de nouveaux consensus mondiaux pour de nouveaux équilibres géopolitiques.

Nos chercheurs doivent penser la réinsertion positive de l'Afrique en général dans le nouvel ordre mondial qui en sortirait, au lieu de le subir, comme cela a toujours été le cas.

Guerre

> *« Ce qu'il y a de pis, c'est que la guerre est un fléau inévitable ».* (Voltaire)

La guerre devrait également préoccuper le savant congolais. Elle est certes exécrable et non souhaitable, mais elle n'en est pas moins naturelle, inéluctable, imparable. En connaître les causes et les effets, en étudier les moyens de la contourner, de la prévenir, de s'y préparer ou de l'affronter… doivent préoccuper prioritairement les chercheurs congolais.

Pour éviter les guerres pouvant surgir à tout moment et en toute circonstance, soit pour des raisons objectives, soit pour des motifs purement émotionnels et sentimentaux, les hommes ont mis au point des techniques de négociations. Cependant, celles-ci n'étant pas rassurantes, souvent du fait de l'arrogance voire de l'outrecuidance des plus forts, chaque Nation responsable, la Suisse neutre comprise, s'impose le devoir de se doter obligatoirement d'une armée et des services secrets appropriés en vue de la défense du territoire, tant en interne que vis-à-vis d'éventuels prédateurs externes. Les problèmes liés à l'armée et aux services de sécurité méritent donc que des scientifiques s'y penchent en vue des pratiques d'institutionnalisation conséquentes en la matière. Pour la Nation congolaise, avec son immense territoire et ses ressources naturelles convoitables, ses longues frontières avec ses neuf voisins potentiellement hostiles, ses élites intellectuelles aliénées et manipulables, la défense est une question de vie ou de mort.[1]

Il est dommage que l'on cache aux Congolais l'inéluctabilité de la guerre en les brouillant avec une série de formation idéologico-religieuse sur la paix, le pacifisme contre le bellicisme pourtant nécessaire pour se protéger contre d'éventuels agresseurs, tous les autres pays devant être considérés comme virtuels ennemis potentiels[2]. Voltaire disait : *« Ce qu'il y a de pis, c'est que la guerre est un fléau inévitable ».* La paix est une souhaitable bonne chose, mais c'est aussi la chose la plus fragile chez les hommes car, à

---

[1] Lire notre *Sociologie et sociologues africains…, op. cit.*.
[2] Les ONG commises à ces missions endorment les Congolais au même moment où l'Occident qui les finance livre des armes aux voisins pour affaiblir la RDC !

tout moment, des circonstances fortuites peuvent la briser et faire appel aux instincts les plus bestiaux de l'homme qui, en temps de guerre, valorise tout ce qu'il peut imaginer en fait d'atrocité à l'encontre de l'autre conçu comme ennemi. A ce sujet, Paul Henri Dietrich baron d'HOLBACH disait : *« Si quelque chose semble devoir rabaisser l'homme au-dessous de la bête, c'est sans doute la guerre. Les lions et les tigres ne combattent que pour satisfaire leur faim ; l'homme est le seul animal qui, de gaieté de cœur et sans cause, vole à la destruction de ses semblables, et se félicite d'en avoir beaucoup exterminé ».*[1]

Rendant les idées de H. Bergson qui a beaucoup théorisé sur la guerre, François Reboul note ceci sur la bestialité humaine en temps de guerre :*« En temps de paix, nous considérons la guerre comme immorale. La morale vise en effet la préservation, voire la promotion de la vie humaine ; la guerre, au contraire, sa destruction ou sa soumission à la force brutale. Or, nous avertit Bergson, cette opposition confortable et réconfortante s'écroule en temps de guerre. 'Le meurtre, le pillage, la perfidie, la fraude et le mensonge ne demeurent pas seulement licites, ils deviennent méritoires'. Il convient donc de ne pas trop écouter la société quand elle nous dit que nous avons l'obligation de respecter les hommes, 'il vaut mieux, affirme Bergson, pour savoir ce qu'elle pense, regarder ce qu'elle fait'. Quand elle désigne certains comme des ennemis, elle met tout en œuvre pour que, vis-à-vis d'eux, chacun sacrifie tout à cette « ardente obligation de détruire et de mépriser l'ennemi» et le refus de le faire est alors dénoncé et réprimé par elle « comme un acte de trahison, passible des plus graves sanctions». Il nous faut en convenir : « Nos devoirs sociaux visent la cohésion sociale ; bon gré mal gré, ils nous imposent une attitude qui est celle de la discipline devant l'ennemi». La société se constitue et se maintient sous et par la menace de la guerre. Or, si l'on admet que la société est l'état naturel de l'homme, il est permis de penser que la guerre est naturelle, c'est-à-dire nécessairement liées à l'existence sociale de l'homme. La guerre serait doublement nécessaire. Elle découlerait logiquement de la nature de la société et de l'homme en tant qu'animal politique selon la définition aristotélicienne. Elle serait pratiquement indispensable à la formation et à la pérennité de la cohésion sociale... »*[2]

E. Njoh Mouelle[3] revient sur cette conceptualisation de la guerre par Bergson, à la suite de Hobbes pour qui le monde vit dans une situation de la guerre permanente de tous contre tous, contre Rousseau pour qui l'homme naît naturellement bon. Bergson affirme que la nature prédispose les

---

[1] *La Morale universelle II*, Amsterdam M.-M. Rey, 1776, p. 9.
[2] Sur Internet.
[3] Ebénézer NJOH MOUELLE, *Henri Bergson et l'idée de dépassement de la condition humaine*, L'Harmattan, Paris, 2013, pp. 81-91.

individus à l'autoprotection. La quête de la cohésion sociale dans une communauté ne se justifie que par le besoin de protection commune. *« La cohésion sociale est due en grande partie à la nécessité pour une société de se défendre contre d'autres et... c'est d'abord contre tous les hommes qu'on aime les hommes avec lesquels on vit ».* La nature qui prédispose l'homme à la *férocité* et à la *monstruosité* est elle-même qualifiée par Bergson de *« massacreuse des individus en même temps que génératrice des espèces ».*

Plusieurs facteurs conflictogènes, note A. B. A. Mashimango[1], tant internes qu'externes, peuvent mener les communautés à s'affronter. Ces rivalités bellicistes peuvent prendre des dimensions diverses au niveau national ou transnational : entre États, entre nations, entre peuples, entre ethnies, entre religions, entre groupes sociaux, entre individus, etc. On observe de plus en plus des guerres par procuration, quand les puissances évitant de s'affronter entre elles, délocalisent les combats en terres étrangères, dans les nations faibles généralement. La Syrie en fait l'amère expérience aujourd'hui, quand les rivalités entre Américains et Russes dans les métropoles éloignées se concrétisent par des pluies des bombes contre les populations syriennes sous divers prétextes.

Il existe aussi des guerres asymétriques, lorsque les faibles utilisent des stratégies terroristes ou de la guérilla pour affronter les forces ennemies disproportionnellement plus puissantes. Les pays occidentaux hyper sécurisés paient aujourd'hui les frais de leur politique hégémoniste et belliciste en faisant la cible des attentats terroristes qui s'amplifient en se complexifiant de manière imprévisible.

En RDC, le plan occidental de balkanisation du pays dénoncé en son temps par Lumumba a connu un début d'exécution par l'agression commanditée (par l'Occident) de l'Ouganda et du Ruanda contre elle. Les rivalités entre ces deux voisins ont également donné lieu à l'affrontement de leurs troupes en terre congolaise, notamment à Kisangani alors livrées sans défense aux balles étrangères ennemies.

La guerre peut donc revêtir des formes variées, y compris psychologique, et peut frapper n'importe quand, faisant usage de n'importe quel type d'armes dont peut disposer l'ennemi. Qu'elle soit défensive ou offensive, la guerre ne choisit pas de moment. Elle peut s'annoncer ou surprendre. Il faut donc s'y préparer à tout instant pour éviter de se plaindre passivement d'en constituer la victime expiatoire. Toute morale qui s'écarterait de cette assertion évidente, si cynique paraisse-t-elle, n'est qu'une façon d'affaiblir un peuple, à l'instar de ces formations multiples non contrôlées distillées par les ONG occidentales sur la paix ou la résolution des

---

[1]Abou-Bakr Abelard MASHIMANGO, *La dimension sacrificielle de la guerre. Essai sur la martyrologie politique,* L'Harmattan, Paris, 2012, pp. 64-102.

conflits à des populations agressées par d'agresseurs armés par le même Occident.

C'est dans cette logique qu'il faut qualifier les actes de violences subis par nos compatriotes dans les différentes zones envahies par d'interminables conflits armés (meurtres, massacres, viols massifs, mutilations corporelles, humiliations, pillages massifs...). Les recherches scientifiques doivent opérer dans ce paradigme et non recourir à des philosophies morales découlant des angélismes révélateurs d'ignorance sur la nature belliciste de l'homme. Ceci devrait déboucher sur les formations à la guerre en vue de préparer les citoyens à s'assumer en cas de nécessité. La guerre est, je le répète, une situation indésirable à laquelle on doit se résigner lorsqu'elle survient. Tous les moyens intelligents devront être utilisés pour ce faire.

Si nous nous revendiquons humains comme les autres, nous devrons pouvoir transformer les forces naturelles hostiles en forces bienfaisantes. Comme les violents courants d'eau que l'intelligence humaine transforme en électricité bienfaisante, la guerre peut aussi, pour les peuples intelligents, générer des effets bienfaisants. Elle a rendu fortes des Nations autrefois vaincues, humiliées, voire spoliées. Ainsi, les Allemands ont eu à remercier Napoléon de les avoir humiliés et, par réaction, poussés à l'ambition de puissance, surtout avec un Hitler qu'à leur tour, les Français ont remercié de leur avoir ouvert les yeux sur la nécessité de construire leur propre force défensive. Plus près de nous, on voit l'Angola entretenir l'armée la plus forte d'Afrique noire, après des décennies de guerre civile alimentée par des intervenants étrangers. Même chose pour le Rwanda, petit pays très respecté grâce à sa puissante armée disciplinée et aguerrie, après le génocide vécu dans les années 1990 par les populations Tutsi.

En RDC, tout porte à croire qu'aucune leçon n'a été tirée des agressions externes et rébellions internes subies. Victime souvent présentée en bourreau par la magie des communications des ennemis appuyés par l'ONU et la communauté des Nations fortes, l'Etat congolais et ses intellectuels éparpillés et inconscients ont du mal à faire accepter le fait réel que les populations congolaises, après avoir payé au prix fort la facture de la guerre froide en constituant le bouclier contre le communisme qui menaçait de s'étendre en Afrique à partir de l'Angola, font aujourd'hui les frais des plans funestes de sa balkanisation fortement envisagée par les *États-phares* du monde.

L'existence menaçante de 9 voisins manipulables contre la RDC est loin de susciter une conscience défensive des Congolais, plus que distraits aujourd'hui par la vile jouissance en lieu et place des réflexions stratégiques pour la survie de la Nation congolaise fragilisée ; distraits aussi par la confusion des croyances religieuses d'inspiration chrétienne occidentale distillées par des sectes incontrôlables qui font foison, les débats plats et stériles de frivoles politiciens en mal de positionnement, la cueillette institutionnalisée, les politiques éducatives incapacitantes, les mimétismes institutionnels paralysants, les discours économiques mystificateurs et destructeurs, etc. Bref, face à des menaces potentiellement effectives, les Congolais adoptent des comportements visiblement déraisonnables frisant l'irresponsabilité collective. Un exemple : lorsque la poudrière de Brazzaville avait explosé, faisant sentir à Kinshasa la puissance des bombes y entreposées, je n'ai pas vu les Congolais s'interroger sur la cible visée lors de la commande de ces puissants engins mortels et de leur entreposage sur la rive droite du Fleuve Congo à Kinshasa ! Aucun débat ne me semble avoir été engagé sur ce fait considéré comme anodin et aujourd'hui oublié !

On ne le dira jamais assez, seules des réflexions stratégiques peuvent permettre au pays de revenir sur les rails de la construction de la puissance collective, comme la nécessité d'une armée républicaine active, fortement dissuasive en temps de paix et combative en temps de guerre, productive en temps de paix et active en temps de guerre. Cette armée devrait être scientifiquement envisagée et planifiée.[1]

Géopolitique stratégique

C'est ici le lieu d'évoquer la nécessité des études de géopolitique stratégique et de géo économie, gravement absentes des cursus éducatifs et de recherche en RDC, alors que le pays occupe une position géographique centrale en Afrique et recèle en son sein quantité de matières et d'opportunités stratégiques. La géographie elle-même est enseignée en RDC comme une matière de seconde zone ! En conséquence, la RDC se résigne à subir les effets des stratégies globales des grands du monde qui appuient les États stratégiques voisins. Ceux-ci exercent sur elle des dominations réelles aux plans militaires, politiques et économiques dont les effets simplement déplorés restent toujours non combattus !

L'importance de la géopolitique comme science étudiant, selon le géographe Yves Lacoste, *« les rivalités de pouvoirs sur des territoires et sur des hommes qui s'y trouvent »* est largement soulignée par Viatcheslav Avioutskii qui, dans ce long extrait, ne manque pas d'en souligner le caractère subversif à plus d'un titre :

« La géopolitique étudie les rivalités sur des territoires opposant tous types d'acteurs. Ces rivalités peuvent opposer une minorité ethnique ou religieuse et un État, des ethnies majoritaires, des parties constitutives de Nations jeunes ou anciennes (c'est le cas de plus d'un millier d'ethnies africaines), des guérillas, des groupes de crime organisé, des associations, des syndicats, des ONG, des partis politiques traditionnels, des mouvements

---

[1] Je consacre quelques lignes spéciales à cette question dans la suite.

politiques transnationaux actifs aussi bien sur le plan intérieur qu'à l'international (antiglobalistes), des institutions situées au sein même de l'État, des multinationales, des entreprises, des clans, des castes, des tribus, des groupes de pression, des réseaux (lorsque ceux-ci constituent un acteur autonome et non un lien entre d'autres acteurs), des églises, des groupes de croyants, des sectes, des groupes de réflexion (think tanks), des médias, etc. En bref, il s'agit de tous les acteurs impliqués dans la politique. L'analyse géopolitique prenant en compte l'ensemble des acteurs politiques, elle donne une image plus complexe et plus réaliste des rivalités géopolitiques que celle, plus réductrice, des relations internationales. Une des conséquences de la géopolitique est de dissocier ces acteurs de l'État dans le cadre où ils agissent. La géopolitique révèle ainsi les tensions internes et les zones de fractures, elle rompt le voile de l'État-nation. A ce titre, elle peut se montrer subversive pour tous les États...

Une autre particularité de l'analyse géopolitique est son aspect territorialisé. Les acteurs ne sont pas abstraits. Ils s'inscrivent dans l'espace. Leurs rivalités peuvent être cartographiées, leurs caractéristiques comparées... Une rivalité correctement cartographiée permet d'évaluer le rapport de force existant sur le terrain. La notion de rapport de force est essentielle en géopolitique car elle permet d'établir des scénarios...

Les représentations constituent une catégorie propre à la nouvelle géopolitique. Il s'agit en réalité des idées, des projets et des visions que les acteurs géopolitiques se font d'eux-mêmes et de leurs adversaires ou alliés... »[1]

L'auteur parle également de l'avènement de la géoéconomie avec les rivalités commerciales qui imposent la guerre économique mondiale qui a succédé à la guerre froide. Pour Edward Luttwak, « *dans cette géoéconomie, les capitaux investis ou drainés par l'État sont l'équivalent de la puissance de feu ; les subventions au développement des produits correspondent au progrès de l'armement ; la pénétration des marchés avec l'aide de l'État remplace les bases et les garnisons militaires déployées à l'étranger, ainsi que l'influence diplomatique* ».[2] Pour Pascal Lorot, la géoéconomie « *analyse les stratégies d'ordre économique et commercial, décidées par les États dans le cadre de politique visant : (1) à protéger leur économie nationale ou certains pans identifiés de celle-ci ; (2) à aider leurs entreprises nationales à acquérir des technologies et/ou à conquérir certains segments du marché mondial relatifs à la production ou à la commercialisation d'un produit ou d'une gamme de produits sensibles, en ce que leur possession ou leur*

---

[1] Viatcheslav AVIOUTSKII, *Géopolitiques continentales. Le monde au XXIe siècle*, Armand Colin, Paris, 2006, pp. 9-11.
[2] Edward N. LUTTWAK, *Le rêve américain en danger*, Ed. Odile Jacob, Paris, 1995, p. 32, Cité par *Idem*, p. 11.

contrôle confère à son détenteur - État ou entreprise nationale - un élément de puissance et de rayonnement international et concourt au renforcement de son potentiel économique et social ».[1]

Voilà des sujets de recherche adaptés au nouveau monde qui devraient préoccuper l'État, les institutions nationales publiques et privées ainsi que des intellectuels congolais en vue non seulement de sortir le pays de l'impasse misérabiliste où il s'est enlisé, mais aussi en vue d'assurer son intégration à une économie mondiale globalisée, sans oublier la résolution des défis politiques et socioéconomiques internes.

La guerre peut se mener sur plusieurs fronts, pas seulement militaire. Elle peut être psychologique, culturelle ou se déclarer sur le terrain économique. D'où, en toute responsabilité, l'espionnage économique doit être sérieusement envisagé, intelligemment étudié et activement déployé. Bref, il doit faire l'objet de recherche scientifique.

Sur la guerre, on devra impérativement instituer un centre approprié de recherche pour scruter les différents aspects y relatifs, de l'organisation à la géographie, de la survie des soldats à la tactique, de la psychologie au civisme au sein de l'armée.

Domaines social, culturel et cognitif

Les obstacles institutionnels publics et privés, les blocages mentaux individuels ou collectifs, les effets nocifs des ajustements structurels imposés par les rouleaux compresseurs internationaux, les politiques démagogiques démobilisatrices, la dérive en matière éducative, la dangereuse mais pitoyable religiosité angoissante, distrayante et illusionniste, les limites et dérives des actions menées dans le cadre de la société civile arrimée aux manipulations occidentales hostiles à l'émergence du pays, le mythe des ONG nationales et internationales, l'oisiveté imposée à la jeunesse, la promiscuité dans nos villes ruralisées, le conditionnement aux dons et à la mendicité internationale, l'idiotie de la vie rurale, *l'imbécilisation* les églises, les médias et autres spectacles mondialisés, etc.

Tout doit être analysé dans le but d'identifier les goulots d'étranglement qui enfoncent les États entiers, les populations, même travailleuses, dans le trou de la dépendance, dans l'obscurité de l'ignorance, dans le gouffre de la pauvreté avilissante, dans le fourneau de la misère physique et morale... Que dire de plus ?

---

[1] Pascal LOROT (sous la dir.), *Dictionnaire de la mondialisation,* Ellipses, Paris, 2001, pp. 206-207.

Éducation

J'ai eu, à plusieurs reprises et depuis longtemps, à dénoncer les dérives éducationnelles en RDC.[1] Comme activité de socialisation des individus, l'éducation occupe une place centrale au sein de toutes les sociétés humaines. Elle se pratique sous diverses formes. La forme la plus dominante est celle qui est dispensée par l'institution scolaire à plusieurs niveaux, aujourd'hui concurrencée par l'audiovisuel et, de manière plus catastrophiquement incontrôlée, par *Internet*.

Cependant, dans le domaine de l'éducation en Afrique, il persiste toujours des croyances et des mythes à extirper ou à réinterpréter en fonction des impératifs du moment historique considéré. Le mythe de l'école moderne a généré celui de l'irrationalité ou de la primitivité ancestrale africaine qui serait absolument *prélogique* et *émotionnelle* face à l'esprit *hellène* propre à l'homme blanc. Cette avalanche de mythes astreint les pays africains, à leurs dépens, à des singeries culturelles, à des mimétismes institutionnels, à la mendicité étatique, à l'infantilisation générale... fort préjudiciables. Si bien que Jacques Boseko qualifie la scolarité de *tragédie humaine en Afrique noire*.

En effet, écrit-il, « *l'insoutenable spectacle de régression générale qu'offre, de nos jours, la plupart des pays africains au Sud du Sahara et notre pays le Congo en particulier, soulève plus d'une interrogation sur le rôle véritable des cadres scolarisés dans le devenir socioculturel de nos entités nationales ou communautaires... Il apparait clairement que la formation des élites demeure tributaire, dans une large mesure, des projets des groupes dominants... Par souci, disait-on, de civiliser des êtres alors primitifs, la colonisation avait privilégié l'émergence d'un nouvel homme s'intégrant harmonieusement à la modernité telle qu'elle leur apparait, mais aussi prompt à exécuter les ordres reçus, à accomplir sa tâche de manière exemplaire. Ce contrat fut admirablement rempli et aujourd'hui encore, des vestiges nombreux en témoignent...* »L'auteur continue par une juste analyse critique du système éducatif, de ses produits et de son impact négatif sur le devenir social du continent africain.[2]

Plusieurs éléments devraient, à ce sujet, préoccuper les chercheurs : méthodes pédagogiques en vigueur dans nos écoles à tous les niveaux, éducation religieuse diversifiée par la multiplicité des sectes, tabous et audaces en matière d'éducation à la vie, éducation diffuse, formation professionnelle formelle et informelle, science infuse, recherche scientifique

---

[1] E. BONGELI *L'Université contre le développement au Zaïre* et *Education en RDC, fabrique des cerveaux inutiles ?*, ouvrages cités.
[2] Jacques BOSEKO Ea BOSEKO, *Le mythe d'INAKALE. Au-delà des nœuds et pesanteurs de la vie en Afrique noire*, Ed. RDC Logos, Kinshasa, 2015, pp. 48-71.

institutionnelle ou non, divers milieux et actions éducatifs, adaptation de l'enseignement aux réalités du pays, formation des entrepreneurs créateurs d'emplois locaux, formation à la création innovante de richesses, etc.

En ce qui concerne l'institution universitaire, force est de reconnaître que les problèmes de tous ordres s'aggravent alors que s'accroît le nombre d'universitaires spécialisés dans les domaines où se posent les plus grands défis : l'université elle-même, l'agriculture, l'élevage, la pêche, la foresterie, la santé, les routes et voiries, les ponts et bâtiments, l'écologie, l'énergie, la communication, la diplomatie, la magistrature, les finances, la gestion, l'Administration, la politique, la religion, le langage, la recherche scientifique et technologique, la pédagogie, la mécanique, l'économie, l'organisation, la communication, la diplomatie, la défense...

Déjà en 1966, Mabika Kalanda avait bien prévenu que *« si l'école de tradition coloniale avait produit cette élite aliénée, il revenait à une autre école de donner à la nation en construction des cadres plus en accord avec ses préoccupations ».*[1] L'université congolaise est-elle restée ce lieu sacré du cosmopolitisme ou de renforcement du nationalisme ? Ou n'est-elle pas devenue le siège du tribalisme, du harcèlement moral et sexuel, de la corruption sous toutes ces formes, de l'arbitraire professoral, de frivoles rivalités entre mandarins...? Libère-t-elle ou n'enchaîne-t-elle pas son produit à l'idéologie du sous-développement ?

L'impératif ici est donc, à partir des réflexions scientifiques, d'imaginer et de mettre en place un système éducatif approprié pour une excellente instruction éducative de nos diplômés qu'il importe de rendre utiles et utilisables, productifs et producteurs, créatifs et créateurs, inventifs et inventeurs. Il importe donc de procéder sans complaisance à une relecture critique des disciplines scientifiques enseignées et héritées de la colonisation, de leurs pertinences respectives, de même que des contenus des matières dispensées, sans oublier les manières de les inculquer dans les cerveaux de la jeunesse innocente et malléable.

On ne peut, par exemple, pas justifier que nos enfants apprennent le latin, langue morte, alors que nos quatre langues locales sont peu connues et les nombreuses dialectes locales disparaissent, chacune avec tout son contenu culturel. Les histoires grecque, romaine et juive sont apprises au détriment des histoires locales et africaines. On ne peut pas non plus expliquer l'absence d'une seule école de pêche dans un pays qui contient les plus grandes réserves aquatiques de l'Afrique[2], l'absence d'une école de

---

[1] MABIKA KALANDA, *op. cit.*.
[2] Lire Bongeli Yeikelo ya Ato, Lutele Nseka et Ndam Kasongo, Pour un autre développement des entités rurales au Zaïre : Le cas de la zone rurale de Gungu, *Analyses Sociales,* vol. II, n° 4, juil.-Août 1985.

taille de diamant dans un pays qui en est un des plus grands producteurs du monde, d'une école des bijoutiers dans un pays plein d'or brut...

En ce qui concerne l'éducation diffuse, il y a lieu d'analyser les antivaleurs qui infestent la communauté et qui influent dangereusement sur le mental de la jeunesse livrée à elle-même, exposée à la culture de la médiocrité, de l'attentisme, de la prière-drogue, des mœurs perverties, de vils spectacles, de l'extravagance... La situation est d'autant plus grave que l'école, la famille et les églises traditionnelles se sont toutes essoufflées au profit de l'invasion irrésistible des sectes religieuses tenues par des leaders spirituals de moralité douteuse, des vedettes frivoles de la télévision, des mouvements politiques sans idéaux (voir l'ampleur du phénomène *parlementaire debout*), du diamant (enrichissement facile), de l'affairisme, etc. Bref, des vedettes de la rue, avec des langages monocordes du challenge frivole, du défi vaniteux, de la polémique stérile, caractéristiques de nouveaux modèles à imiter.

Or, on ne peut prétendre à l'émergence sans système éducatif performant, apte à développer le potentiel humain. Parlant des BRICS (Brésil, Russie, Inde, Chine, Afrique du Sud), P. Dobrescu note que ces géants émergents *« ont tous des systèmes d'éducation performant ou bien, au sein de ceux-ci, des domaines très compétitifs (dont, par exemple, les écoles russes et indiennes de mathématiques, l'ingénierie et l'informatique indiennes, etc.) et ils ont tous – ou bien sont en train de le faire – des stratégies de développement qui leur permettront de mettre en valeur leur potentiel matériel et humain »*.[1]

On devrait donc penser actionner, sur des bases scientifiques, les moyens d'une éducation scientifique, civique et pratique renforcée, incitant à la responsabilité, à l'effort, à l'initiative, à l'innovation, au travail productif, à l'utilité sociale, à l'excellence et à la moralité.

Démographie

> *« La population extrêmement nombreuse de la Chine et de l'Inde était considéré comme un fardeau. Voilà que de nos jours, grâce à une stratégie bien mise au point, ce qui était considéré comme une faiblesse est devenu un atout dans leur relance économique » (Paul DOBRESCU)*

Le postulat onusien trouve dans la progression démographique un signe de sous-développement, car un peuple développé serait celui qui sait, entre autres, contenir la progression de sa population en réduisant son taux de natalité. Contre ce malthusianisme newlook, il faut des réflexions originales

---
[1] *Op. cit.,* p.28.

pour une démographie de promotion du développement car, en deçà d'un minimum d'occupation spatiale, le développement du pays peut se trouver compromis.

Au lieu de n'entrevoir le peuplement qu'en termes de pauvreté, de surpeuplement du globe, de la famine, de la maladie, de la misère et de la sur-urbanisation, on peut positiver la donne démographique qui, bien planifiée en fonction de nos objectifs de développement, peut se révéler grand facteur de relèvement collectif. C'est le cas des populations extrêmement nombreuses de la Chine et de l'Inde. Autrefois considérées par les *malthusianistes* comme un fardeau, *« voilà que de nos jours, grâce à une stratégie bien mise au point, ce qui était considéré comme un faiblesse est devenu un atout dans leur relance économique ».*[1]

Des recherches ciblées devraient pouvoir rendre compte de la situation démographique réelle de la société congolaise et établir comment, par exemple, celle-ci, pour mieux exploiter ses ressources, développer son espace et défendre son vaste territoire, devrait peupler son sol à un seuil minimum à défaut duquel, il ferait constamment l'objet des convoitises des prédateurs de tous ordres. Étant établi que la science permet d'inverser l'équation de Malthus en amplifiant les capacités de production dans des proportions insoupçonnées, on ne devrait plus craindre un surplus de population qui se transformerait en opportunité s'il est mis en place un système approprié d'organisation politique, de production et de distribution de richesses. En effet, chaque homme qui naît, disait Mao, ne constitue qu'une seule bouche à nourrir, mais apporte aussi deux bras pour produire et, j'ajoute, un cerveau aux capacités illimitées et insondables.

Or, rien n'est maîtrisé au pays en la matière. La démographie du pays n'est pas appréhendée de manière responsable. Le nombre de fonctionnaires de l'Administration n'est pas connu, encore moins leur répartition en variables utilisables. Ce qui rend difficile toute forme de gestion responsable des ressources humaines des services étatiques. Les statistiques criminelles et judiciaires ne sont pas tenues. Les statistiques scolaires ne sont jamais à jour, ce qui rend caduque tout effort de projection en matière de scolarisation. Les statistiques médicales globales n'existent pas.

Dès lors, quelle politique adopter pour peupler notre sol ? Quel choix de politique nataliste opérer en vue d'éviter des déséquilibres constatés ? Quelles attitudes prendre face à des catastrophes sociales remarquées, telles l'abondance des femmes mères et seules tutrices, les enfants abandonnés, la prostitution, la santé familiale non garantie, la morbidité et la malnutrition généralisée, l'insalubrité publique, les allocations familiales non assurées,

---

[1] DOBRESCU, Paul, *op. cit.*, p. 28.

l'absence de politique d'habitat, la non sécurisation des familles nombreuses, l'obsolescence des mesures de protection des enfants, la persistance du chômage des personnes en âge d'activité, l'exode rural, la misère urbaine, etc. ? Que faire pour établir et mettre à jour des statistiques congolaises fiables et utilisables ? Quelles politiques de peuplement et de développement adopter pour ne pas sentir le déséquilibre tant redouté ?

Voilà des pistes de recherches utiles en la matière.

Acculturation et sauvegarde des valeurs culturelles

> *« Si vous ne laissez pas votre fils grandir comme un Juif, vous allez le priver de ses sources d'énergie qui ne peuvent être remplacées par rien d'autres »* (S. Freud)

> *« Les Africains, par la colonisation conséquente à l'esclavage, se sont à jamais laissés grandir sous le masque des autres : les Occidentaux »* (Kambayi Bwatshia).

Les technologies de pointe en matière de communications physiques et virtuelles ont connu une évolution faramineuse : trains, avions, bateaux et véhicules sont devenus de plus en plus nombreux, performants, rapides, tandis que l'on note l'instantanéité *(temps réels)* pour les télécommunications avec les autoroutes de l'information. C'est surtout en matière de NTIC que les progrès ont été les plus spectaculaires : on peut joindre en quelques secondes n'importe quel point du globe terrestre et même de l'espace du Système solaire.

Ce rapprochement entre terriens a donné lieu à une reconfiguration du monde qui a évolué jusqu'à atteindre ce nouvel ordre international labellisé *mondialisation* ou *globalisation*. Mais, quel est l'apport africain en rapport avec cette nouvelle ère que l'on fait correspondre, à tort ou à raison, à ce que T. de Chardin avait appelé *« rendez-vous du donner et du recevoir»*? Jusqu'ici, rien en apparence. Par contre, les pays africains se contentent de vivre leur occidentalisation artificielle, globalement ratée, aux conséquences imprévues, quelquefois, indésirables.

Les nouvelles technologies de la communication accélèrent le processus de cette mondialisation occidentalisant qui consacre la domination culturelle de ceux qui en pilotent le cours, notamment les USA. L'Europe développée elle-même s'inquiète de l'envahissante et imparable domination culturelle et économique américaine. Elle tente, non sans peine, de se reconstituer en union face à une Amérique qui avait profité des interminables divisions chauvines, guerrières et meurtrières européennes pour se positionner d'abord comme incontournable superpuissance de l'Occident, ensuite comme unique maître du monde, incontestable *hyperpuissance* mondiale à la suite de l'effondrement de l'empire soviétique. Si l'Europe elle-même, source de la civilisation dominante, se sent malmenée par l'invasion culturelle américaine, les cultures singulières des pays dominés se retrouvent a fortiori bousculées, si elles ne sont tout simplement pas acculées à la disparition.

On assiste tous impuissants à un processus de *standardisation culturelle* qui menace de disparition d'énormes trésors culturels des peuples sous domination. Il en résulte de graves conséquences contre le maintien des valeurs culturelles propres à chaque peuple. L'Union Européenne lutte pour protester contre l'émergence de la *pensée unique* américano-centrique, avec en vedette la France qui, pour la circonstance, a forgé le concept de *l'exception culturelle*. L'affrontement à ce sujet a vu se creuser un fossé entre les défenseurs des identités nationales et les partisans de la marchandisation des productions culturelles (films, livres et revues, Internet, musique, sport, spectacles de tout genre, religions, etc.).

Les échanges culturels se faisant aujourd'hui de manière verticale, les chercheurs congolais devraient pouvoir rendre compte de notre extrême vulnérabilité culturelle faute de capacité mentale de résistance. Ils devront établir, face à la verticalité des espaces communicationnels, la nécessité des politiques publiques congolaises pour protéger nos cultures menacées d'*ethnocide*, tout en évitant d'être exclus de l'espace communicationnel planétaire. Il faut établir avec qui, sur quoi et de quelle manière devra porter la communication.

La situation actuelle marquée par une perméabilité culturelle débridée pourrait, à la longue, plonger le pays dans un abîme culturel fort tragique, que dénonce Rémy MBAYA Mudimba[1], ardent défenseur des théories du développement endogène. En effet, que proposent les grilles des programmes audiovisuels au public congolais et pour quels impacts sur la mentalité collective nationale ? Les chaînes nationales sont d'une pauvreté inouïe et restent dominées par les émissions peu enrichissantes culturellement. Les émissions sont sportives, musicales, théâtrales et comiques bouffonnes, religieuses, etc. Les chaînes de télévision les plus suivies sur Canal Sat sont celles conçues pour l'évasion : les chaînes de football mondial, les films de série (Novelas, Nollywood…), les émissions musicales étrangères, etc.

Entre temps, la perte du goût de la lecture et de la réflexion intellectuelle conduit nécessairement à une sorte d'analphabétisme

---

[1] Rémy MBAYA Mudimba, *Conditions technologiques de développement de la RDC et de l'Afrique. De l'obscurité de l'ignorance à la lumière de la rationalité. Kozanga koyeba ezali liwa,* Éditions universitaires Africaines – Institut de Recherches Économiques et Sociales, Kinshasa, 2014.

scientifique, étant donné l'absence de concentration nécessaire à la pratique de la recherche des connaissances scientifiques fiables. Kambayi Bwatshia l'explique bien en ces termes : « *Pour l'Afrique, la faillite de la raison et la raison de la faillite dans cette postmodernité sont visibles au niveau même de la sensibilité concrète. Aujourd'hui, ce continent subit cruellement des effets néfastes de l'imposition des cultures des autres. En effet, la postmodernité africaine en matière de l'enseignement est une copie gauche de la réalité africaine, celle de la recherche scientifique, je n'en parle même pas. Les Africains parlent bien les langues européennes postmodernes, mais cela en quel langage ? Leurs programmes scolaires, leurs croyances dites modernes paraissent toutes extraverties ; de même les fameuses valeurs postmodernes, je n'en parle pas. Et que dire du mode de vie et de consommation. Tout cela, ma foi, prive les Africains de la possibilité de découvrir par eux-mêmes des solutions originales et adaptées à leurs conditions et de contrôler leur propre processus de développement. Plus, tout cela rend les Africains incapables même d'imiter* ».[1] Voilà comment nous avons été formatés. Nous objectiver permet de passer à l'étape de ce que Mabika Kalanda a appelé *remise en question, base d'une décolonisation mentale* nécessaire à notre émancipation, en vue d'une liberté intellectuellement féconde.

C'est ici le lieu d'intervention des anthropologues qui se cherchent de nouveaux objets d'études. Ils ont pourtant un grand champ d'études ici en Afrique où l'on croit fermement qu'on ne se développe qu'en s'européanisant. Ainsi que le notait Mamadou B. Traoré, « *prisonniers du modèle de la 'Société d'abondance', les pays africains font des efforts dans le sens de sa reproduction pour se libérer de la dépendance. Mais cela n'a servi jusqu'à présent qu'à renforcer davantage leur captivité. Les prix payés sont actuellement lourds : l'environnement subit des effets pervers sous la forme d'une déperdition accélérée du patrimoine culturel et des ressources nationales, tout comme la dégradation continue des écosystèmes menace gravement la reproduction de la vie...*

Seule une raison anesthésiée peut ignorer les résultats catastrophiques des politiques africaines de développement économique et social. La poursuite d'intérêts sans rapport avec les intérêts nationaux a jeté un discrédit sur les pratiques de développement en cours. Les scandales des trois décennies de déconstruction nationale, les effets désastreux des politiques d'ajustement structurel, retentissent sous les cieux d'Afrique comme des signes évidents de l'échec et de l'effondrement du capital de confiance investi dans les castes supérieures, qui incarnent le modèle de dépossession croissante des

---

[1] J. KAMBAYI Bwatshia, *Faillite de la raison... op. cit.*, p.45.

populations ».[1] Dans mon village d'origine, le *Teke,* musique et danse traditionnelles propres aux Bambole, n'est plus exécuté par la jeune génération christianisée qui le classe dans la poubelle des traditions sorcières.

La dynamique culturelle des sociétés issues de la colonisation offre donc de la matière aux anthropologues qui ont du mal à se trouver objets d'étude depuis que leur discipline, conçue sous forme d'ethnologie ou ethnographie, a été dénoncée comme science coloniale.

La société congolaise est composée de multiples entités culturelles anciennement colonisées par la Belgique qui, elle-même en proie à un bipolarisme tribal irrésolu[2], était trop faible pour marquer l'immense colonie de son empreinte culturelle, à l'instar d'autres métropoles coloniales. Le Congo reste ainsi soumis, conformément à sa vocation de zone de libre échange (géniale astuce imaginée par Léopold II pour garder les frontières actuelles face aux puissances prédatrices), à la merci des manipulations culturelles diverses qui rend difficile une prise de conscience collective positive.

La société congolaise n'en est pas moins une puissance culturelle au regard de ses diversités ethniques, de sa puissance musicale, du nombre de ses éléments formés (jusqu'ici, malheureusement, à l'européenne), du génie créateur de son peuple qui survit à de multiples embargos et aux insuffisances institutionnelles d'un État qui se recherche encore.

Aussi, le mal qui gangrène le Congo paraît-il relever de la crise des valeurs ! A ce propos, E.-R. Mbaya évoquant cette acculturation négative, écrivait : « *Les vieux thèmes éthiques qui faisaient la fierté de l'Afrique ne sont plus que des souvenirs : personne n'a plus confiance en personne ; l'esprit de don de soi et de dévouement n'existe plus ; l'ouverture, la tolérance et le respect de la personne n'existent plus ; le dialogue est coupé ; l'hospitalité et le partage sont remplacés par l'égoïsme, l'esprit de lucre et le matérialisme... Des nouveaux postulats du matérialisme et de la lutte pour la vie barrent désormais la route à l'éthique. Ceux qui possèdent déjà voudraient posséder davantage, insatiables, et aller en direction de l'avoir quantitatif infini ; mais, comme ils ne sont qu'une minorité, ils s'approprient l'instance politique intérieure, pour défendre ou protéger leurs avoirs déjà acquis et disposer de nouveaux avoirs, pendant que ceux qui n'ont rien et qui ne croient pas encore avoir perdu cherchent d'autres*

---

[1] Pour une culture de l'autogestion, in Souleymane Bachir Diagne, *La culture du développement,* CODESRIA, Dakar, 1991, pp.7-19.
[2] La conséquence en est qu'il n'y a pas de culture belge à proprement parler ; il y coexiste plutôt deux cultures fondamentalement distinctes l'une de l'autre : une flamande d'inspiration germanique et une wallonne d'origine française.

formes de lutte pour leur émancipation. Des tensions sociales attendues se sont donc produites, comme en témoigne l'élévation des clôtures de hauts murs qui protègent de la vue extérieure les belles résidences, dans toutes les grandes villes africaines, des hommes riches... C'est dire combien, dans la société africaine néocoloniale, l'éthique est entamée par l'érosion – un processus travaillant la société à développer les antivaleurs. En ce sens, la société africaine, par rapport à elle-même et à sa tradition de partage et de solidarité, est désormais en rupture et en recul. Aussi, a-t-elle davantage accentué elle-même sa pauvreté économique et ses contradictions sociales ».[1]

La RDC peut beaucoup gagner de ce revirement épistémologique libératoire dans les études anthropologiques. Car, il faut créer un modèle type de Congolais, une nouvelle forme de citoyenneté. Les vertus africaines sont pleines de leçons en la matière.

Les nations dominantes nous ont profondément étudiés pour mieux nous subjuguer, même de longues années après la décolonisation. Pour ce faire, une meute d'anthropologues avait été lancée à la quête des connaissances sur les philosophies, croyances, organisations, us et coutumes des peuples colonisés. En revanche, les colonisés ne se sont pas préoccupés de lancer, même après les indépendances acquises, leurs propres anthropologues à l'assaut des peuples dominants pour dévoiler leur nature, leur philosophie, leurs religions (adoptées sans critique), leurs forces, leurs faiblesses, leurs potentialités et leurs limites, leurs modes d'opération... Pourtant, après tout, ce ne sont que des hommes, eux aussi vulnérables, fragilisables et intimidables, comme le dévoilent aujourd'hui les angoisses générées en eux par les actes terroristes perpétrés sur le territoire par des révoltés islamistes, dans le cadre de la guerre des civilisations[2] sur fond des convictions religieuses qui menacent tant les humains.

Cela devrait permettre d'amasser quantités d'informations scientifiques susceptibles de soutenir et d'éclairer nos réactions face à leurs agissements et lors de diverses transactions tant politiques, diplomatiques qu'économiques et socioculturelles. On se retrouve toujours en position de faiblesse, par manque de connaissances sur nous-mêmes et sur nos partenaires. La revanche positive de notre part ne peut se concevoir que dans ce cadre, lorsque notre pouvoir de négociation sera renforcé par une profonde connaissance des partenaires, jusque dans leur métaphysique profonde.

Il est tout aussi déplorable que la RDC, non seulement ignore sa propre histoire, mais qu'elle ne fait rien pour connaître ses voisins et prévenir leurs

---

[1] *Art. cit.*, pp. 253-254.
[2] Robert FISK, *La grande guerre pour la civilisation. L'Occident à la conquête du Moyen-Orient (1979-2005,* La découverte, Paris, 2005.

desseins. Pour ne citer qu'un exemple, en guerre contre le Rwanda et l'Ouganda qui la malmènent, tant sur le plan sécuritaire qu'économique depuis deux décennies, et qui ne semblent pas prêts à décrocher, la RDC ne déploie aucun effort pour pénétrer les âmes rwandaises et ougandaises en vue de percer les mystères de leurs inimaginables victoires sur le géant congolais, ce, sur tous les plans. Par contre, ces voisins belliqueux ne se privent pas, eux, d'accumuler des connaissances sur la RDC et les Congolais par la mise en service des desks entiers chargés d'intelligence commis à cet effet, ce qui leur permet de planifier des stratégies toujours gagnantes, tant au plan militaire, qu'aux plans économique, politique et culturel, au détriment de ce pays qui a pris le parti de cultiver l'ignorance.

L'œuvre de dépersonnalisation entreprise par la colonisation continue sous forme de ce que le philosophe Kä Mana appelle *imbécilisation* anthropologique du Congolais dont on continue à combattre toute bribe d'esprit de créativité susceptible de l'amener à maîtriser la nature et à transformer positivement son cadre de vie socio-physique. Cette activité a eu comme conséquences *« l'inspiration de l'esprit de paternalisme qui conduit le peuple dominé à se vautrer dans l'indolence et attendre tout des autres et des pouvoirs publics, aimer à flatter et à vivre sous la protection d'autrui, manquer d'enthousiasme et de capacité pour le travail, mais être avide d'obtenir une situation élevée... Imprégner l'esprit de servilité à l'égard des grandes puissances en traitant de mauvais tout ce qui est national et en considérant comme bon et toujours vrai tout ce qui vient de l'étranger ».*[1]

Or, aujourd'hui, la propagande est facilitée par la science si bien que, comme le dit Aldous Huxley, *« l'efficacité de la propagande... dépend des méthodes employées et non pas des doctrines enseignées. Ces dernières peuvent êtres vraies ou fausses, saines ou pernicieuses, peu importe. Si l'endoctrinement est bien fait au stade voulu de l'épuisement nerveux, il réussira. Dans des conditions favorables, pratiquement n'importe qui peut être converti à n'importe quoi ».*Ce qui complique davantage la situation, c'est qu'il est difficile pour les pouvoirs étatiques nationaux de contrer cette offensive culturelle américano-occidentale. Cette offensive n'est plus le fait des seules organisations internationales ou autres multinationales culturelles. L'expansion culturelle américaine est aussi et de plus en plus l'œuvre des privés qui *« souvent agissent sans se rendre compte du rôle transformateur qu'ils jouent dans le 'village global'. Sauf une réintroduction du modèle*

---

[1] Kä MANA, Le Dialogue national formule Lusaka à l'épreuve du patriotisme et des défis et exigences d'une guerre d'agression. Démocidie, patricidie et statocidie dans le discours de la classe politique congolaise, in MWEZE C.N., *Pour quelle communication politique en RDC ? Réalités, contraintes et perspectives,* FCK, 2001, pp. 114-161.

totalitaire ou, comme c'est le cas au Soudan, une imposition du fondamentalisme islamique, aucun gouvernement ne peut freiner un tel processus, car il a un caractère décentralisé, donc 'démocratique' »[1]. C'est ce qui se passe avec Internet, les prédications religieuses, les enseignements multiples, les médias, la publicité, etc.

Il importe donc de se livrer à une entreprise intelligente de déconstruction intellectuelle, de démolition de l'œuvre accomplie et pérennisée de colonisation mentale et anthropologique du colonisé pour la remplacer par une pratique utilitaire de la discipline visant à faire émerger une ère post-anthropologique, marquée par une totale libération mentale qui puisse permettre la démystification des connaissances idéologico-scientifiques dominantes sous toutes leurs formes. Après une longue période d'hibernation, il est temps que les anthropologues africains et singulièrement congolais renaissent de leur léthargie. Les psychologues congolais y trouvent aussi de la matière utile, au lieu de demeurer immobilisés dans une *quantomanie* stérilisante, les comportements humains ne se prêtant pas à un enfermement dans les chiffres, graphiques et diagrammes !

L'anthropologie a donc bien des matières à traiter, à condition qu'elle se reconstruise, qu'elle repense ses bases épistémologiques pour passer de son statut de science coloniale à celui d'une science libératrice et utile. Mieux se connaître et mieux connaître les autres, amis ou ennemis potentiels, pour des stratégies de survie collective, voilà le défi !

En réalité, pour comprendre le rôle négatif joué par les élites africaines en général, il faut creuser dans l'histoire du début du long processus de mondialisation qui prend racine dans la traite négrière. En effet, pour réussir les razzias qui ont alimenté le marché des esclaves d'Afrique, les esclavagistes européens ont mis en place des structures de collaboration avec des intermédiaires autochtones ainsi que des chefs des tribus qu'on opposait en armant les uns pour opérer chez les autres des prélèvements des jeunes gens bien portants à leur revendre comme esclaves.

Sans nécessairement être de mauvaise foi, les chefs de tribus se retrouvaient contraints à des choix douloureux : soit qu'une tribu sollicitée acceptait de collaborer avec les esclavagistes blancs, auquel cas elle était approvisionnée en armes, donc fourbies de suffisamment de puissance pour écraser ses voisines afin d'y opérer des prélèvements d'humains à revendre comme esclaves et s'en retrouver dès lors gagnante ; ou alors elle y renonçait par *irréalisme* et courait dès lors le risque de laisser la tribu voisine accepter la collaboration et donc acquérir de la puissance pour lui faire subir le même sort redouté. Les Européens ont ainsi pillé humainement l'Afrique par

---

[1] M. Enes Ergene, *Le nouveau Visage de l'Islam : le Mouvement Gülen,* Ed. du Nil, 2008.

Africains interposés, en forçant les uns et les autres à la puissance par la collaboration ou à la déchéance par le refus de collaboration. Ils ne se sont jamais directement impliqués dans les opérations de razzias pour alimenter le commerce des esclaves, de la même manière qu'aujourd'hui, ils dirigent l'Afrique sans signer de décret ni participer directement à la gestion courante ou aux débats parlementaires.

Ainsi s'est institué le puissant rôle d'intermédiaires qui, tout en ayant pris diverses formes selon les divers moments historiques, est resté le même : inoxydable, pour longtemps encore. L'engrenage infernal dans lequel se sont fait emprisonner les Africains à partir de la traite négrière évangélisatrice continue à broyer le continent jusqu'à ce stade de la mondialisation incontournable, en passant par les stades successifs de la colonisation *civilisatrice* et de la coopération *développementaliste*. Ainsi, écrit R. Louvel, « *la période historique la plus déterminante pour comprendre la nature des relations actuelles de l'Afrique avec le reste du monde remonte à ce commerce de traite qui s'est développé le long de ses côtes dès le XVème siècle, avec l'arrivée des premiers navigateurs portugais – bientôt suivis de beaucoup d'autres – et qui s'est prolongé jusqu'à la fin du XIXème. Pendant ces quatre siècles de commerce, il s'est instauré entre les négociants européens et leurs partenaires africains un modèle de relations commerciales et humaines qui s'est perpétué jusqu'à nos jours. La colonisation en a consolidé certains acquis mais la matrice originelle de ces échanges demeure celle de la traite. Nous héritons d'un dispositif qui, pendant plusieurs siècles, a interconnecté les économies de trois continents. Du fait de cette imbrication, la traite représente une étape majeure dans le processus de la mondialisation* ».[1]

En effet, à la suite de l'abolition de la traite des esclaves, tant regrettée aussi bien par les esclavagistes européens que par leurs intermédiaires africains qui s'en enrichissaient, les Européens qui ne pouvaient plus se passer de la manne africaine, devraient coloniser l'Afrique. Pour ce faire, on avait plus à inventer la rue. Tout simplement, ils se sont servis des conflits qu'ils avaient attisés entre tribus africaines, cette fois-ci en affaiblissant les anciens alliés et en renforçant leurs ennemis vassalisés pour affaiblir les Africains et favoriser l'implantation coloniale. D'où, un petit pays pauvre et semi rural comme le Portugal, ne pouvait acquérir de grandes possessions coloniales en Afrique, en Amérique Latine et en Asie que grâce au recours à cette ruse manipulatrice qui a si bien réussi à l'Europe colonisatrice qui continue à recourir aux mêmes types d'*intermédiaires du développement* qui prennent diverses formes, celles d'experts *marabouts ou marchands du*

---

[1] Roland LOUVEL, *Les ruses de la mondialisation en Afrique noire. Le rôle des intermédiaires du développement,* L'Harmattan, Paris, 2013, p. 37.

développement ou celles de dirigeants politiques inféodés, ou celles de courtiers d'affaires, etc.

De cet état de choses proviennent une série de comportements anti-développement qui nous contraint à développer le sous-développement, la pauvreté, le complexe vis-à-vis de tout ce qui est étranger (tout produit, matériel et immatériel), la corruption, etc. Il faut justement qu'historiens et anthropologues contribuent par leurs recherches à restituer aux Congolais leur humanité perdue et poser ainsi les bases d'une psychologie collective libératrice. Car, note R. Louvel, *« ainsi perdure, dans l'Afrique d'aujourd'hui, le modèle historique d'une relation qui s'est imposé, pour les besoins de la traite, pendant quatre bons siècles : la primauté du négoce sur les investissements productifs, le souci d'une rentabilité à court terme pour cause d'instabilité, la faiblesse structurelle de l'État, le rôle des intermédiaires incontournables prélevant leur dîme au passage, l'importance des réseaux des relations personnelles, des pactes et des arrangements secrets, la prégnance des du népotisme et des privilèges réservés à des castes ou clans sous contrôle pour raison de sécurité, etc. Et cette méfiance réciproque reste toujours de mise »*[1].

Comme on peut bien s'en rendre compte, les bases des relations inégales entre l'Europe et l'Afrique ont été posées et structurées à l'occasion de la traite esclavagiste. Les pesanteurs de l'histoire datant de cette époque continuent à marquer fondamentalement nos structures psychiques qui, elles, déterminent en amont nos comportements sociaux, nos schèmes mentaux ainsi que nos systèmes cognitifs. De la même façon, les Européens s'activent à garder le statu quo de la domination en entretenant le système des réseaux d'intermédiaires et en mettant hors d'état de nuire tout ce qui est de nature à remettre en question leur hégémonie, qu'il s'agisse des hommes des organisations, des stratégies, des idées ou même des croyances.

Savoir comment nous avons été formatés pourrait favoriser une psychanalyse collective susceptible de nous libérer du démon incrusté en nous et qui nous conforte dans notre statut de dominé, tout en renforçant chez les descendants des Blancs un complexe de supériorité congénitale. Historiens, sociologues et anthropologues sont notamment attendus sur ce terrain. Les choses qui se vivent aujourd'hui à travers le monde rendent compte de cette condescendance occidentale sur le reste du monde.

Avec ce complexe de supériorité arrogante sur les autres et ce mépris affiché avec arrogance à l'encontre des peuples jugés inférieurs, les dirigeants des pays occidentaux se font protéger par des institutions créées pour légitimer leurs actions même meurtrières contre les peuples des pays dominés, souvent, en entretenant des foyers d'intermédiaires acquis à la

---
[1] *Idem*, pp. 48-49.

cause de la domination occidentale. En RDC, par exemple, en plus des groupes pro colonisation (notamment les *Immatriculés* vulgairement appelés *Évolués*), il se forme des factions dirigeantes arrimées aux différents pays, partis politiques, milieux d'affaires, universités, lobbies, religions, occultismes... occidentaux qui se morfondent dans des jeux stratégiques aux fins de contrôler les courroies et arcanes du pouvoir politique et socioéconomique.[1]

Tout est mis en œuvre pour perpétuer ce système de domination par personnes interposées, mis au point depuis la traite : institutions internationales, coopérations diverses, ONG de toute nature internationale ou locale affiliée, églises chrétiennes, organisations mystiques, partis politiques d'opposition pour un obstructionnisme systématique de chantage contre les pouvoirs locaux récalcitrants, universités, lobbies d'affaires, médias pour l'orientation idéologique des masses, etc. L'exploitation du concept de *démocratie* après celle de *civilisation* et de *développement* aujourd'hui dévalués ou démodés illustre bien le cas d'un engouement aveugle pour une idéologie théorique qu'on veut forcer dans la pratique. A travers ce concept et d'autres qui lui sont associés (droits de l'homme, développement, gouvernance, modernité, dictature sanguinaire, etc.), tous concepts aux contours mal ou pas clairement définis, mais véritables chevaux de Troie, l'Occident brise de manière intelligemment masquée les pays pauvres toute velléité d'autonomie, allant jusqu'à susciter des implosions internes si ce ne sont pas des interventions déstabilisatrices directes.

La stratégie de *choc* analysée par N. Klein[2] fonctionne à merveille aujourd'hui dans le monde ! Le Commandant Ralph Peters, stratège américain, avait bien prédit les tragédies qui secouent aujourd'hui l'humanité. Pour lui, le monde d'aujourd'hui, conçu comme un monde où prime l'*information,* est entré *dans un âge de conflit constant.* Les plus forts seront ceux qui, trop peu nombreux, « *peuvent choisir, digérer, synthétiser et appliquer les connaissances adéquates* » pour gagner et supplanter les autres « *professionnellement, financièrement, politiquement, militairement et socialement* ».

Pour les larges masses mondiales incapables de gérer l'information à leur avantage, poursuit-il, « *la vie est ennuyeuse, brutale et court-circuitée [...] Ces êtres humains, dans chaque pays, qui ne peuvent pas comprendre le nouveau monde ou qui ne peuvent pas tirer profit de ses incertitudes ou qui*

---

[1] Lire à ce sujet Jean-Dieudonné BOSAGA Sumaili Pene Kangolingoli, *Les jeux des factions et la gestion du pouvoir d'Etat en RDC (1960-1997),* Thèse de Doctorat en Sciences historiques, Université Pédagogique Nationale, Kinshasa, 2015-2016.
[2] Klein Naomi, *La stratégie du choc. La montée d'un capitalisme du désastre,* LEMEAC/Actes Sud, Montréal, 2008.

ne peuvent pas se réconcilier eux-mêmes avec sa dynamique, deviendront des ennemis violents de leurs gouvernements inadaptés, de leurs voisins plus fortunés et, en dernier recours, des États-Unis. Nous entrons dans un nouveau siècle américain, au cours duquel nous deviendrons encore plus riches, encore plus tueurs du point de vue culturel, et de plus en plus puissants. Nous exciterons des haines sans précédent ».

Le stratège poursuit son raisonnement en prévenant que dans ce nouveau monde chaotique, « *il n'y aura pas de paix. A tout moment, durant notre vie entière, il y aura de nombreux conflits dans des formes mutantes, tout autour du monde. Le conflit fera les gros titres des journaux, mais les luttes culturelles et économiques seront plus constantes et en définitive plus décisives. Le rôle de facto des forces américaines sera de maintenir le monde comme un lieu sûr pour notre économie et un espace ouvert à notre dynamisme culturel. Pour parvenir à ces fins, nous ferons un **bon paquet de massacres (a good amount of killing)**.* »

Enfin, Commandant Ralph Peters dévoile ce que prépare l'Amérique pour perpétrer en douceur les inévitables massacres :« *Nous sommes en train de construire un système militaire fondé sur l'information, pour faire ces massacres. Nous avons certes besoin d'une quantité de force musculaire, mais une grande part de notre art militaire consistera plus à en savoir plus sur l'ennemi que l'ennemi en sait sur lui-même, à manipuler les données en vue de l'efficacité et de l'effectivité, à couper toute possibilité de ce genre à nos opposants. Cela inclura un bout de technologie, mais les systèmes utiles ne seront plus ces vampires budgétaires comme les bombardiers et les sous-marins d'attaque... Ce seront des technologies de soutien aux fantassins et aux Marines sur le terrain, qui permettent des décisions adaptées et qui nous rendront capables de tuer de manière adéquate et de survivre dans [...] les champs de bataille multidimensionnels de la guerre urbaine.* »[1]

C'est dans cet esprit qu'il faut comprendre, pour en prévenir les effets chaotiques, l'acharnement occidental contre les dirigeants *récalcitrants* des pays sous domination. La RDC mérite, selon cet esprit, une sévère correction pour exhiber un cas d'intimidation à tous ceux qui développeraient des velléités d'indépendance vis-à-vis des maîtres du monde. Ces derniers accordent dès lors un soutien inconsidéré à tous les groupes obstructionnistes résolument opposés au pouvoir en place, parfois seulement pour plaire aux Occidentaux en espérant pouvoir glaner quelque avantage, exactement comme les chefs coutumiers africains en période de traite : partis politiques,

---

[1] Commandant Ralph PETERS, Constant Conflict, *Parameters,* été 1997, pp. 4-14, cité par Alain JOXE, *L'empire du chaos. Les Républiques face à la domination américaine dans l'après-guerre froide,* La Découverte, Paris, 2002, p. 136. Voir E. BONGELI, *La mondialisation... op. cit.,* pp. 70-71.

ONG internationales et locales affiliées, société civile, confessions religieuses dont la trop controversée CENCO[1], personnalités[2], universitaires, mouvements de jeunesse[3], mouvements féminins, médias, etc.

Les Ambassades occidentales en RDC ainsi que les fonctionnaires politiques de la MONUSCO, abusant avec arrogance de l'immunité diplomatique, font montre d'un activisme qui frise la subversion dans la manipulation des jeunes recrutés à la fois parmi les plus intelligents (pour la communication) et les plus voyous (pour des actions de violences civiles) en vue de pousser à une implosion interne d'un pays dont on continue à planifier la balkanisation dénoncée en son temps par le Héros LUMUMBA durant la trop courte période de sa gestion, avant d'être lâchement livré à une mort atroce, sans les honneurs de la sépulture due à un premier ministre élu ! Œuvre de l'Occident, toujours avec la complicité de cet appareil international qu'est l'ONU !

Tous sont, consciemment ou pas, au service de la soumission de leur pays aux maîtres occidentaux. On l'a senti lorsque, sentant qu'Etienne Tshisekedi, leur pion, était sensiblement affaibli, le Ministre belge des affaires étrangères s'est publiquement constitué en son avocat contre le Dialogue organisé à Kinshasa sous la conduite du Facilitateur Edem Kodjo, désigné par l'Union Africaine. Le soutien du Dialogue par l'Union Africaine réunie en Angola relève justement d'une réaction contre la domination de ceux qui se constituent arbitrairement en gendarmes du monde.

Cependant, les Occidentaux qui, grâce à des combinaisons intellectuelles systématisées, ont régné sur le monde durant des siècles n'ont plus le monopole des ruses intelligentes pour prétendre dominer les autres pour toujours. On voit bien comment la recherche des connaissances historiques et anthropologiques peut appuyer une diplomatie offensive et réaliste du pays. Rien ne nous empêche d'utiliser, nous aussi, les ruses intelligentes pour nous en sortir face à l'immobilisme d'un Occident en panne d'imagination. Ainsi, sur la manière dont « *le centre de gravité économique du monde a basculé vers l'Asie* », le Roumain Paul Dobrescu note que « *la vraie différence entre les économies émergentes et les économies développées est liée à la stratégie. Les premières en ont une, les autres ont considéré l'évolution comme allant de soi. Si les États émergents*

---

[1] Conférence Episcopale Nationale du Congo, qui regroupe l'ensemble des Évêques de l'Église Catholique Romaine, puissant suppôt de l'Occident depuis la traite !
[2] Le cas du Dr MUKWEGE, célèbre gynécologue, réputé *réparateur* des femmes violées avec tortures des organes génitaux, que les Occidentaux poussent aujourd'hui à la politique à leur manière, jusqu'au point de pousser les jeunes, regroupés en son nom d'homme de bienfaisance, à s'associer paradoxalement à des actes de violences pouvant mener à des guerres qui favorisent entre autres des viols !
[3] A l'instar des LUCHA, FILIMBI, les Amis du Dr MUKWEGE…

ont trouvé des solutions différentes, astucieuses, à presque chaque problème, les États développés ont persévéré dans l'inertie et la surestimation de leur capacité ».[1] Et les Africains ne s'en sortiront guère tant qu'ils se contenteront des vagues promesses jamais réalisées des coopérations étrangères, des *aides fatales,* des interventions *humanitaristes* des ONG urgentistes, etc.

Religion : fétichisme des temps modernes ?

> *« L'aliénation extérieure la plus importante est celle de la religion et la critique de celle-ci conduit à la critique des autres aliénations »*(David Mclellan).

Le fait religieux a, de tous les temps, marqué la marche de l'histoire des Nations tant en leurs seins respectifs que dans les relations entre elles. D'aucuns pourraient croire que les progrès induits par la techno science ont relégué la religion au second plan. Mais, *« ce siècle est religieux et risque à l'avenir de l'être davantage... »*[2] Le fait religieux est, selon Marcel Mauss, père de l'anthropologie des religions, un élément du *fait social total*, dont il constitue même la source. J.- P. Willaime tire la définition suivante de ce classique : le fait religieux est :

*« **Un fait collectif** (les acteurs) : des individus qui partagent quelque chose en commun, qui se sentent appartenir à un monde et qui se rassemblent plus ou moins régulièrement...*

***Un fait matériel** (les traces, les œuvres) : le religieux ce ne sont pas seulement les hommes, ce sont aussi des textes, des images, des musiques, des pratiques, des bâtiments et des objets...*

***Un fait symbolique** (les représentations et leurs sens) : les représentations du monde, de soi, des autres, de la divinité ou des forces invisibles ; les théologies et les doctrines, les systèmes moraux (le religieux se laisse ici appréhender comme une perpétuelle lecture et relecture de traditions, de signes et de textes faisant l'objet d'interprétations discutées, contestées, renouvelées...)*

***Un fait expérimental et sensible** : comme les identifications nationales, linguistiques, culturelles, ethniques... les identifications religieuses peuvent déchaîner les passions, générer aussi bien des fanatismes et des conflits que des engagements altruistes et des médiations pacifiques remarquables... »*[3]

---

[1] Paul DOBRESCU, *op. cit.,* p. 345.
[2] Jonathan Jay MOURTONT, *Le Japon : un ordre de croyance. L'influence du « fait religieux » dans les affaires internationales,* L'Harmattan, Paris, 2013, p. 15.
[3] In Régine AZRIA et Danièle HERVIEU-LEGER, *Dictionnaires des faits religieux,* PUF, Paris, 2010, pp. 363*364, cité par *idem,* p. 16.

On peut donc comprendre qu'une telle force dite spirituelle qui s'impose indiscutablement sur les âmes peut être porteuse des forces et/ou des faiblesses considérables à même d'influencer positivement ou négativement l'évolution d'une ou des Nations entières. Il peut aussi s'agir d'une source d'aliénation fatale susceptible de bloquer l'esprit collectif d'une Nation, à l'instar du christianisme violemment imposé aux peuples africains par la colonisation qui s'en est d'ailleurs servi pour mieux s'encastrer et durablement formater l'esprit des colonisés. J. J. MOURTONT montre, pour le cas du Japon, que ce pays, non seulement a refusé la colonisation, mais a rejeté catégoriquement la religion des Européens dont il a par ailleurs copié tout le reste.

En ce qui concerne la RDC, comme j'ai eu à le souligner, la religion y occupe une place cardinale. Néanmoins, on ne peut rester indifférent face à l'effervescence religieuse à l'allure catastrophique qu'apportent des sectes et églises dites de réveil, toutes d'inspiration chrétienne, donc étrangère. Le culte envers la Bible juive engendre des fidélités fatalement fanatisant, terrorisantes et angoissantes tant aux plans spirituel que moral, surtout lorsque l'on tente de procéder à des syncrétismes de deux cosmogonies différentes, en apparence inconciliables.

Cela s'opère tranquillement par de nombreux prédicateurs télégéniques, éloquents et peu scrupuleux. Le fléau touche même l'élite intellectuelle. En effet, *« comme pour s'aliéner davantage,* écrit E.-R. Mbaya, *l'élite zaïroise et, avec elle, presque toute la population accourent vers des nouvelles religions, sectes et mystiques exotiques, pour en faire le cadre de construction et d'appréciation de leur mode de pensée et de comportement, sans en connaître toujours ni en maîtriser les systèmes de valeurs, les motivations profondes, les schèmes de pensée sous-jacents ».*La stratégie coloniale du recours aux intermédiaires locaux fonctionne jusqu'à ce jour. Et la religion chrétienne continue à servir de puissant cheval de Troie de la colonisation, l'évangélisation jusqu'à *la moelle des os* continuant à opérer comme couloir de la domination blanche. Pas étonnant par conséquent que les prises de position de la puissante église catholique romaine soient *antipatriotiques* dans leur quasi-totalité…

Si le fait religieux est si déterminant dans la construction de la personnalité collective japonaise, c'est certes en raison de l'authenticité des valeurs véhiculées, ce qui n'est pas le cas dans les pays africains qui vivent des déchirements parfois sanglants au nom des confessions absolument étrangères leur imposées sur fond des violences multiples et multiformes. Ainsi, le christianisme n'a nulle part émancipé les peuples autres que d'origine européenne, où qu'ils s'implantent. Les peuples christianisés par le fait colonial continuent tous à invoquer les saints et divinités étrangers dans les voies marécageuses qui les clouent à les misères et sous-développement chroniques. Ils continuent à faire étalage de leur attentisme béat de la part des forces invisibles par des invocations coulées sous des psalmodies routinières dont les effets tardent toujours à se manifester. Tournant le dos à la réflexion et au travail productif, ces peuples restent bloqués dans leurs certitudes imaginaires aux effets tristement incertains. Par contre, les peuples non européens qui émergent aujourd'hui sont ceux qui sont restés imperméables aux manipulations *christiques* symboliquement violentes, qu'il s'agisse des Japonais hier ou, aujourd'hui, notamment des Turcs, des Chinois, des Indiens, des Coréens ou même des Vietnamiens.

Un autre fléau qui pourrait se révéler menaçant concerne l'érection anarchique de plusieurs Mosquées à travers le pays, particulièrement à l'Est en proie à une insécurité chronique depuis plus de deux décennies. Aucune étude n'est jusque-là envisagée pour prévenir d'éventuelles dérives intégristes qui, en cas de radicalisation, seraient difficilement maîtrisables par un État congolais non préparé à se défendre, surtout pas face à des pratiques terroristes d'inspiration religieuse. Rien ne nous prémunit à ce qu'un jour, le Congo ne s'empêtre dans une crise idiote entre factions religieuses, à l'instar de ce qui se passe aujourd'hui au Nigéria et en Centrafrique notamment, et qui touchera, dans un avenir très proche l'Europe elle-même, déjà inquiétée par des réactions asymétriques de motivation religieuse contre les puissantes bombes occidentales aveuglement larguées dans les pays arabo-musulmans !

Des études sociologiques, à l'instar de celles d'Edmond Mokuinema[1], devraient explorer les contours de toutes ces religions étrangères et stratégiquement imposées pour en limiter les dégâts mentaux, moraux et physiques. Il nous faut promouvoir des croyances susceptibles démobiliser les esprits à la construction de la Nation congolaise. L'homme étant un être essentiellement croyant, le colonisateur avait bien exploité la crédulité des Congolais pour mieux les abrutir et les transformer en esclaves.

A ce sujet, un regard sur le Kimbanguisme ainsi que sur d'autres prophéties locales ne devrait pas constituer un sujet tabou. Ça vaut bien la peine de rappeler que le *Calvaire* subi par le Prophète Simon Kimbangu relève de l'acharnement colonial sur un nègre qui avait osé remettre en question les méthodes instaurées de colonisation mentale par le biais de l'action religieuse et qui se sont révélées payantes, plus encore de nos jours. Laisser Kimbangu agir librement serait accepté qu'un *vulgaire* indigène sape toute la base de l'œuvre coloniale. Il ne pouvait donc que mériter le bannissement dans des conditions plus qu'inhumaines ![2]

---

[1] Edmond MOKUINEMA Bomfie, *Religion et violence comme langage de contre-hégémonie*, L'Harmattan, Paris, 2016.
[2] La visite, en plein cœur de Lubumbashi, du site d'hébergement carcéral de Simon KIMBANGU, lanceur d'alerte aux peuples noirs sur le danger de la colonisation

Voilà des pistes fécondantes pour des études en socio-anthropologie des religions.

Musique et arts[1]

La musique qui fait partie de l'univers mental congolais est restée à ce jour le seul produit intellectuel exportable, le seul qui fasse encore connaître le Congo à l'étranger, le seul qui fasse quand même la fierté du Congo. Elle joue un rôle intégrateur, à peine évoquée, dans la formation et la consolidation de l'unité nationale.

Plus que la politique qui a divisé, pillé ou torturé, toute la musique, quelle qu'en soit la forme profane ou religieuse, a uni, amusé et consolé les uns et les autres. Plus que le livre dont le message est obstrué par l'académisme langagier et l'intellectualisme souvent stérile, la musique a lancé des messages percutants unificateurs, contribuant ainsi, à sa manière, à former l'esprit de la masse. Elle mérite donc plus d'égards de la part des scientifiques pour un usage intelligent des atouts qu'elle offre, surtout dans le cadre de la diffusion des modèles. Le Prix Nobel de littérature pour l'édition 2016 ne vient-elle pas d'être octroyé à un musicien, en guise de reconnaissance de la pertinence de l'action musicale!

Cependant, la musique congolaise est menacée depuis que de puissants médias diffusent des musiques étrangères dites internationales. Aucune politique publique n'étant envisagée dans ce domaine, la musique congolaise qui a fait parler d'elle en Afrique et ailleurs dans le monde risque de s'incliner, si elle ne l'est pas déjà, face à des produits musicaux venus d'ailleurs. La fameuse commission congolaise de censure ne rate pas une occasion pour fustiger *l'immoralité* supposée de nos artistes musicaux, alors que les tubes hyper sexy des musiciens étrangers visiblement drogués sont impunément diffusés par les différentes chaînes prises en charge par les distributeurs Canal Sat, Startimes et consorts, sans parler des You Tube et autres réseaux sociaux qui opèrent nos appareils portables !

Il faut aussi déplorer les menaces dont sont victimes nos musiciens dans les pays occidentaux. Ces véritables ambassadeurs, qui ont porté haut la musique congolaise au niveau international, constituent aujourd'hui des cibles des actes de violence perpétrés par leurs compatriotes expatriés organisés en bandes opérant, dans l'indifférence des forces de l'ordre, contre

---

mentale qui opère jusqu'à ces jours des ravages mentaux irréparables sur nos cerveaux et qui, malheureusement se transmettent de génération en génération. Sans qu'on ne s'en rende compte dans ce pays où triomphe la déraison.

[1] Je plaide pour la musique congolaise face aux incessantes attaques d'inspiration chrétienne : F. Wazekwa, artiste-musicien de renom, s'interroge sur les diplômés en musique de l'INA (Institut National des Arts) qui s'orientent plus vers des formations musicales religieuses !

tout ce qui provient du pays, notamment contre les dirigeants politiques et les musiciens, en principe apolitiques ! Cela nuit considérablement au rayonnement extérieur de la musique nationale qui se fait dès lors talonnée par des groupes musicaux étrangers.

Les Congolais n'ont pas que des talents musicaux. Les différentes communautés ethniques constituent autant d'entités culturelles aux ressources artistiques diversifiées : littératures (orales surtout), musiques, danses, rites, poteries, vanneries, sculptures, sports, jeux, poèmes, contes, etc.

Il importe de souligner que les talents deviennent géniaux s'ils sont cultivés sur base des connaissances scientifiques. Or, chez nous, on laisse les artistes évoluer sans encadrement politico-scientifique ! Un domaine porteur pour la recherche scientifique s'offre ainsi aux chercheurs intéressés.

Sciences appliquées

> *"Il faut innover, toujours innover, voilà la clé de la réussite !" (Bill Gates)*

Je parle directement des sciences appliquées pour souligner l'urgence d'opérer des choix utiles des domaines où le secours de la science reste irrémédiablement désiré et sollicité. C'est ici le lieu de fixer des choix en fonction des priorités nationales. Il y a fort besoin d'élaboration des politiques publiques en matière de recherche appliquée, pour résoudre des problèmes physiques concrets auxquels sont confrontées nos populations. L'attention devrait être portée sur des secteurs où les nécessités urgentes pressent et exigent des solutions à court et moyens termes, sans oublier des recherches répondant à des besoins d'un futur éloigné, mais déjà imaginé par des études de prospectives politiques.

Cependant, la recherche dans les sciences dures et appliquées implique de solides formations préalables. En effet, se plaignait C. Bouquegneau, Pro-Recteur de la Faculté Polytechnique de Mons (Belgique), *« innover est synonyme de travail acharné. Or, nos étudiants d'aujourd'hui forment une population diversifiée et disparate non préparée aux exigences d'études longues et difficiles, réclamant des efforts intellectuels permanents. On en arrive même à proposer des* remédiations *en première année universitaire ! Le laxisme en matière d'éducation dans l'enseignement secondaire est lourd de conséquences ».*[1] Ce constat fait en Belgique il y a 20 ans reste d'actualités en RDC où le système éducatif reste non seulement inadapté, mais aussi et surtout lamentablement laxiste. Alors qu'en Corée du Sud, le système éducatif, l'un des plus performants au monde, impose 60 heures de cours par semaine, en RDC, dans les meilleurs des cas, on atteint à peine 30 heures par semaine. Et pour quels enseignements ?

J'estime, à mon humble avis, que la maîtrise de la langue d'enseignement ainsi que des branches de base scientifique que sont les Mathématiques, la Physique, la Chimie et la Biologie reste essentielle pour penser une révolution scientifique. Ces dernières sont, bien sûr, assurées par l'école au niveau du secondaire, mais sous forme d'un enseignement passif, fondé sur la mémorisation passive. L'évaluation scolaire individualisée des connaissances ne favorise point le travail collectif. Aucun accent n'est mis sur les applications utiles, le travail en groupe, l'innovation, la capacité de s'adapter aux conditions nouvelles. Comme je l'ai relevé ailleurs, les enseignants de ces matières difficiles, par des méthodes pédagogiques et

---

[1] Christian BOUQUEGNEAU, Innovation et qualité, in *Les nouveaux défis des Écoles d'ingénieurs"*, AUPELF-UREF, 1996, pp. 213-219.

attitudes arrogantes, contribuent à les faire détester par les élèves[1] dont la plupart se détournent des dures filières scientifiques pour se jeter dans les marres des sciences humaines, peu rigoureuses et moins utiles.

Une chose complique davantage l'équation : il est plus facile et rentable d'embrasser les études des sciences humaines que de se lancer dans les complications des dures sciences exactes et d'ingénierie qui prédisposent paradoxalement au chômage dans un pays qui, pourtant, a fort besoin de scientifiques bien formés. C'est bien étonnant qu'un pays à reconstruire, où il y a impérieuse nécessité de créer de la richesse réelle et de générer des transformations utilitaires, puisse clouer au chômage tous ces scientifiques, techniciens et ingénieurs pour se contenter des importations de tout, partant de la nourriture aux pacotilles usagées, en passant par l'importation de la main-d'œuvre étrangère, même ouvrière. La situation ne semble préoccuper personne au sein de l'élite politique dont les débats tournent autour des auto-estimations imaginaires (pour ceux qui sont au pouvoir) et des attaques enragées visant la conquête du pouvoir (pour les exclus aux délices du pouvoir). L'élite intellectuelle, elle, se terre dans un silence, complice ou pas, mais dans tous les cas coupable. Le *défaitisme politique* des intellectuels reste un problème fort préoccupant, bien que cela semble ne préoccuper personne outre mesure.

La jeunesse, elle, est livrée à des activités distractives (prières, télé-sports, téléfilms et NTIC ludiques), si ce n'est pas aux stériles manipulations politiciennes, qui laissent peu de place à la concentration que nécessite le travail intellectuel qui, seul ,peut libérer et mener à l'émergence, la vraie et pas l'imaginaire déclamée par les chantres de la croissance.

Il faut donc imaginer comment former autrement nos scientifiques et techniciens de manière à rendre ces filières d'études plus attrayantes et utilitaires. Il faut également que ces formations soient couplées à des leçons de responsabilisation de la jeunesse productrice des richesses. Il faut envisager l'introduction, dans les formations, des technologies dites de *rupture,* voie appropriée pour les pays à faibles capacités technologiques de brûler les étapes *rostoviennes*[2] parcourues durant des décennies par les pays occidentaux.

---

[1] J'en ai moi-même été victime. Pour avoir sauté la classe de 2ème année du secondaire, mon professeur de Maths de la troisième année, au lieu de m'aider à me rattraper, ne ratait aucune occasion pour m'humilier, me faisant ainsi détester les mathématiques, et donc aussi toutes les branches logico-mathématiques.
[2] Walt Whitman ROSTOW, *Les étapes de la croissance économique,* Economica, Paris, 1997.

Hygiène et santé

> « *Entretenez avec vigilance l'activité des services médicaux dont l'interruption aurait des conséquences désastreuses et ferait réapparaître des maladies que nous avions réussi à supprimer* ».(Baudouin Ier, Roi des Belges, 30/06/1960).

On ne peut atteindre l'émergence avec une population malade et mal soignée. La santé humaine est tellement cardinale qu'on ne peut que déplorer les façons congolaises, voire africaines, de prendre en charge la santé des populations, maladroitement livrée à la merci de l'arbitraire des coopérations et organisations étrangères.

Pourtant, la recherche médicale[1] est aujourd'hui quasi inexistante, alors qu'elle avait constitué le pilier de la lutte coloniale contre les maladies tropicales, alors peu connues de la médecine moderne, elle-même encore en état de tâtonnement. Il fallait, à l'époque, non seulement identifier les maladies tropicales dévastatrices, mais aussi en établir les causes, en identifier les agents vecteurs et en inventer les médicaments.

Grâce à la recherche médicale, l'Administration coloniale avait réussi à remporter plusieurs victoires sur des maladies spécifiques des régions tropicales dont certaines ont même été éradiquées. Il en a ainsi été des maladies telles que le paludisme (malaria), la trypanosomiase (maladie du sommeil), la variole, la lèpre, les pathologies intestinales, les maladies hydriques, les infections des voies respiratoires, l'onchocercose, les maladies sexuellement transmissibles dont la plus dangereuse à l'époque était la syphilis, les infections cutanées, etc.

Des mesures prophylactiques avaient été scientifiquement élaborées et mises en application, ce qui avait permis, entre autres, d'imposer des règles d'hygiène aux populations locales. Un réseau d'enseignement des infirmiers et autres auxiliaires médicaux commis à accompagner les médecins belges était opérationnel sur toute l'étendue de la colonie, sans parler des centaines d'hôpitaux et de laboratoires ainsi que des milliers de centre de santé et maternités.

A propos de cette merveilleuse réalisation coloniale, l'Organisation Mondiale de la Santé notait ceci dans un rapport confidentiel en 1962 : « *La médecine de luxe pratiquée au Congo par les colonialistes belges fait, qu'au*

---

[1] Lire à ce sujet André de MAERE d'AERTYCKE, André SCHOROCHOFF, Pierre VERCAUTEREN et André VLEURINCK, *Le Congo au temps des Belges. L'Histoire manipulée. Les contrevérités réfutées : 1885-1960,* Ed. MASOIN, Bruxelles, 2011, pp. 157-181.

moment de son indépendance, ce pays a, sur le plan médical, 20 ans d'avance sur tous les pays africains. Ni le gouvernement congolais, ni l'OMS ne sont en mesure de soutenir un effort de pareille envergure. Le gouvernement congolais a compris que la politique belge en matière de santé a suscité des problèmes démographiques et économiques qui se poseront avec une acuité sans cesse croissante au cours des prochaines années ». Un autre témoignage est celui d'un Français, le Dr Lapeyssonnie qui, dans *La Médecine coloniale,* écrit ceci dans un chapitre réservé au Congo Belge : « *Le nombre de médecins et praticiens de santé publique ainsi que la densité des établissements y atteindront des valeurs que l'on ne retrouve dans aucune autre colonie européenne ».*[1] Il est reconnu que les savants belges, grâce aux travaux de terrain menés en territoire colonial, ont beaucoup contribué dans la recherche mondiale sur les pathologies tropicales.

Actuellement, il ne reste plus rien, ou presque, de cet impressionnant héritage médical qui attirait sur notre sol des riches Sud-Africains pour les soins de santé. On se hasarde à ce jour dans des applications irréfléchies des recommandations internationales dictées par l'OMS[2] et autres institutions alliées qui organisent ateliers, conférences et séminaires de réflexion, de formation ou de renforcement des capacités dont le déploiement ajoute toujours de quoi affaiblir davantage un système de santé démoli et donc fragilisé. Pourtant, on gagnerait davantage en efficacité si on avait entrepris seulement de sauvegarder le riche héritage colonial en la matière.

Chacun sait le sort réservé par les Congolais au sage Discours du Roi Baudouin Ier le 30/06/1960, balayé d'un revers de la main par le Discours intempestif, bien que justifié du Premier Ministre P. LUMUMBA ! On a plus exploité le côté paternaliste des propos pourtant pas faux du Roi, sans chercher à en comprendre la quintessence. Très vite, on est passé dans des excès pour dénoncer la *science coloniale* sans pouvoir la remplacer par une science sensée être *authentique*! Les conséquences que nous vivons actuellement devraient nous inspirer de la modération dans nos propos et analyses pour ne pas diaboliquement persévérer dans l'erreur comme c'est le cas.

On devra donc se ré-inspirer de la science pour restituer au système médical congolais ses lettres de noblesse. On devra rompre avec la médecine

---

[1] Cités par *Idem*, pp. 181 et 168.
[2] Mon mandat au Ministère de la santé m'avait permis de fréquenter les couloirs de cette institution et de découvrir que celle-ci couvrait la haute maffia entretenue par des fabricants des médicaments aux habitudes peu éthiques. Je compris dès lors que le fait de ne compter sur elle constituait la meilleure façon de perpétuer certaines maladies *rentables* qui font l'affaire des industries pharmaceutiques, essentiellement occidentales.

bureaucratique, celle des programmes, des séminaires et autres campagnes et renouer avec la médecine préventive et curative, celle des services d'hygiène, des hôpitaux et centres de santé, des laboratoires et centres de recherche médicale.

Le pays devrait donc orienter les réflexions sur la restauration d'un système de santé adapté, avec l'option d'une reprise en main responsable par l'État du leadership ainsi que des dépenses y afférentes. Ne pouvant nous lancer dans les recherches très avancées dans le monde en cette ère des nanosciences, l'adoption d'un bon programme d'enseignement et des stages appropriés dans des formations médicales mieux pourvues peuvent aider les médecins congolais et autres professionnels de la santé qui opèrent bien des miracles dans des conditions de travail épouvantables, à améliorer leurs performances si de meilleurs cadres de travail leur sont fournis.

Les recherches locales devraient avant tout porter sur la prévention des maladies, dont celles dites des *mains sales* par des mesures appropriées d'hygiène corporelle, alimentaire et environnementale, étant entendu que la réduction de la morbidité et de la mortalité dans le monde doit davantage à l'hygiène et à l'alimentation qu'à la quantité et/ou la qualité des pilules avalées.

L'état d'insalubrité de nos espaces de vie offre des terrains fertiles à la reproduction microbienne et, donc, des cadres idéaux pour la propagation des maladies et la réapparition des maladies autrefois éradiquées par le système de santé colonial. A cela s'ajoutent des mythes et croyances fausses sur les maladies, sur les guérisons miraculeuses, sans oublier la marchandisation de l'art de guérir à laquelle sont forcés les opérateurs de santé suite à des impositions de différents bailleurs internationaux libéraux, très allergiques à toute velléité de gratuité des soins en faveur des populations dont on connaît par ailleurs le niveau de pauvreté.

Les recherches en santé devraient également s'intéresser aux problèmes de nutrition, étant donné que la sous-alimentation, la malnutrition et même la surnutrition sont causes de morbidité et de mortalité qui frappent toutes les couches de la population. Les nutritionnistes devront s'employer à étudier les habitudes alimentaires des populations diverses, à en fixer les déterminants socio-mystico-religieux, à relever les différents tabous alimentaires et leurs justifications, à inventorier les produits les plus consommés et à en envisager la production locale, à proposer des stratégies pour l'amélioration de la qualité des mets locaux en fonction des possibilités de la production locale.

Les études devraient également concerner les maladies dues à des modes de vie et à des types de travaux, même dans le monde rural. Déceler les causes sociales des maladies, dont celles dites modernes, consécutives aux stress qui rongent psychologiquement les acteurs sociaux soucieux des lendemains incertains... aiderait à lutter contre les nombreuses pathologies qui déciment nos populations par ignorance, les mêmes causes produisant les mêmes effets. Qu'on se souvienne des braves religieuses catholiques qui, soignant les enfants atteints de kwashiorkor, voient les mêmes enfants soignés et libérés par leurs centres, leur revenir avec les mêmes symptômes, les causes de la maladie n'ayant pas été combattues.

La médecine mentale devrait également intéresser les chercheurs en vue de rendre le sourire et la gaieté aux populations que menacent constamment les violences quotidiennes de la vie.

Un autre volet de recherche tout aussi important concerne la production pharmaceutique. Les soins administrés par la médecine moderne ne le sont que par des produits pharmaceutiques importés de l'étranger. Pourtant, les recherches locales peuvent aider à exploiter les vertus pharmaceutiques pragmatiquement prouvées de plusieurs plantes locales dans les divers éco-climats du pays. Cette chimie des plantes est à notre portée et ne nécessite pas nécessairement des équipements sophistiqués. Dans ce cas, le pays pourrait être relativement moins dépendant des produits étrangers, au moins pour lutter contre les grandes endémies identifiées qui déciment des populations entières. Aujourd'hui, le pays ne résisterait pas au moindre embargo qui le frapperait, comme cela a souvent été le cas par le passé.

Agronomie, zootechnie et chimie des plantes

"L'agriculture a été améliorée et modernisée...
Nous sommes heureux d'avoir ainsi donné au Congo malgré les plus grandes difficultés, les éléments indispensables à l'armature d'un pays en marche sur la voie du développement...
En face du désir unanime de vos populations nous n'avons pas hésité à vous reconnaître, dès à présent, cette indépendance. C'est à vous, Messieurs qu'il appartient maintenant de démontrer que nous avons eu raison de vous faire confiance." (Roi Baudouin, Discours du 30/06/1960)

Le premier travail assigné à l'homme, d'après la tradition biblique juive, est celui des champs, imposé à l'homme en guise de punition pour avoir désobéi au divin créateur. L'homme primitif, nomade, se nourrissait des produits de la cueillette et ne put se sédentariser que le jour où il invente l'agriculture qui consiste à semer des plantes pour en récolter des fruits. Ainsi que je n'ai eu de cesse de répéter à mes compatriotes en mal des miracles, le vrai miracle se produit dans le travail agricole : semer une graine pour en récolter des centaines reste un phénomène émouvant, quelles que soient les peines endurées. D'ailleurs, ces peines deviennent de moins en moins lourdes avec le développement des nouvelles techniques culturales toujours plus productives et, surtout, de la mécanisation des tâches humaines qui, elles, augmentent la productivité agricole dans des proportions jusqu'alors non imaginées.

Les nations fortes, développées ou émergentes, ont, toutes, commencé par développer leur agriculture. La terre devient nourricière et, donc, sacrée grâce à l'activité agricole qui permet la domestication par l'homme de certaines espèces sauvages de plantes qu'il cultive hors des conditions originelles, dans des milieux artificiellement créés.

Comme pour le domaine médical, la RDC a hérité d'un riche patrimoine agronomique en termes d'infrastructures de recherche, des résultats implémentés, de paysannerie organisée et productrice, d'entreprises agricoles performantes (agro-industrie), si bien que le pays était prospère en matière agricole. Ce domaine était lourdement pourvoyeur des devises de la colonie, tant les exportations des produits agricoles étaient diversifiées.

En effet, rapporte Wemo Menge, en impliquant la science dans la production agricole et l'organisation des paysannats, la colonisation, par le biais de l'INEAC a pesé sur les performances du pays en matière agricole. L'héritage de cette institution se limite cependant à la simple disposition d'un arsenal d'infrastructures et de matériels de recherche dont les Congolais, ignorants et passifs, ne savaient quoi faire, pour avoir été exclus des savoirs requis par l'Administration coloniale. « *Les Congolais,* écrit-il, *héritiers indifférents des patrimoines de recherche tant scientifique qu'agronomique ne s'étaient pas appropriés ces savoirs. Sans qu'ils aient été formés, ni initiés aux techniques de recherche, les connaissances que l'INEAC leur a léguées par défaut ne représentaient qu'une espérance chimérique... Le processus de transfert du savoir par la colonisation interposée ne privilégiait pas la formation des cadres universitaires destinés à l'apprentissage, à l'élaboration, à la transformation et à la gestion du savoir... En l'absence de formation et de compétence autochtone en matière d'agronomie tropicale, la succession est restée stérile malgré certains efforts déployés dans la réorganisation des paysannats agricoles. Comme entité sociale, les paysannats, en tant qu'école, ont constitué un lieu d'acquisition de savoir-faire et de recherche pour le développement. Cependant, ils n'ont pas permis aux Congolais de s'approprier le savoir issu de la colonisation et d'en faire un outil de progrès tant matériel qu'intellectuel ».*[1]

Si cette raison reste valable, il faut reconnaître que les Congolais n'ont pas voulu mettre les Belges devant leur responsabilité en saisissant la perche tendue par le Roi Baudouin qui, conscient du tort causé aux Congolais en leur privant de l'instruction nécessaire pour pouvoir se prendre en charge,

---
[1] WEMO MENGE, *op. cit.,* pp. 157-165.

avait quand même proposé le concours de son pays pour corriger cette erreur. Il est tout aussi vrai que Lumumba ne pouvait plus croire en la bonne foi des Belges qui venaient de vider les caisses de la colonie, de nationaliser les entreprises à Charte qui constituait son portefeuille et de la dépouiller, par des astuces juridiques hors de connaissance indigène, de son patrimoine, touten lui léguant, paradoxalement, une lourde dette arbitrairement fixée.

Mais, en refusant dans son discours improvisé la perche tendue par le Roi, il a offert à la Belgique un beau prétexte pour se disculper et rejeter la responsabilité de l'échec actuel aux turpitudes congolaises.

Cependant, Lumumba n'a eu que trois mois d'instabilité au pouvoir d'où il a été évincé pour être enfin assassiné. Ses compagnons ont, pour la plupart, été écartés du pouvoir ou, pour les plus récalcitrants, éliminés physiquement. Ce sont donc les progressistes et les ex-lumumbistes convertis au néocolonialisme qui ont guidé le pays, avec beaucoup de conseillers belges. Rien donc, sinon la mauvaise foi délibérée du colonisateur ne peut expliquer qu'on ait laissé les choses s'écrouler jusqu'au point d'effondrement actuellement atteint par toutes les infrastructures et tous les matériels légués par la Belgique à la nouvelle RDC indépendante.

La chute aux enfers n'a cessé de s'amplifier, avec la destruction de l'impressionnant patrimoine immobilier, l'abandon et la destruction des sites d'expérimentation, l'abattage des vergers expérimentaux par des chercheurs nationaux ou prétendus. Tout cela, couronné par la mise au feu d'une abondante documentation coloniale à Kinshasa par un *respectable* Ministre, lui-même Ingénieur Agronome formé à l'Institut Facultaire d'Agronomie *de* et *à* YANGAMBI, sous prétexte que ces données étaient dépassées !Occasion ratée du Gouvernement actuel : au lieu de réhabiliter le site de recherche de Yangambi avec moins de fonds pour relancer la recherche agronomique et booster l'agriculture en RDC, il a fait le choix d'engloutir de grosses sommes d'argent à Bukangalonzo dont la rentabilité à la longue est peu probable, mais dont les effets pervers sur la paysannerie locale se fait déjà sentir. En effet, avec le dixième des fonds noyés dans ce méga projet voué à l'échec, on pouvait lancer la production des semences améliorées dans les sites de l'INERA et relancer la production paysanne.

Il faut noter qu'en plus des désastres causés à l'activité agroindustrielle par la zaïrianisation des entreprises agroindustrielles appartenant aux étrangers, la trachéomycose, SIDA du café, a décimé toutes les plantations de café, notamment dans l'ancienne Province Orientale où l'on observe également le vieillissement des palmiers dû au non renouvellement de leur culture. La reprise de la culture du café nécessite un apport de l'État, car il faut nécessairement créer de nouvelles variétés résistantes à cette terrible maladie.

Des recherches s'imposent à cet effet, comme pour l'ensemble des cultures tant vivrières (bananes, manioc, maïs, riz, haricot, pomme de terre, ignames, patates douces...) que pérennes (palmier, cacao, hévéa, cocotier...) qui nécessitent de nouvelles semences améliorées, résistantes aux attaques virales ou des insectes. On importe déjà des variétés de certaines plantes améliorées dans les pays qui avaient récupéré les savants belges chassés du Congo nouvellement indépendant pour développer leur agriculture sur base des expériences menées à Yangambi. Et pourquoi ne pas redynamiser les différents centres locaux avec moins de fonds ?

Les cultures fruitières devront également retenir l'attention de nos chercheurs. Il est étonnant de voir la RDC importer des fruits et jus de fruits naturels et artificiels des pays lointains, même désertiques, alors que ses terres peuvent en produire de toute sorte et de meilleure qualité. Il importe de souligner qu'on peut introduire de nouvelles espèces de fruits domesticables en les important ou en conditionnant les fruits sauvages pour leur plantation domestique. Yangambi et ses stations de recherche, comme celle de Mvuazi, sont outillés pour ce faire.

Il y a donc nécessité de lancer un débat sur le sujet en vue des choix utiles de relance agricole tant attendue, voie appropriée pour la promotion d'une véritable classe moyenne productive et pour la lutte véritable contre la pauvreté des ruraux, lutte non basée sur les aides empoisonnées et *fatales* des ONGD, mais lutte contre la pauvreté par la remise des paysans au travail agricole productif.

Des recherches appropriées pourront déterminer la part des denrées alimentaires consommables sur place ou exportables ainsi que la part réservée à des cultures de rapport. On pourrait ainsi susciter les activités connexes multiformes : le crédit agricole, les banques rurales, la mécanisation agricole, le génie rural, l'hydraulique et l'électrification rurale, la transformation industrielle, la conservation et le stockage, le transport ainsi que la commercialisation de différents produits agricoles, telles sont les activités qui présentent d'incommensurables opportunités de création d'emplois, de savoirs, de savoir-faire, de richesses et de bien-être de toute la communauté nationale et même de l'Afrique tout entière.

En ce qui concerne l'élevage, il est tout à fait absurde de voir la RDC importer de la mauvaise viande de l'étranger alors qu'elle possède sur tout le territoire, particulièrement à l'Est montagneux, des prairies pouvant servir à l'élevage de plusieurs animaux domestiques connus ou autres encore sauvages que l'on peut apprivoiser.

Il en est de même des produits aquatiques. Dans nos grands et petits lacs, dans nos nombreux cours d'eau et marécages, moult poissons et autres espèces comestibles meurent de vieillesse. On peut également procéder à l'élevage de poisson en milieu naturel ou creuser des étangs piscicoles pour la pisciculture intensive. Il en est de même pour les chenilles et autres insectes traditionnellement comestibles dont les apports en protéines animales ont été attestés.

Tout cela ne pourra être rentable que si des recherches scientifiques sont menées en amont en vue de la rationalisation des différentes productions.

Bois et métiers de bois

Il n'existe au pays aucun centre de recherche ni sur le bois, ni sur les différents métiers de bois. Jusqu'ici, on se contente des bois coupés et généralement exportés sous forme de grumes sans contrepartie ni pour les populations locales, ni même pour l'État. Des recherches en la matière devraient porter autant sur la matière elle-même (reboisement, sciage, traitement, transformations, décorations, sculptures, charpente, construction, navigation et autres usages utiles) que sur les retombées des coupes de cet élément difficile à renouveler (dividendes financiers, actions sociales en faveur des populations riveraines, activités nouvelles de survie à la suite des déboisements massifs imposés à leurs milieux naturels...).

Le bois se prête également à de multiples usages humains : mobiliers, constructions domestiques, navales et des ponts, décorations, carrosseries, contreplaqués, chauffage, coffrage, nutrition, pharmacie... ainsi que d'éventuelles applications chimiques pour certaines essences forestières.

Environnement et aménagements écologiques

Les défis environnementaux nécessitent des études appropriées pour l'aménagement des sites répondant aux besoins humains, surtout dans les grandes agglomérations à forte densification démographique (habitat, centres administratifs, sites d'affaires, espaces verts, sites récréatifs, etc.). Comme la RDC abandonne ce domaine aux seuls coopérants étrangers, nos espaces déboisés servent de champs d'expérimentation pour le reboisement par des arbres *stériles* (acacia, eucalyptus...) au lieu de les remplir d'arbres fruitiers, à chenilles ou, pour tout dire, d'arbres utiles.

De nouvelles délimitations de réserves forestières ou des parcs nationaux devraient tenir compte des humains dont la survie dépend de leurs terres, forêts et cours d'eau. Il faut induire de nouveaux modes de vie et de production de sources de protéines animales en remplaçant la chasse et la pêche sauvages par l'élevage et la pisciculture domestiques ou à grande échelle. De même, il faut planifier l'apprentissage aux paysans des modes de production agricole intensive, l'agriculture extensive étant destructrice des forêts.

Tout cela nécessite que des études appropriées soient menées, même à partir de ce que la recherche coloniale a produit, rien de tel n'ayant été mené après elle.

Arts et métiers

Des métaux de joaillerie et autres pierres précieuses sortent toujours du pays à l'état brut, alors que le pays peut devenir grand exportateur des bijoux dorés et de pierres précieuses taillées, gadgets à très haute valeur ajoutée.

D'autres métaux ainsi que le bois et certaines pierres, cristaux, terres ou fibres peuvent servir à la production d'une multiplicité d'objets d'art, comme on le voit chez les batteurs de cuivre du sud Katanga, les sculpteurs Bakuba, les tailleurs d'ivoire Balobo, les potiers et autres artistes disséminés à travers ce pays aux multiples facettes culturelles.

Le Congolais est réputé pour son élégance en matière vestimentaire. Mais est-on avancé en création stylistique en la matière, au moment où toute la production textile s'est arrêtée au pays et que prospère le commerce des friperies et autres prêt-à-porter importés ?

Tous ces domaines nécessitent que leur soient consacrées des énergies intellectuelles encadrées pour des productions conséquentes.

Construction Bâtiments et Travaux Publics

La RDC est un pays à construire. Lorsque l'on observe les milieux de vie dans nos villes, surtout dans les quartiers périphériques, on se rend vite compte de l'ampleur des travaux de génie que nécessitent l'aménagement et la construction des sites pour divers usages : routes, logements, espaces verts, espaces publics (stades et infrastructures de jeux), voiries, sites commerciaux (marchés, magasins...), sites touristiques, etc.

La construction des routes et bâtiments ainsi que l'aménagement des sites pour divers usages nécessitent des recherches appropriées visant la production locale des matériaux de construction dont l'importation actuelle rend onéreuse même les plus petites bâtisses. Léonide Mupepele[1] renseigne que la RDC peut, à partir des ressources locales de nos carrières, produire tous les matériaux de construction. De même, Ahuka[2] démontre qu'à partir de nos minerais de fer, on peut produire tout ce dont on a besoin en matériaux ferreux pour des constructions solides destinées à plusieurs

---

[1] Léonide MUPEPELE Monti, *L'industrie minérale congolaise. Chiffres et défis*, L'Harmattan, Paris, 2012.
[2] André AHUKA Shamba, *L'industrie sidérurgique et le développement durable de la RDC*, L'Harmattan, Paris, 2015.

usages. A ce jour, absolument tout, même le ciment, est importé de l'extérieur, ce qui rend extrêmement onéreux tous les BTP.

Cela doit faire l'objet des recherches appliquées, non seulement pour améliorer les usages en cours, mais aussi pour, éventuellement, innover dans les opportunités d'utilisations nouvelles. Ainsi par exemple, on peut découvrir ou mettre au point de nouveaux produits autres que le goudron ou le béton pour revêtir nos routes en vue de les consolider ou de les protéger des érosions ou de la poussière. L'esprit d'innovation peut nous sortir des carcans actuels où l'on se trouve obligé de recourir en toute circonstance aux mêmes matières à acquérir de l'étranger.

Le secteur des transports mérite aussi une attention particulière. L'histoire renseigne que la révolution industrielle n'a pu se consolider qu'à la suite de l'invention du chemin de fer, le train ayant permis de transporter les biens produits dans des industries partout où les consommateurs potentiels pouvaient se trouver, même à des milliers de kilomètres des sites de production. Il s'agit d'un secteur qui nécessite d'importants investissements en vue de la construction des infrastructures appropriées aux différents modes de transport des personnes et de leurs biens : routes, rail, ports, aéroports...

Le choix des infrastructures des voies de communication, leurs tracées en fonction d'utilités non seulement techniques et économiques, mais aussi en fonction d'avantages politiques, sociaux et culturels qui doivent être bien planifiés. J'ai eu à évoquer cette problématique en dénonçant l'ingérence des experts des IFI dans ce domaine, avec leur logique ultralibérale qui ne réserve aucune place aux humains.[1] Des études multidisciplinaires sont donc attendues pour améliorer les productivités locales dans ces différents domaines.

Construction des machines artisanales motorisées

Aucun pays qui se respecte ne peut délibérément choisir de vivre dans une dépendance technique et technologique totale, comme c'est le cas pour la RDC. Au rythme du mépris actuel de la recherche scientifique, on peut se demander si un jour la RDC pourrait produire son moteur propre, ou même sa propre aiguille, comme ne cessait de le répéter, non sans regret, le Chef spirituel de l'Église kimbanguiste, Papa Joseph Diangenda.

Pourtant, la nécessité s'impose de commencer quelque part dans la construction des machines automotrices pour divers usages, fonctionnant sur base de formes diverses d'énergie que l'on peut exploiter localement. A partir d'expériences de ce genre, on pourra orienter les recherches sur la construction des usines locales sans nécessairement tout importer clé en

---

[1] E. BONGELI Yeikelo ya Ato, *La Mondialisation...*, op. cit., pp. 188-193.

mains, au lieu de vivre le drame actuel où les bricoleurs locaux, si géniaux, ne sont pas valorisés, neuves ou usagées. Cette nécessité exige que soient installés partout des centres de recherches appliquées et qu'on encourage les génies et inventeurs nationaux.

Construction métallique

Réputée pour contenir en son sein une variété de ressources du sous-sol, la RDC ne dispose malgré tout d'aucune manufacture destinée à produire un seul des produits finis de ses minerais, même s'il s'agit des transformations utiles pour des usages locaux d'utilité courante. Les produits extraits, en industriel comme en artisanal, sont exportés à l'état brut. Il y en est qui sont extraits ici mais raffinés pour l'exportation chez des voisins, comme la Zambie pour le cuivre ou le Rwanda pour le coltan ou autres minerais qui alimentent agressions étrangères et rébellions internes.

D'autres minerais, comme le fer, abondants au pays dont l'exploitation est soumise aux aléas des calculs stratégiques des multinationales minières, ne sont pas exploités, alors même que les produits qui en sont dérivés sont abondamment recherchés et importés. A ce propos, A. Ahuka[1] a exposé un projet d'implantation à travers le pays d'unités de production même petites, approvisionnées par les minerais locaux de fer et qui devraient couvrir les demandes locales en produits sidérurgiques qu'aujourd'hui, on importe en grande quantité.

Énergie : sources multiformes

Les problèmes énergétiques se posent différemment, selon que l'on se trouve en agglomérations urbaines ou en campagne, en zones industrielles ou en quartiers résidentiels.

La formation en électricité en RDC est plus orientée vers la distribution et la consommation que vers la production d'électricité. De la construction de barrages hydroélectriques à la fabrication des panneaux solaires en passant par tant d'autres formes d'énergie (thermique, mécanique, pétrolière, gazogène, éolienne, etc.), la RDC ne fait mener aucune recherche exploratoire visant à assurer ses sources d'approvisionnement en énergie. Les formations ne portent pas non plus sur des recherches dans ces domaines.

Or, nous sommes un pays arrosé d'eau douce, avec des chutes et rapides offrant les plus grandes opportunités d'érection de centrales hydroélectriques. La RDC recèle aussi du gaz méthane dans le Lac Kivu : abondante et inexploitée cette ressource menace d'exploser et de causer des millions de pertes en vies humaines, alors qu'elle peut produire énormément d'électricité. Le territoire congolais est également abondamment ensoleillé

---

[1] André AHUKA, *op. cit.*.

en permanence. Il vente en certains endroits. Notre espace forestier regorge d'une variété d'essences sauvages irrationnellement et simplement utilisées comme bois de chauffage. Le sous-sol recèle, lui aussi, du pétrole, du schiste bitumineux, du gaz et du charbon, tous matières pouvant générer de l'énergie. Nos villes croupissent dans d'énormes monticules d'immondices nauséabondes, transformables pourtant en sources d'énergie électrique. Bref, nous avons un pays aux multiples sources énergétiques variées mais dont les habitants sont les moins bien servis en la matière.

Il y a là un problème d'intelligences techniques et managériales pour lesquelles la RDC a accumulé tant d'incompétences et d'incohérences. Tenez, la présence en RDC de plusieurs électriciens formés à tous les niveaux n'empêche pas le pays de vivre quotidiennement l'instabilité du courant électrique !Toute comparaison n'est peut-être pas raison, mais celle-ci vaut la peine d'être évoquée : la RDC partage avec le Rwanda et le Burundi deux sources d'énergie communes, à savoir le barrage hydroélectrique de Ruzizi I (qui appartient en propre à la RDC) et celui de Ruzizi II (propriété commune aux trois pays). Cependant, la stabilité et la régularité dans la fourniture du courant électrique chez nos voisins contraste avec l'instabilité et l'irrégularité en RDC, pays aux multiples ingénieurs et techniciens électriciens !

Ainsi, des minoteries ayant pour matières premières les maïs ou manioc produits au Congo préfèrent s'implanter sur la rive gauche de la rivière Ruzizi et du Lac Kivu pour moudre et conditionner normalement (sans délestage électrique dangereux et coûteux) des farines pour leur clientèle... congolaise. Certaines industries manufacturières produisant pour la consommation congolaise préfèrent s'installer en Ouganda ou au Rwanda voisins pour bénéficier d'un approvisionnement normal en eau et en électricité, éléments indispensables à toute forme d'industrialisation. Le même phénomène s'observe aujourd'hui avec l'Angola qui approvisionne la RDC en tout à partir de la cité frontalière de Lufu.

Il est étonnant qu'on ne puisse jamais évoquer la nécessité de rendre disponibles les infrastructures pour attirer les probables investisseurs, au lieu de ne parler que d'un climat virtuel des affaires sans fondements matériels requis. La SNEL et ses ingénieurs ne causent pas seulement des dommages domestiques, mais contribuent à faire fuir nombre d'éventuels investisseurs du territoire national !

Il s'agit donc d'un domaine clé qui nécessite des études et réflexions scientifiques tant au plan technique que managérial. La recherche s'y invite instamment.

Eau

L'eau c'est la vie, mais non maîtrisée, l'eau c'est la mort. La RDC est un pays d'eau, d'eau douce s'entend. Mais, paradoxalement, c'est aussi le pays qui n'en a pas la moindre maîtrise, même pas la moindre connaissance qui lui permette de se doter d'eau potable ! Pourtant, l'eau douce, il y en a en abondance en RDC. Le bassin du Congo en constitue le deuxième réservoir du monde après celui d'Amazonie, en voie d'épuisement suite à sa surexploitation. En RDC, il y a de l'eau, de la bonne eau dans ses grands et petits lacs, dans son immense fleuve et ses nombreux affluents, dans ses innombrables rivières et ruisseaux, dans ses étangs géants, dans ses nombreuses sources d'eau dont des thermales, dans ses marécages disséminés à travers ses forêts denses, dans ses nappes phréatiques... sans parler d'abondantes précipitations pluvieuses qui en font une des régions la plus arrosée d'Afrique en toute saison!

Ce don en eau douce aurait cependant pu être transformé en atout si le pays avait investi dans la connaissance de l'eau, à son exploitation rationnelle pour des utilisations humaines variées. Faute de recherches appliquées et d'actions volontaristes dans ce domaine, la RDC importe honteusement même de l'eau potable !

Industrialisation et diversification de l'économie

On ne cessera jamais de le déplorer, la totale dépendance de l'économie congolaise aux matières minières brutes la rend plus que vulnérable, le pays n'ayant aucune emprise sur la fixation des prix de ses produits primaires vendus sur un marché international incertain. Les pays qui ont vécu des recettes pétrolières faciles en paient aujourd'hui le prix, suite à la chute brutale des cours du pétrole. C'est la raison, au Venezuela, de la débâcle du mirage économique légué par Hugo Chavez à successeur ! Même la dépensière Arabie Saoudite vient de s'en rendre compte et tente de financer des études sur une éventuelle diversification de son système économique, à l'instar des Émirats Arabes Unis qui avaient si heureusement prévenu la crise en réorientant leurs investissements avec l'argent de ce même pétrole finissant.

En RDC, la pauvreté des études économiques prospectives étonne ! Des scientifiques intéressés aux problèmes économiques préfèrent sombrer dans des théories et chiffres pseudo-scientifiques sur fond de paradigme néolibéral qu'eux-mêmes ne maîtrisent pas ou peu, au lieu de réfléchir sur l'instauration d'un système économique fiable à partir de l'observation objective des faits économiques qui relèvent des faits sociaux totaux et globaux. Tenant compte avant tout du vaste marché intérieur et d'un rayonnement extérieur conséquent, les économistes auraient dû réfléchir sur les possibilités d'autonomiser l'économie congolaise, totalement dépendante de l'extérieur. Sous le prétexte, certes vrai, qu'en procédant de la sorte, ils risqueraient de travailler pour rien dans un pays dont les acteurs politiques sont allergiques à la réflexion scientifique, nous, intellectuels nationaux, donnons de plus en plus raison à ceux qui nous suspectent d'avoir été formés pour rien, de ne servir à rien, de n'exister que pour nous-mêmes, de faire de la science *pour soi,* sans emprise sur la réalité.

Ce n'est pourtant pas une situation propre à la RDC. L'histoire des sciences renseigne qu'à ses débuts, les scientifiques ont dû s'imposer grâce à des lobbies constitués pour plier les politiques à l'acceptation de la science comme pilier de la transformation sociale. Des scientifiques en ont payé le prix, parfois à l'extrême, comme le témoignent les affres de la Révolution culturelle en Chine ou encore l'inquisition contre les intellectuels perpétrée au Cambodge par Pol Pot, en plein 20ème siècle technoscientifique. Même si rien de tel n'a été perpétré en RDC, on peut considérer comme inquisitoire l'extrême abandon de l'activité scientifique au profit d'un pragmatisme aveugle qui tarde toujours à produire des fruits escomptés.

On peut tout autant déplorer la méfiance totale, si pas le rejet a priori, dont font preuve les scientifiques à l'égard des programmes politiques arrêtés par nos différents dirigeants. C'est ce qui s'est passé avec les projets connus sous les slogans de *Cinq chantiers* et de la *Révolution de la modernité*. Si des scientifiques au pouvoir en ont fait des exploitations propagandistes ou égo-promotionnelles, les autres l'ont rejeté a priori, refusant même d'en prendre connaissance, rejetant ainsi une belle perche à eux tendue de collaboration élite politique/élite intellectuelle. Dès lors, l'élite politique se déploie dans ses tâtonnements qualifiés de *pragmatisme,* tandis que l'élite intellectuelle s'enroule dans sa tour d'ivoire intellectualiste, ruminant sa déception de ne pas être prise en compte, se déconnectant dès lors de la réalité sociale.

Un autre sujet préoccupant à approfondir concerne l'absence chronique des mesures d'encouragement à l'industrie locale, de nombreuses faveurs étant étonnamment accordées aux importateurs au détriment des producteurs locaux de divers produits : denrées alimentaires, produits pharmaceutiques, ciment et matériaux de construction, meubles (même les portes et fenêtres en bois), textiles, cosmétiques, boissons (toutes y compris de l'eau potable) et autres pacotilles. La RDC est un pays qui importe pratiquement tout.

Au lieu de frôler le ridicule dans des campagnes du genre *Consommer congolais* lancées à partir des magasins des expatriés garnis exclusivement de produits importés, on devra plutôt réfléchir sur les obstacles dressés à l'industrialisation du pays, même la petite industrialisation, par des pratiques peu éthiques et donc peu recommandables, souvent identifiées mais toujours non encore corrigées, encore moins sanctionnées.

On peut évoquer, à cet effet, la multiplicité des taxes officielles et celles perçues sous table par les agents des régies financières, les politiques sélectives en matière d'octroi de crédit bancaire (plus favorables aux politiciens non industrieux et aux étrangers qu'aux entrepreneurs nationaux), la corruption institutionnalisée (monnayage des signatures à tous les niveaux et exigence des commissions exorbitantes et non justifiées ni justifiables par les acteurs politiques, administratifs et même militaires),l'insécurité juridique *assurée* et *entretenue* par un appareil judiciaire notoirement laxiste et corrompu, la précarité de la paix récurrente dans certaines régions du pays, les amers souvenirs de triste mémoire de la zaïrianisation et des pillages ayant ruiné l'économie, l'absence de fourniture suffisante et fiable d'électricité et d'eau, l'insuffisance et la vétusté des voies de communication(routes, chemins de fer, voies fluviales balisées, ports et aéroports, voies aériennes).

Il convient de noter également le maintien et la consolidation de l'esprit de cueillette hérité de nos traditions ancestrales et illustré par l'absence totale de culture entrepreneuriale que ne promeut pas un système éducatif placé au-dessus de tout soupçon mais absolument contre-performant.

Il s'agit, pour les chercheurs, non seulement d'identifier ces éléments de blocage, mais aussi de déterminer leurs modes opératoires et d'en proposer les pistes de déblocage. Mais, plus que tout, il faut analyser l'extrême allergie des dirigeants congolais à passer à des actions positives ainsi que les raisons de leur penchant inexpliqué à l'impunité générale ! Il se pose dès lors la question cruciale des membres de l'élite politique et intellectuelle du pays qui s'habituent facilement à des routines malsaines, s'adaptent finalement à des conjonctures révoltantes et se résignent face à des défis sociopolitiques qu'ils peuvent affronter avec un tout petit peu de réflexions intellectuelles et de volonté politique pour passer aux actions améliorantes.

Nos comportements accréditent de façon désolante les propos en apparence racistes de M. Louis Franck, Ministre belge de la Colonie dans les années 1920-1924, qui notait que le Noir (Congolais) était caractérisé par *« l'imprévoyance, le conservatisme, le manque d'initiative. Qu'un arbre s'abatte dans la forêt et encombre le sentier, le Noir préférera détourner le sentier que d'enlever l'arbre... Il accepte sa vie et son sort tels qu'ils se présentent et s'il est livré à lui-même, il ne fait aucun effort pour améliorer ses conditions d'existence... Il est superficiel, vaniteux et imprévoyant... On conçoit aisément qu'abandonnées à elles-mêmes, les populations nègres ne fassent guère de progrès ».*[1] Raciste ou pas, la simple observation de ce que nous avons fait de l'héritage belge dans tous les secteurs, à Kinshasa comme à l'intérieur jusque dans les unités agroindustrielles disséminées à travers le pays, on ne peut qu'avoir honte de nos prouesses inégalables et inégalées en matière de destruction consciemment méchante. C'est ce qui justifie certainement les multiples ingérences étrangères dans nos affaires

---

[1] Cité par BONGELI, MBUYI Mukadi et NTUMBA Lukunga, In memoriam: Mabika Kalanda, in *Analyses Sociales,* vol. VIII, n° 1, janv. 2002, pp. 7-15.

internes, que celles-ci soient politiques, économiques ou sociales, environnementales ou techniques… consolidant dès lors notre statut peu honorable *d'État-bébé,* irrémédiablement irresponsable, fier de vivre d'aumônes que veulent bien lui consentir ses exploiteurs (même voisins).

La recherche scientifique devra donc baliser les voies pour l'adoption des politiques fertiles d'industrialisation du pays, qui impliquent des changements dans toutes les mentalités afin de les prédisposer aux actions utiles. Il y va de la survie collective de l'État congolais.

Armée

> *"Les doux ne recevaient des terres en héritage qu'à condition de posséder la force ... Il niait l'efficacité du droit international. Ce qu'une nation ne pouvait pas protéger par sa seule force ne pouvait être sauvegardé par la communauté internationale. Pour lui, il était à la fois insensé et répréhensible, pour une nation grande et libre, de se priver du pouvoir de protéger ses droits. Il trouvait odieuse l'attitude consistant à se fier à des traités de paix chimériques, à des promesses impossibles à tenir, à des bouts de papier de toute sorte, sans l'appui d'une force efficace".* (Henry Kissinger)[1]

Je ne puis terminer mon propos sans évoquer le sort de l'armée et de son rôle dans le domaine de la recherche scientifique. L'armée intéresse doublement la recherche scientifique ; d'abord comme objet d'études, ensuite aussi comme agent de recherche et d'applications technoscientifiques. En effet, l'armée devrait, en principe, constituer un corps d'élite, le seul corps de métier soumis à des règles de stricte discipline, chargé de la mission sublime de sécuriser et de défendre le territoire national en temps de guerre et, en temps de paix, d'assurer toute la protection nécessaire à la population civile.

Pour des raisons diverses, très peu d'études ont été consacrées à la problématique de l'armée en RDC. Ici, on a connu des armées multiples en fonction des temps, des lieux et des chefs, dans tous les cas, des armées qui, toutes, n'étaient ni républicaines, ni patriotiques, ni disciplinées et ne présentaient que des bilans fort mitigés, illustrés par des défaites même en face des ennemis moins armés. En conséquence, elles se sont toutes distinguées par leurs incompétences cumulées eu égard à ce que l'on est fondé d'attendre d'une armée nationale. Déjà en 2002, j'écrivais ceci sur elle :

> « Le Congo reste confronté à une grave crise militaire. Héritières de la mémorable Force Publique coloniale qui s'était distinguée par des hauts faits d'armes durant les deux guerres mondiales, les différentes armées du Congo ont brillé par leur incapacité chronique à

---

[1] Henry Kissinger, *op. cit.,* p. 31. L'auteur commentait ainsi les propos du Président américain Theodore Roosevelt, promoteur du *Big Steak,* politique américaine de puissance justifiant des ingérences extérieures.

protéger le pays et à garantir son intégrité territoriale. Aucune victoire militaire n'a été enregistrée sans l'apport des alliés étrangers malgré la présence des officiers aux titres scolaires élogieux, obtenus dans les meilleures écoles et académies militaires du monde. Nos armées ont détalé face à des agresseurs aussi minuscules que le Rwanda et l'Ouganda voisins, reculé devant des rebelles sans armes à feu (comme ceux de 1964), tourné le dos à l'ennemi au premier coup de feu...

Par contre, en matière de pillage, de mutinerie, de tracasseries de tous ordres, de viol et vol à mains armées, de terrorisme, d'exhibitionnisme, de parade et autres fanfaronnades, nos forces armées ont toujours fait étalage d'un professionnalisme machiavélique.

Visiblement, notre armée est butée à de sérieuses questions d'organisation, de conflits de leadership et d'esprit de corps (on a vu des Généraux fêter la défaite des troupes commandées par des concurrents) ; d'éducation morale et civique (le soldat est dressé contre sa société, un soldat valant, selon sa déontologie héritée de l'idéologie répressive coloniale, des dizaines de civils) ; de motivation (absence de casernes, conditions de vie déplorables, soldes de misère, abandons des familles des victimes mortes ou blessées en guerre, non prise en charge des invalides de guerre... bref, tout ce qui constitue un ensemble des conditions qui justifient les actes répétés de vandalisme et d'intimidation à l'encontre des populations civiles, mais aussi les longs replis face aux moindres menaces, même psychologiques, ennemies) ; d'embourgeoisement insolent de certains officiers et agents payeurs (preuve qu'il y a détournements des fonds décaissés pour l'armée) ; d'affairisme des chefs au détriment des troupes (détournement des véhicules, de main-d'œuvre et autres matériels dont, par exemple, des moteurs des chars transférés dans les bateaux privés, de rations et soldes absents des zones opérationnelles en temps de guerre...) ; de conclusion des contrats bidons (par exemple, en plein état de guerre, achat de véhicules inutilisables ou d'armes et de munitions incompatibles...) ; la propension à la jouissance (comme, le refus d'exploiter les informations alarmistes réelles, la participation d'un Chef d'État-Major Général de l'Armée à un gala médiatisé de catch au moment où le pays venait de subir une agression, l'organisation des manifestations ludiques comme le Giga-concert en pleine guerre avec le concours actif de l'armée...) ; de croyances fétichistes (sur les anti-balles ou sur l'invincibilité des ennemis...) ; du manque du sens de l'honneur (prétextes toujours évoqués pour justifier les débâcles successives, trahisons répétées, corruptibilité légendaire...) ; de tribalisme (GD Katangais de Tshombé, Bana Yakoma de l'ex-DSP de Mobutu, les Mbuza du Général Bumba, la retraite forcée des officiers kasaïens, les troupes (pseudo)congolaises des Banyamulenge, les unités spéciales katangaises de Kabila...) ; de népotisme ; d'absence de structures de recherche stratégique, etc.

En ce qui concerne les structures de la recherche stratégique, l'état actuel de l'Institut Géographique du Congo est révélateur de l'état actuel de notre armée, eu égard au rôle stratégique de la géographie. Il n'y a que dans ce pays où l'on peut trouver des officiers militaires analphabètes en matière de géographie et de cartographie, même lorsque le pays est en guerre ».[1]

Guy Aundu est revenu sur cette question de dérèglement de l'armée dans un ouvrage remarquable.[2] Il y décrit notamment comment, du fait de ce dérèglement, le monopole de la violence légitime, attribut étatique par excellence, s'exerce de manière anarchique et multipolaire par des branches ou individus isolés de cet organe, le rendant dès lors plus répressif contre les citoyens qu'il aurait dû protéger.

Dans un ouvrage documenté, bien qu'excessivement sentimentalisé, J.J. Wondo Omanyundu[3] revient, en militaire lui-même, sur cette problématique essentielle d'une armée apparente, tissée sur fond des bricolages désespérés, sur des bases institutionnelles usées, brisées, délabrées et sablonneuses. Cette question essentielle est paradoxalement négligée ou traitée avec une légèreté déconcertante en RDC, où l'on continue à s'enliser à cœur joie dans une œuvre de raccommodage d'un tissu en lambeaux sous prétexte de réformer l'armée.

Les problèmes relatifs à l'organe de défense du pays sont bien connus. Cependant, des solutions efficaces et durables ne sauront être envisagées sans que soient établis des états de lieux non complaisants, diagnostiquant la situation par des approches historique et socio-anthropologique. En effet, c'est sur les cendres d'une Force Publique (armée coloniale) détruite par une mutinerie des subalternes congolais non préparés au commandement d'une force armée républicaine que naît la kyrielle des armées congolaises. A l'accession du pays à l'indépendance en 1960, les soldats gradés avaient vu leurs homologues civils accéder aux postes de commandement politiques et administratifs désertés par les autorités civiles coloniales, alors qu'ils étaient, eux, bloqués par les officiers belges qui, par la bouche du Général Janssens, leur répétaient que l'indépendance ne changerait rien dans l'armée, corps de

---

[1] E. BONGELI Yeikelo ya Ato, *Sociologie et Sociologues..., op. cit.,* pp. 157-158.
[2] Guy AUNDU Matsanza, *op. cit..*
[3] Jean-Jacques WONDO Omanyundu, *Les armées au Congo-Kinshasa. Radioscopie de la Force Publique aux FARDC,* Monde Nouveau/Afrique Nouvelle, Saint-Légier (Suisse), 2013.

métier discipliné.[1] Ainsi, à l'instar de leurs pairs politiques qui réclamèrent l'indépendance immédiate pour des raisons de cueillette, les militaires gradés de la Force Publique congolaise n'avaient d'autres choix que de se mutiner afin d'accéder, eux aussi, aux plus hautes charges militaires sans y avoir été préparés !

C'est donc sur fond de cette mutinerie motivée par l'esprit de cueillette que fut montée, à l'aventure, une armée nationale par des ex-exécutants mués en hauts commandants en se distribuant des postes de responsabilité dans la hiérarchie militaire selon des critères spécieux. L'armée ainsi anarchiquement montée ne pouvait, elle-même, échapper à l'éclatement en divers morceaux, auxquels se sont rajoutés des milices créées par-ci par-là, au gré des intérêts politiciens. Le Premier Ministre Lumumba, surpris ou pas par les événements qu'il avait, avec ses collègues, provoqués, n'ira pas chercher loin : il arrache un ancien élève de l'école de formation militaire de Kananga de la vie civile (qu'il avait déjà depuis longtemps intégrée en qualité de journaliste), le nomme Colonel et lui confie la responsabilité de numéro un de la nouvelle armée nationale ! J'ai cité le Colonel MOBUTU qui, devenu Chef de l'État, finira sa carrière militaire en qualité de Maréchal, défait par des troupes rebelles, certes commanditées, mais apparemment moins formées et moins armées que les forces loyalistes.

Dès sa naissance, l'institution militaire a connu une course folle aux acquisitions de grades d'officiers supérieurs et généraux par des militaires sans formation au commandement, ni expérience, ni préparation appropriées. Cette pratique inqualifiable s'est incrustée dans les différentes factions armées et sera poursuivie jusqu'à nos jours au niveau de l'armée unifiée, avec des intégrations incontrôlées et des reconnaissances de grades acquis de manière fantaisiste, voire macabre, dans les centaines de milices rebelles d'essence fétichiste qu'a connues le pays, avec aussi de nombreux recrutements clientélistes aux grades d'officiers supérieurs ou même généraux. On comprend dès lors pourquoi rien ne marche en matière de défense et pourquoi nos troupes décrochent face aux moindres attaques, mêmes civiles.

A cela s'ajoute la non prise en charge patriote du devenir de ce secteur, rendu précaire et incertain par la multiplicité des coopérations qui débarquent chacune au pays avec leurs véhicules, ordinateurs, logiciels, plans, visions et marchés. Qu'il s'agisse des réformes, des formations, des mises à niveaux, de ravitaillement, d'équipement et autres opérations, que de rivalités entre coopérants étrangers, chacun avec ses suppôts locaux !

---

[1] *"Après l'indépendance égale avant l'indépendance"*, déclarait-il, avant d'être forcé, quelques jours seulement plus tard, avec ses pairs, à tout abandonner lors de la mutinerie *fondatrice* des armées nationales !

Vansevenant Jan, lui-même ancien coopérant belge au sein de l'armée de Mobutu, parle de cette multitude des coopérations militaires comme facteur empêchant la cohésion au sein des armées congolaises : *« Chaque pays amène sa vision, son matériel, sa logistique, ses tenues, ses mentalités, sa façon de faire, etc. Cela entraîne inévitablement des problèmes de standardisation et un climat concurrentiel malsain au sein de l'armée. De même que les formations* extra muros *de certains cadres de l'armée ! Les EFO-istes, les ERM-istes, les St-Cyriens, les Sandhurstiens, les 'Israéliens', les Rangers, etc. se concurrencent directement ainsi qu'indirectement à travers les coopérations militaires présentes au pays, et celles-ci n'hésitent pas de soutenir activement leurs* poulains *auprès des autorités locales. Outre les suspicions que cela entraine de la part des dirigeants, ceci ne favorise évidemment pas la cohésion dans l'armée, ni son opérationnalité ».*[1]

Si on a eu à déplorer ce manque de cohésion sous Mobutu quand les Généraux fêtaient, sous coupe de champagne, les défaites militaires de leurs collègues commis aux opérations, on a atteint aujourd'hui le ridicule quand, à la suite de la victoire sur les rebelles lourdement soutenus du M23, seule victoire imputable à une des armées nationales du pays, on a vu des officiers généraux s'en disputer la paternité en direct de la télévision nationale, chacun vantant la valeur de son Académie militaire d'origine ! Sans gêne, parce que peu de temps après, les auteurs sur terrain de ce haut fait d'armes unique dans l'histoire du pays disparaissaient successivement tous les deux dans des circonstances qui ne seront jamais élucidées.[2]

L'armée, dans un pays qui se respecte, est un corps intelligent d'élite caractérisé par la discipline, le patriotisme, le savoir multiforme, l'esprit d'équipe, la vision commune et le devoir d'agir, tous des qualités nécessaires à toute forme d'efficacité et de progrès. C'est ainsi que les pays les plus performants font du service militaire une obligation indistincte pour toute la jeunesse. Les armées américaine, russe, britannique, française ou israélienne constituent non seulement des institutions complexes et savamment organisées, mais aussi des niches de découvertes technoscientifiques énormes d'applications militaires et civiles. Il ne s'agit donc pas d'un dépotoir de marginaux ni d'un site de complaisance irresponsable.

L'Armée, institution cardinale de toute Nation désirant subsister dans un monde d'hostilité permanente, doit constituer un objet précis de recherches multidisciplinaires pour en fixer les objectifs, en déterminer les besoins en

---

[1] Avant-propos de J.-J. WONDO, *op. cit.,* p. X.
[2] Je rends hommage au Général BAUMA, mon jeune frère et mon ancien élève au Collège du Sacré-Cœur de Kisangani, qui m'appelait affectueusement Grand frère ou Professeur ou Oncle (il était Topoke) et que j'ai vu la dernière fois à l'aéroport de Goma d'où il avait conduit des expéditions victorieuses restées historiques.

formation tactique et civique, en concevoir des formes d'organisation et de collaboration entre ses divers embranchements, etc.

Conclusions

Je me crois obligé, avant de conclure, de commencer par évoquer le spectre d'une invasion possible, voire plus que probable, de la RDC par des peuples dont les territoires se trouvent aujourd'hui menacés de disparition confirmée par des scientifiques, suite à des perturbations climatiques qui provoquent inondations, séismes, tsunami, sécheresse et autres catastrophes naturelles ou sociales, tels le surpeuplement, la pollution des espaces vitaux, les guerres militaires ou économiques... Ces menaces réelles contre la RDC ont comme principaux épicentres les lointaines régions surpeuplées d'Asie exposées à de graves catastrophes naturelles, les proches pays arabes des Proche et Moyen-Orient ravagés par des guerres fratricides commanditées par les maîtres du monde, les très proches pays africains et voisins immédiats en crise d'espaces, d'eau ou d'autres ressources vitales.

Le scénario d'une occupation forcée de nos terres par des populations en quête d'espace vital viable ne relève pas de l'utopie et intéresse encore le pentagone américain ainsi que les métropoles européennes. Qu'on se souvienne juste que l'Amérique tout entière est peuplée et développée par des populations qui ont fui la famine en Europe pour occuper le continent découvert par Christophe Colomb. Ces dernières ont pris soin d'y éliminer tous ceux qui étaient soupçonnés de vouloir gêner leur implantation et de les remplacer par des hordes humaines corvéables à merci cruellement arrachées d'Afrique. Personne n'empêcherait une telle éventualité sur les sols africains. En cas de concrétisation en RDC, nous ne saurons ni défendre notre héritage ancestral, ni même nous protéger nous-mêmes, dans l'état actuel entretenu d'ignorance, d'inconscience, de désorganisation, de faiblesse... qui nous rend si fragiles et si vulnérables.

La RDC n'arrive pas à se sortir de l'éternelle crise dans laquelle elle s'enlise sans discontinuer depuis son accession à l'indépendance. L'issue de cette crise paraît incertaine lorsque l'on note l'indifférence entretenue de l'élite tant politique que savante. On ne décèle nulle part la moindre amorce d'une quelconque action de réflexion commune pour juguler la crise. Le pays a tourné le dos à l'activité cognitive et survit sans structure de réflexion nationale, sans appui des travaux intellectuels rationnels, sans maîtrise des données en présence. Les scientifiques congolais sont eux-mêmes rangés dans le camp des marginaux sociaux. Le pays opère ainsi sans cerveau national, condamnant dès lors ses habitants à une vie sociale végétative, incertaine, proche de la bestialité.

Dans la vie quotidienne, les Congolais réagissent par instinct aux incessantes violences de la nature contre lesquelles tout homme vivant doit constamment lutter. Le pays reste dès lors déboussolé, déconnecté, sans repères, sans connaissances, même pas sur lui-même, prêt à se lancer dans n'importe quelle aventure ou à se jeter, à la manière d'un parfait crétin, dans toutes les incertitudes suscitées par des recettes idéologiques que lui vendent *marchands et marabouts de développement* que sont les experts étrangers ou locaux *formatés*, onusiens ou assimilés.

Cela débouche, au plan politique, sur des tâtonnements préjudiciables à la communauté, sur des pratiques politiques relevant d'un pragmatisme délité, qu'on peut qualifier de littéraire, se résumant en discours abondants et bavards portant sur tout sans rien en savoir, accumulant les erreurs, prétendant tout faire sans rien faire tout en faisant !

Il appartient aux intellectuels, s'ils veulent exister comme tels, de briser ce cercle vicieux de l'ignorance en réhabilitant l'activité intellectuelle, en la fondant sur une recherche scientifique utile et citoyenne. On se doit de dénoncer la triste réalité, visiblement mortelle, vécue en la matière. On se doit de faire l'apologie de la réflexion intellectuelle qu'il sied d'incruster dans nos pratiques sociales, car seule l'activité cognitive, si atone compliquée et complexe soit-elle, confère l'intelligence, la vraie, la sûre, celle qui génère le savoir-faire productif, le savoir-mieux-faire, le savoir être toujours plus rationnel, le mieux-être collectif et individuel, la force véritable...bref, la puissance effective.

Il faut, pour ce faire, combattre le charlatanisme et les tendances antiscientifiques installées et revenues en force à la faveur de la crise, elle-même provoquée et entretenue. Accepter d'être soumis à des pratiques obscurantistes des illusionnistes fétichistes et autres prestidigitateurs, qu'ils soient politiciens, experts, escrocs, magiciens ou religieux, qui, tous, envahissent nos rues et nos écoles, violent nos maisons par la magie des médias, terrorisent nos esprits, vendant des drogues culturelles négatives en plein air et en toute impunité, générant dès lors des pratiques politico-sociales menant à l'absurdité, accepter cette soumission, disais-je, est une manière sûre de nier notre humanité et donc de nous résigner aux traitements que nous réservent les vrais humains, ceux qui maîtrisent savoir et savoir-faire.

Si le Congo offre ce paradoxe rebutant d'un pays aux multiples ressources dormantes, contrastant avec une tragique pauvreté, c'est suite à la triste marginalisation de la science et des scientifiques, non seulement par nos dirigeants et gouvernements successifs, mais aussi par les scientifiques eux-mêmes dont les savoirs qui ne servent à rien deviennent étourdissants. En effet, écrit Wemo Menge, « *abusé par l'idée d'une richesse inépuisable de son sous-sol, le Gouvernement congolais n'a manifesté aucune volonté d'investir dans le domaine de la recherche, trop aléatoire selon lui. Les chercheurs et professeurs ont travaillé de manière isolée, sans programme ni guide de recherche. Les pouvoirs publics ont anéanti tous les efforts constructifs qui ont pu apparaître. Sans salaire conséquent et régulier, face au manque de budget d'équipement, les scientifiques congolais se sont transformés en bureaucrates ou en collecteurs de données pour les centres de recherche des pays étrangers. Toutes les structures d'enseignement et de recherche du Congo indépendant n'ont ainsi pu égaler voire dépasser le modèle colonial, au contraire : il y a eu stagnation puis déperdition accélérée des savoirs... L'État s'est retourné vers les consultants étrangers pour mettre sur pied tout projet de développement ou de recherche. Les travaux effectués par les chercheurs locaux, bien que valables, ont été ignorés du pouvoir ».*[1]

Il faut créer une culture scientifique proprement congolaise, afin que les connaissances scientifiques et technologiques occupent les colonnes de nos revues scientifiques et de nos journaux, résonnent dans les écrans de nos télévisions, dans les haut-parleurs de nos radios, dans nos affiches publicitaires et murales, dans nos écoles grandes et petites, dans nos églises, dans notre littérature, dans notre musique... afin qu'elles imprègnent nos pratiques quotidiennes à tous les niveaux.

Cet impératif n'autorise pas une ruée irréfléchie sur la techno science. Kambayi Bwatshia met en garde que « *la science est un phénomène culturel qui, loin d'être universel, est un trait propre à une culture donnée. Une science acquise dans une culture étrangère n'amène guère au progrès. S'installant coûte que coûte sans s'inculturer, elle fatigue et aliène* ».[2]

Les politiques publiques à élaborer sur la recherche scientifique doivent répondre, pour chaque domaine, aux préoccupations sociales suivantes : Que faut-il savoir ? De quelles connaissances et de quel savoir-faire a-t-on besoin pour générer quelle pratique sociale en vue de faire évoluer la RDC, de la rendre véritable *eloko ya makasi (objet de valeur)* ? Il faut, à cet effet, établir les rapports entre la recherche, le savoir, le savoir-faire, le pouvoir et le pouvoir-faire. Car, il n'y a d'émergence à proprement parler, que lorsqu'une communauté nationale est en mesure d'affronter et de trouver réponses aux vrais problèmes sociaux et techniques qui s'y posent en obstacles objectifs à des progrès sociaux qualitatifs.

En effet, un chercheur qui mettrait au point un produit susceptible de permettre aux poules de voir la nuit aura fait une découverte scientifique sensationnelle, mais sans intérêt, à moins de prouver ce que gagneraient les Congolais dans cette trouvaille! De même, si les recherches sur la neige intéressent les Européens, elles ne présentent aucun intérêt immédiat pour un

---

[1] *Op. cit.*, pp. 186-187.
[2] Jean KAMBAYI Bwatshia, *Faillite de la raison et raison de la faillite dans la postmodernité,* Eugemonia, Kinshasa, 2016, p. 63.

pays d'extrême chaleur qu'est le Congo, où il n'a jamais neigé, en dehors de la neige éternelle sur le pic inhabitable et disputé du Mont Ruwenzori.

L'État congolais ne peut donc en aucun cas se dédouaner de ce devoir et doit pouvoir impérativement et urgemment inventorier les besoins du Congo en connaissances scientifiques nécessitant des recherches dans différents domaines et fixer les priorités de recherche en fonction des demandes sociales.

Une utilisation raisonnée de la science et des scientifiques nécessite l'institution d'une *Académie Congolaise des Sciences et Techniques,* qui devra s'appliquer, non seulement à organiser la recherche scientifique en en fixant les priorités et en en orientant la pratique, mais aussi à mettre sur pied un meilleur système d'enseignement préparant à la recherche scientifique dans tous les domaines intéressant l'émergence de la Nation. La communauté scientifique congolaise ainsi constituée devra se doter des normes rigoureuses, mais aussi se fixer des critères d'ouverture à tous les chercheurs, pas seulement universitaires, les différentes recettes de bricoleurs pouvant être améliorées et servir aux grands publics.

C'est l'unique voie pour mener à l'émergence, à la puissance. C'est un défi pour les intellectuels congolais en ce moment historique. Je rappelle que ce sont les intellectuels eux-mêmes qui, en Europe, s'imposèrent sur la scène publique en tant que dépositaires de la vérité vérifiable, renouvelable et utilisable aux dépens des prétentions religieuses de détention du monopole d'une introuvable et indémontrable Vérité absolue.

Dis-moi ce que tu cherches, je te dirai qui tu seras, chère RDC. Comme jusque-là, tu ne cherches encore rien, tu seras de moins en moins jusqu'à ne plus rien être du tout. La puissance par la science, ou la disparition par l'inconscience, voilà le défi d'un État stratégique que je souhaite voir institué en RDC!

BIBLIOGRAPHIE

- ABDELMALKI, Lahsen et Réné SANDRETTO, *Politiques commerciales des grandes puissances. La tentation néoprotectionniste,* De Boeck, Louvain- la-Neuve, 2011.
- ADOVETI, Stanislas, *Négritude et négrologues,* 10/18, 1972.
- AHUKA Shamba André, *L'industrie sidérurgique et le développement durable de la RDC,* L'Harmattan, Paris, 2015.
- ALLEN, Robert C., *Introduction à l'histoire économique mondiale,* La Découverte, Paris.
- AUNDU Matsanza, Guy *L'État au monopole éclaté. Aux origines de la violence en RD Congo,* L'Harmattan, Paris, 2012.
- AVIOUTSKII, Viatcheslav *Géopolitiques continentales. Le monde au XXIe siècle,* Armand Colin, Paris, 2006.
- BADIE, Bertrand et Dominique VIDAL (Dir.), *Un monde d'inégalités. L'état du monde 2016,* La Découverte, Paris, 2015.
- BAUBY, Pierre *Reconstruire l'action publique. Services publics, au service de qui?,* La Découverte - Syros, Paris, 1999.
- BERTHIER, Thierry, L'innovation comme paradigme : le cas israélien, *R&D Start Up, Elad Ratson,* 31 janvier 2014, in Internet.
- BILLIER, Jean-Cassien, *Introduction à l'éthique,* PUF, Paris, 2010.
- BIMBOT René et Isabelle Martelly, *La recherche fondamentale, source de tout progrès,* in http./histoire-cnrs.revues.org/9141#/tocto1n4
- BLOOM, Howard *Le principe de Lucifer. Une expédition scientifique dans les forces de l'Histoire,* Le Jardin des Livres, Paris, 2002.
- BOILLOT Jean-Joseph et Stanislas DIMBINSKI, *Chindiafrique. La Chine, l'Inde et l'Afrique feront le monde demain,* Odiel Jacob, Paris, 2014.
- BONGELI Yeikelo ya Ato E., A la recherche du philosophe congolais, *Analyses Sociales. Hommage à Mabika Kalanda,* Volume VIII, numéro 1, Juin 200.
- BONGELI Yeikelo ya Ato E., *Éducation en RDC, fabrique des cerveaux inutiles?,* L'Harmattan, Paris, 2015.
- BONGELI Yeikelo ya Ato E., *La Mondialisation, l'Occident et le Congo-Kinshasa,* L'Harmattan, Paris, 2011.
- BONGELI Yeikelo ya Ato Emile, *D'un État-bébé à un État congolais responsable,* L'Harmattan, Paris, 2009.

- BONGELI Yeikelo ya Ato, E. *Sociologie et sociologues africains. Pistes pour une recherche sociale citoyenne en RDC,* L'Harmattan, Paris, 2000.
- BONGELI Yeikelo ya Ato, Lutele Nseka et Ndam Kasongo, Pour un autre développement des entités rurales au Zaïre : Le cas de la zone rurale de Gungu, *Analyses Sociales,* vol. II, n° 4, juil.-Août 1985.
- BONGELIYeikelo ya Ato E., La nouvelle politique européenne face à la crise alimentaire en Afrique, in *Analyses Sociales,* vol. II, n° 6, déc. 1985.
- BONGELIYeikelo ya Ato E., *L'Université contre le développement en RDC,* L'Harmattan, Paris, 2009.
- BONGELIYeikelo ya Ato E., *Les émigrés ruraux en milieu urbain : le cas des Bambole à Kisangani,* Mémoire de Licence en Sociologie, Université Nationale du Zaïre, Campus de Lubumbashi, 1975.
- BOSEKO Ea BOSEKOJacques, *Le mythe d'INAKALE. Au-delà des nœuds et pesanteurs de la vie en Afrique noire,* Ed. RDC Logos, Kinshasa, 2015.
- BOTOLO M., MAKAMU M., et MANSOMBI P., La question d'une "Science africaine", *Zaïre-Afrique,* n° 95, mai 1975.
- BOUQUEGNEAU, Christian, Innovation et qualité, in *Les nouveaux défis des Écoles d'ingénieurs,* AUPELF-UREF, 1996.
- BREZINSKI, Claude, *Histoires des sciences. Inventions, découvertes et savants,* L'Harmattan, Paris, 2006.
- BRICKMONT, Jean *Impostures iintellectuelles,* Éd. Odile Jacob, Paris 1997.
- CHELO, Bonaventure *Lecture des livres : clef pour forger la créativité, construire l'imagination et favoriser l'intuition,* Ed. BUTRAD, Kisangani, 2013.
- CORN, George, *La question religieuse,* La Découverte, Paris, 2009.
- DAHL, Robert A. *De la démocratie,* Nouveaux Horizons, Paris, 2001.
- DAMBISA MOYO, *L'aide fatale. Les ravages d'une aide inutile et de nouvelles solutions pour l'Afrique,* JC Lattès, Paris,2009.
- De MAERE d'AERTYCKE, André, André SCHOROCHOFF, Pierre VERCAUTEREN et André VLEURINCK, *Le Congo au temps des Belges. L'Histoire manipulée. Les contrevérités réfutées : 1885-1960,* Editions MASOIN, Bruxelles, 2011.
- De SARDAN, Olivier, *Anthropologie et développement. Essai en socio-anthropologie du changement social,* APAD-Karthala, Paris, 1995.
- DELANNOY, Sylvia, *Géopolitique des pays émergents. Ils changent le monde,* PUF, Paris, 2012.

- DEVIN, Guillaume, *Faire la paix. La part des institutions internationales,* Presses de Sciences Po, Paris, 2009.
- DOBRESCU, Paul, *La ruse de la mondialisation. L'assaut contre la puissance américaine,* L'Harmattan, Paris, 2015.
- DORTIER, Jean-François, Les bouillons de culture, *Les grands dossiers des Sciences Humaines,* n° 38, Mars-Avril 2015.
- DUBOIS, Michel, *Introduction à la sociologie des sciences,* PUF, Paris, 1999.
- DUPRIEZ, Hugues, *Agriculture tropicale et exploitations familiales d'Afrique,* Terres et Vie, Nivelles, 2007.
- ELA, Jean-Marc *La ville en Afrique noire,* Karthala, Paris, 1983.
- ELHAYANI, L'intérêt de la lecture, in http://lewebpedagogique.com/collgeyoussefbentachfine/2011/04/27/l%E2%80%99interet-de-la-lecture/
- ESAMBERT, Bernard, La guerre économique mondiale, Ed. Olivier Orban, Paris, 1991.
- FELDMAN, Jacqueline (sous la direction de), *L'idée de science au XIXe siècle. Huit soirées de lecture à la Bibliothèque des Amis de l'instruction du IIIe arrondissement,* L'Harmattan, Paris, 2006.
- FISK, Robert, *La grande guerre pour la civilisation. L'Occident à la conquête du Moyen-Orient (1979-2005,* La découverte, Paris, 2005.
- FONTANEL Jacques (Ed.), *Questions d'éthique,* Paris, 2007.
- FREIRE, Paulo *Pédagogie des opprimés suivie de conscientisation et révolution,* Maspero, 1971.
- GAUDIN, Jean-Pierre *L'action publique. Sociologie et politique,* Presses de Sciences Po et Dalloz, Paris, 2004.
- GINGRAS, Yves, *Sociologie des sciences,* PUF/Que sais-je ?, Paris, 2013.
- GIROUD, Françoise, *On ne peut pas être heureux tout le temps,* Fayard, 2001.
- Gode MPOY, *La Banque mondiale et la réforme des entreprises publiques congolaises,* L'Harmattan, Paris, 2015.
- GORE, Al, *Le futur. Six logiciels pour changer le monde,* Nouveaux Horizons, Paris, 2013.
- GUIGOU, Jacques Le sociologue rural et l'idéologie du changement, *L'homme et la société,* n° 19, 1971.
- Günter, Markus Agenda 2000 : un train de réforme pour l'UE, in *Deutschland. Revue sur la politique, la culture, l'économie et les sciences,* n° 2/99, avril-mai 1999.
- http://vr2.fr/les_newsletters/public/2011/mai/les_bienfaits_de_la_lecture.ph

- Huguenin, François La lecture, in *La Newsletter VR2 - Documentaire.*
- IBULA Mwana Katakanga et KAMBALE Kavunga, La réforme de l'Administration publique, in *Le Diagnostic*, Vol. 1, n° 00, Avril-Juin 1993, pp. 64-70.
- ILLICH, Ivan, *Œuvres complètes,* Volume 2, Fayard, Paris, 2005.
- ILUNGA KABONGO, La problématique de la recherche scientifique en société bloquée : le fond du problème, *Zaïre-Afrique*, n° 145, Mai 1980, pp. 275-288.
- KANKUENDA Mbaya Justin, *Marabouts ou marchands du développement,* L'Harmattan, Paris, 2000.
- KASONGO-NUMBI Kashemukunda, *L'Afrique se recolonise. Une relecture du demi-siècle de l'indépendance du Congo-Kinshasa,* L'Harmattan, Paris, 2008.
- KATEB, Alexandre *Les nouvelles puissances mondiales : pourquoi les BRIC changent le monde,* Ellipses, Paris, 2011.
- KEBIR, Ali, *Sortir de la démocratie,* L'Harmattan, Paris, 2015.
- KISSINGER, H. *Diplomatie,* Fayard, Paris, 1994.
- KREMER-MARIETTI, Angèle et Jean DHOMBRES, *L'épistémologie : état des lieux et positions,* Ellipses, Paris, 2006.
- KRUGMAN, Paul R., *La mondialisation n'est pas coupable. Vertus et limites du libre-échange,* La Découverte, Paris, 2000.
- KÜBLER, Daniel et Jacques de MAILLARD, *Analyser les politiques publiques,* Presses Universitaires de Grenoble, Grenoble, 2009.
- *La Bible,* Alliance Biblique Universelle, 1995.
- LALANDE, A., *Vocabulaire Technique et critique de la philosophie,* P.U.F., 1972.
- LANDES, David S., *Richesse et pauvreté des Nations,* Albin Michel, Paris, 2000.
- LE BRETON, Jean-Marie, *Grandeur et destin de la vieille Europe 1492-2004. Essai historique,* L'Harmattan, Paris, 2004.
- LIU Zeting (dir.), *La Chine innove. Politiques publiques et stratégies d'entreprise,* L'Harmattan, Paris, 2014.
- LOBHO Lwa Djugudjugu, *Troisième République au Zaïre. Perestroïka, Démocrature ou Catastroïka*, Bibliothèque du Scribe, Kinshasa, 1991.
- LONGANDJO O. A. L., *La crise zaïroise et les modes de production anthropo-sociologiques. Pour une pratique anti (ethno)-sociocidaire ou insurrectionnelle*, inédit, 1979.
- LOROT Pascal (sous la dir.), *Dictionnaire de la mondialisation,* Ellipses, Paris, 2001.

- LOUVEL, Roland, *Les ruses de la mondialisation en Afrique noire. Le rôle des intermédiaires du développement*, L'Harmattan, Paris, 2013.
- LUMANU Mulenda Bwana N'Sefu, Le Dialogue national formule Lusaka à l'épreuve du patriotisme et des défis et exigences d'une guerre d'agression. Démocidie, patricidie et statocidie dans le discours de la classe politique congolaise, in MWEZEC.N., *Pour quelle communication politique en RDC ? Réalités, contraintes et perspectives,* FCK, Kinshasa, 2001.
- LUTTWAK, Edward N. *Le rêve américain en danger,* Ed. Odile Jacob, Paris, 1995.
- MABASI Bakabana Frédéric-Bienvenu, *L'invention des possibles. La rationalité technoscientifique face au défi du sous-développement en Afrique subsaharienne,* Academia- L'Harmattan, Louvain-la-Neuve, 2014.
- MABIKA KALANDA, *Rapports - Missions d'études dans les centres et instituts de recherche (Kivu, Équateur et Haut-Zaïre),* août-novembre 1986, texte inédit.
- MABIKA-KALANDA, *La remise en question, base de la décolonisation mentale,* Études congolaises - Remarques africaines, Bruxelles, 1967.
- MAO TSE TOUNG, *Écrits choisis en trois volumes I*, Maspero, Paris, 1969.
- MARICHEZ, Jean *Croyances meurtrières. Essai pour la paix,* L'Harmattan, Paris, 2011.
- MASHIMANGO Abou-Bakr Abelard, *La dimension sacrificielle de la guerre. Essai sur la martyrologie politique,* L'Harmattan, Paris, 2012.
- MBAYA, Etienne-Richard Etat de droit, démocratie, droits de l'Homme et paix en Afrique, in *Les Cahiers Présence Africaine,* Paris, 1996, pp.240-269.
- MBAYA Mudimba R., Les intellectuels, la recherche et le développement en RDC, *Revue philosophique de Kinshasa,* Vol. XVII, n°32, Juil.-Déc., 2003, pp. 123-132.
- MBAYA Mudimba Rémy, *Conditions technologiques de développement de la RDC et de l'Afrique. De l'obscurité de l'ignorance à la lumière de la rationalité. Kozangankoyeba ezali liwa,* Editions Universitaires Africaines-IRES, 2014.
- MBUYAMBA Kankolongo, Alphonse *Promouvoir la recherche scientifique et technologique en RDC. Un enjeu pour l'avenir,* Les Éditions de la Pensée Pensante, Kinshasa, 2010.
- MERTON, Robert King, *The Sociology of Science. Theoretical and Empirical Investigations,* Chicago, University of Chicago Press, 1975.

- MICHELS, A., J.-L. NANCY, M. SAFOUAN, J.-P. VERNANT et D. WEIL, *Homme et sujet. La subjectivité en question dans les sciences humaines,* L'Harmattan, Paris, 1992.
- MISENGA NKONGOLO, L'affirmation de soi, condition du développement du Tiers-Monde, *Analyses Sociales*, Vol. I n° 5, Octobre 1984, pp. 48-55.
- MOKUINEMA Bomfie Edmond, *Histoire des idées et des faits socioéconomiques de l'Afrique,* L'Harmattan, Paris, 2014.
- MOKUINEMA BomfieEdmond, *Religion et violence comme langage de contre-hégémonie,* L'Harmattan, Paris, 2016.
- MORIN Edgar et Tariq RAMADAN, *Au péril des idées. Les grandes questions de notre temps. Entretiens avec Claude-Henry Du Bord,* Presses du Châtelet, Montréal, 2014.
- MOURTONT, Jonathan Jay,*Le Japon : un ordre de croyance. L'influence du « fait religieux » dans les affaires internationales,* L'Harmattan, Paris, 2013, p. 15.
- MUDIMBÉ, V. Y. *L'odeur du Père. Essai sur des limites de la science et de la vie en Afrique Noire,* Présence Africaine, Paris, 1982.
- MUKENDJI MbandakuluMartin Fortuné, *Prolégomènes à la recherche et aux méthodes scientifiques en sciences sociales,* Ed. Feu Torrent, Kinshasa, 2015.
- MULUMBA Kabuayi wa BondoF., *La responsabilité des intellectuels dans la crise en RDC,* Ed. Le Potentiel, Kinshasa, 2007.
- MUMENGI, Didier, *Panda Farnana, premier universitaire congolais,* L'Harmattan, Paris.
- MUMENGI, Didier, *Sortir de la pauvreté. La révolution du bon sens,* L'Harmattan, Paris, 2006.
- MUMENGI, Didier, *La naissance du Congo. De l'Égypte à Mbanza-Kongo,* L'Harmattan, Paris, 2009.
- MUPEPELE Monti, Léonide *L'industrie minérale congolaise. Chiffres et défis,* L'Harmattan, Paris, 2012.
- MUTAMBA Makombo, Jean-Marie, *Autopsie du gouvernement au Congo-Kinshasa. Le Collège des Commissaires Généraux (1960-1961) contre Lumumba,* L'Harmattan, Paris, 2015.
- MUTUZA KABE, Mise en question du concept d'État et de civilisation, *Présence Africaine,* n° 108, 1978, pp. 3-18.
- MWABILA Malela, *De la déraison à la raison. Appel aux intellectuels Zaïrois pour un nouveau débat sur la société,* Nouvelles Éditions Sois-Prêt, Kinshasa, 1995.
- MWAMBA Mputu, Baudouin, *L'Afrique face au défi de la technoscience. Histoire et enjeux,* L'Harmattan, Paris, 2013.
- MWAMBA Mputu, Baudouin, *L'Afrique au procès de la technoscience. Histoire et prospective,* L'Harmattan, Paris, 2016.

- MWAYILA TSHIYEMBE, *Quel est le meilleur système politique pour la RDC : fédéralisme, régionalisme, décentralisation ?,* L'Harmattan, Paris, 2012.
- NGOMA BINDA, *Théorie de la pratique philosophique,* IFEP, Kinshasa, 2010.
- NIZAN, Paul *Les chiens de garde,* Maspero, Paris, 1976.
- NJOH MOUELLE Ebénézer, *Henri Bergson et l'idée de dépassement de la condition humaine,* L'Harmattan, Paris, 2013.
- NTAMBWE Tshimbulu Raphaël,*La critique africaine de la technoscience.Concepts, courants et structure,* Academia-Bruylant, Louvain-la-Neuve, 1998.
- NZENGE Alaziambina, *Intelligence et guerres. Essai sur la philosophie politique de Henri Bergson,* Thèse en Philosophie, Faculté des Lettres, UNAZA/Lubumbashi, 1990.
- OMASOMBO J. (Dir.), *Le Zaïre à l'épreuve de l'Histoire immédiate. Hommage à Benoît Verhaegen,* Karthala, Paris, 1993.
- PALAMA Bongo Nzinga, François, *Penser l'incertain. Application à l'audiosociologie et au schéma audiosociologique,* Presses Universitaires de Kinshasa, Kinshasa, 2015.
- PEQUIGNOT, Bruno, *Utopies et sciences sociales. Textes réunis,* l'Harmattan, Paris, 1998.
- PIERTRASANTA, Yves *Ce que la recherche fera de nous,* L'Harmattan, Paris, 2004.
- PORTELLI,H.,*GRAMSCI et le bloc historique*, PUF, Paris, 1972.
- PRIGOGINE Ilya et Isabelle STENGERS, *La nouvelle alliance. Métamorphose de la science,* Gallimard, Paris, 1979.
- RAMONET, Ignacio, *Géopolitique du chaos,* Gallimard, Paris, 2007.
- REBOU1, Olivier,*Langage et idéologie.* PUF, Paris, 1980.
- RIST, Gilbert, *Le développement, histoire d'une croyance occidentale,* Presses de Sciences Po, Paris, 2013.
- ROMPRÉ, David, *La sociologie, une question de vision,* L'Harmattan-Les Presses de l'Université Laval, Paris, 2000.
- ROSTOW, Walt Whitman, *Les étapes de la croissance économique,* Economica, Paris, 1997.
- SCHAFF, Adam, La définition fonctionnelle de l'idéologie et le problème de la « fin du sciècle de l'idéologie », in *L'homme et la société,* n° 4, Avril-Juin 1967, pp. 49-59.
- SHANDA TONME, *La crise de l'intelligentsia africaine,* L'Harmattan, Paris, 2008.
  SHANDA TONME, *Réflexions sur l'état du monde 2007,* l'Harmattan, Paris, 2009.
- SIMONS, Edwine, Inventaire des études africaines, *Cahiers Africains,* n° 1-2, Bruxelles, 1993.

- SOULEYMANE Bachir Diagne, *La culture du développement*, CODESRIA, Dakar, 1991.
- STAVENHAGEN, Rodolpho,*Sept thèses erronées sur l'Amérique Latine ou Comment décoloniser les sciences humaines,* Anthropos, Paris, 1973.
- STIGLITZ, Joseph, *La grande désillusion,* Fayard, Paris, 2002.
- STIGLITZ, Joseph, *Le triomphe de la cupidité,* LLL Les Liens qui Libèrent, Paris, 2010.
- Stiglitz, Joseph et Arjun Jayadev, Brevets sur les médicaments : la sage décision de l'Inde, in *LesEchos.fr,* Joseph Stiglitz | Le 10/04/2013
- TALA NGAI, Fernand *R.D.C. de l'an 2001 : déclin ou déclic ?,* Ed. Analyses Sociales, Kinshasa, 2001.
- TREFON, Theodore, *Congo, la mascarade de l'aide au développement,* Academia - L'Harmattan, Louvain-la-Neuve, 2013.
- TREMBLAY, Rodrigue,*Pourquoi Bush veut la guerre. Religion, politique et pétrole dans les conflits internationaux,* Les Intouchables, Montréal, 2003.
- TRIST, Éric, Organisation et financement de la recherche, in *Tendances principales de la recherche dans les sciences sociales et humaines I*, Mouton/UNESCO, 1971.
- Noël K. TSHIANI, *Vision pour une monnaie forte. Plaidoyer pour une nouvelle politique monétaire au Congo*, L'Harmattan, Paris, 2015.
- Van Den BERGHE, Pierre, Les langues européennes et les Mandarins Noirs, *Présence Africaine*, n° 68, 1968, pp. 3-14.
- VERHAEGEN, Benoît, *L'enseignement universitaire au Zaïre. De Lovanium à l'UNAZA : 1958-1978,* L'Harmattan-CEDAF-CRIDE, Paris-Bruxelles-Kisangani, 1978.
- VERHAEGEN, Benoît, *Introduction à l'histoire immédiate,* Duculot, Gembloux, 1974.
- WEMO MENGE, *Transfert du savoir agricole au Congo-Zaïre. Héritage colonial et recherche agronomique,* L'Harmattan, Paris, 2001.
- WESSELING, Henri, *Le partage de l'Afrique, 1880-1914,* Denoël, Paris, 1996.
- WONDO Omanyundu, Jean-Jacques *Les armées au Congo-Kinshasa. Radioscopie de la Force Publique aux FARDC,* Monde Nouveau/Afrique Nouvelle, Saint-Légier (Suisse), 2013.
- WUFELA Yack'Olingo, André De l'Office National de Recherche et du Développement (ONRD) au Centre de Recherche en Sciences Humaines (CRSH) : la recherche scientifique dans les Centres et Instituts de Recherche au Congo, in *A la recherche d'une identité : Littératures, Langues et Recherche Scientifique face au processus du*

développement du Congo, Tokyo, University of Foreign Studies, 1992, p. 89, cité par *Ibidem,* p. 22-23.

Annexes

1. La recherche bloquée[1]

Dans un article sur la recherche en pays dominé, ILUNGA KABONGO faisait cette constatation : « *Depuis vingt ans que nous sommes indépendants, je n'ai pas encore entendu parler d'une seule invention scientifique à portée pratique significative touchant l'un quelconque des secteurs vitaux de la vie nationale : agriculture, alimentation, génie civil, santé, éducation ou transport. Ainsi, par exemple, malgré la richesse de notre sol et sous-sol, ou de nos forêts, une certaine vitalité de la médecine dite traditionnelle et un nombre croissant de docteurs en médecine et en pharmacie, pas un seul médicament proprement indigène contre l'une quelconque des grandes endémies qui affligent la population n'a été ni inventé, ni mis sur le marché sur une échelle significative. Pourquoi ? Enfin, lorsqu'on se tourne vers les réalisations faites depuis vingt ans, il serait difficile d'indiquer dans le domaine de l'art et du génie par exemple un ouvrage important que l'on puisse considérer comme proprement zaïrois, routes, aéroports, grands édifices publics, barrages électriques, etc. Et dans le domaine des sciences de l'homme, il n'est pratiquement pas de réformes – à part juridique, et pour cause – qui portent en soubassement l'empreinte d'une recherche scientifique sérieuse : regardez l'économie, l'organisation politico-administrative, les finances et le commerce, la structure agraire et foncière, l'enseignement, etc.* »[2].

Ce propos exprime une certaine angoisse qui préoccupe même l'homme politique. Dans cette réflexion sur la crise de la recherche au Zaïre, nous laissons de côté le problème de volume des publications et des activités scientifiques posé par le professeur ILUNGA K. qui regrette le bon vieux temps où l'IRSAC, l'IRS d'hier, le CEP et le CEPSI de l'U.M.H.K., de l'IRS, l'IRES d'aujourd'hui, le CIEDOP et le CEPSE. Notre réflexion va porter sur l'utilité praxisante des recherches que nous effectuons, qu'elles soient abondantes ou non. Nous commençons ici par une autocritique sur notre propre pratique scientifique, afin de montrer que l'université nous prépare à des choses vagues, sans rapport direct avec nos problèmes réels.

1) Les producteurs des livres

Nous appelons ici livres toute la production intellectuelle écrite : articles des journaux, articles scientifiques, poèmes, romans, essais, mémoires de

---

[1] Extrait de mon livre *L'Université contre le développement en RDC,* L'Harmattan, Paris, 2009, qui est une reproduction conforme de ma Thèse doctorale défendue en mai 1983. Certaines notes et références ont été égarées. Qu'on m'en excuse.
[2] ILUNGA KABONGO, La problématique de la recherche scientifique en société bloquée : le fond du problème : *Zaïre-Afrique,* n° 145, Mai 1980, pp. 275-288.

licence, thèses doctorales... Nous partons de la critique de notre propre pratique scientifique. Les jugements que nous émettons sur nos travaux portent non pas sur leurs valeurs scientifiques, mais sur les illusions que nous nous faisons sur leur utilité réelle.

Issu du peuple, c'est depuis longtemps que nous avons toujours été sensible aux problèmes des exploités. Il nous fallait donc choisir des études qui nous permettent plus tard de crier à la place des pauvres et pour eux, afin de dénoncer leurs misères qui font la richesse des oppresseurs. C'est ainsi que nous avons choisi de faire la sociologie dont certaines théories, pensions-nous, nous serviraient d'outils pour défendre les opprimés en connaissance de cause. Ainsi, acceptions-nous avec W. MILLS, qu'avec la sociologie, on ne prétend pas ''sauver le monde'', mais que « *l'on essaie de sauver le monde si l'on entend par là qu'on fasse en sorte d'éviter la guerre et de réorganiser les affaires humaines en accord avec les idéaux de liberté et de raison* »[1].

Sûr de notre contribution à la lutte contre le mal et l'injustice, nous écrivions en 1974 un petit article contre ceux que nous considérons comme *''fossoyeurs de la nation''*, paru dans une revue d'étudiants. Alors que nous nous attendions à des remarques de la part des amis, nous n'obtenions que des félicitations non pas puisque le contenu de l'article parut intéressant, mais félicitations pour *avoir publié*.

En 1975, l'occasion nous a été donnée de travailler, dans le cadre de notre mémoire de licence[2], sur la situation de nos frères d'ethnie qui, en milieu urbain, étaient (et sont toujours) l'objet des préjugés les plus défavorables. Ce problème nous préoccupait depuis longtemps car, ainsi que nous l'écrivions : « *notre appartenance à ladite communauté ethnique réveilla en nous l'intérêt que nous ne cessions d'accorder à ce problème, d'abord en profane frustré, ensuite en sociologue* ». Notre enquête s'est, du reste, déroulée dans de très bonnes conditions parce que « *nous avons bénéficié de l'atout d'être originaire de l'ethnie en question* », ce qui a fait que « *nos enquêtés se sont... livrés à nous en toute confiance, honnêteté et spontanéité* ». Ils espéraient qu'un des leurs, qui a eu la chance de voir plus clair dans la société moderne pour avoir été à l'école, allait les aider à mettre fin à leur dénuement et à leur misère psychologique. Tel est l'espoir qu'en toute bonne foi, nous avions suscité dans le chef de nos enquêtés.

Mais à la sortie de l'ouvrage, deux obstacles à sa diffusion surgirent. Le premier obstacle tient à ce que les contraintes financières en limitèrent

---

[1] W. Mills, *L'imagination sociologique...*, *op. cit.*, p. 203) (ce passage a servi d'épigraphe à notre mémoire de Licence).
[2] *Les émigrés ruraux en milieu urbain : le cas des Bambole à Kisangani*, Mémoire de Licence en Sociologie, Lubumbashi, 1975.

l'impression à 13 exemplaires seulement dont 6 à remettre obligatoirement à la faculté. Les 7 autres, nous ne pouvions les distribuer qu'à nos bienfaiteurs (parents, amis...), tout en nous contentant, selon un rituel bien connu, de remercier, à leur insu, « *tous nos enquêtés qui ont fait preuve de bonne volonté en nous livrant tous les renseignements voulus* ».

Le deuxième obstacle, et de loin le plus important, est celui de la langue utilisée. C'est un problème que nous reconnaissions car en optant pour l'usage d'un style et d'un langage simplifiés et accessibles au public, nous ouvrions une parenthèse pour dire : « *Nous écrivons malheureusement en français* ». Mais nous minimisions cet obstacle, raison pour laquelle nous en parlions en note et dans une parenthèse. Il nous a fallu assurer une plus large diffusion de l'étude pour nous rendre compte de l'ampleur du problème de la langue utilisée.

En effet, ayant trouvé le mémoire intéressant (pour lui), B. VERHAEGEN nous demanda d'en extraire un article à insérer dans un ouvrage collectif sur Kisangani sous sa direction. Ce qui fut fait avec beaucoup d'enthousiasme car c'était l'occasion pour nous de rendre public (?) les résultats de notre recherche. Mais à la sortie du livre, les mêmes obstacles resurgirent :

1) la production du livre étant aussi une affaire commerciale, les éditeurs (PUZ, CRIDE), selon la logique capitaliste, en ont profité pour faire des bénéfices en fixant un prix tel que seule une catégorie des gens pouvaient se le procurer ;

2) le livre, qui a été écrit en français, ne pouvait être lu que par les intellectuels, malgré l'intention de l'éditeur d'en rendre le langage lisible par le grand public. C'est alors que nous avons compris que le français reste pour la plupart des Zaïrois une langue étrangère ; que le problème de la langue est fondamental car ceux que nous croyions pouvoir conscientiser ne nous liront jamais. De plus, la plupart de ceux des intellectuels qui ont pu s'acheter l'ouvrage ne l'ont jamais lu, car, « *craignant de se livrer à quelque acte répréhensible, [ils] se dépêchèrent de l'enfermer dans leur bibliothèque sans jamais oser l'ouvrir. Car un livre ne confirme pas seulement une curiosité intellectuelle, c'est aussi un geste physique* »[1]. Ne nous ont peut-être lu partiellement que quelques étudiants à la recherche de citations ou de passages à plagier : questions aussi d'avoir de quoi insérer dans la bibliographie lorsqu'ils ont des travaux obligatoires à effectuer.

Devant une telle déception, nous en sommes arrivé à nous poser la question de savoir pourquoi et pour qui nous écrivions. Car, tout ce que notre

---

[1] Stanislas K. ADOVETI, *Négritude et négrologues*, 10/18, Paris, 1972, p. 276.

mémoire et notre contribution à l'ouvrage sur Kisangani ont eu de positif, c'est de nous avoir, pour le premier, permis d'obtenir un diplôme et un statut universitaires et, pour le second, assuré un certain prestige de la part des rares personnes qui savent que l'assistant BONGELI a contribué à la parution d'un livre en collaboration avec des Docteurs responsables. En outre, l'article concerné et les autres que nous avons écrits, de même que cette thèse, nous garantissent un certain avancement en grade dans cette Université où seul le nombre (et non la qualité) d'articles parus compte pour la promotion du personnel académique. Nous ne croyons pas le moins du monde à l'utilité praxisante de nos études que nous avons fait paraître et non publier.

Ce qui nous autorise à affirmer que, malgré toute notre bonne volonté, nous nous sommes servi de nos enquêtés comme des hommes ''objets d'enquête' 'Nous ne les avons donc pas considérés comme des hommes capables de faire leur propre histoire. En adhérant volontiers aux principes de l'histoire immédiate de B. VERHAEGEN, nous avons oublié avec ce dernier qu'il fallait aussi et surtout changer la langue. En oubliant cet impératif, nous avons fait juste le contraire de ce que nous souhaitions. Mieux, pour reprendre les mots mêmes (mais renversés) de l'ouvrage méthodologique de B. VERHAEGEN, au lieu d'une diffusion la plus large possible et accessible, sans barrages financiers ou intellectuels à l'ensemble des acteurs historiques qui sont concernés par la recherche afin qu'ils la critiquent et la poursuivent en fonction de leur action et de leurs projets historiques, n'avons-nous pas au contraire été enfermé dans *un système de publication élitiste orienté vers le haut (les autorités savantes) ou latéralement (les collègues, l'intelligentsia)?*[1]. Avons-nous donné aux nouveaux migrants mbole concernés l'occasion de participer à l'élaboration de la connaissance sur leur propre situation en leur permettant de critiquer les résultats de notre recherche ?

Cette autocritique, nous l'estimons, peut, par extension, être tenue sur tout ce qui a été écrit sur notre pays par les chercheurs de toutes les tendances. Mais il semble que nous, intellectuels producteurs des livres, n'avons pas encore pris conscience de la futilité de nos œuvres (quels qu'en soient les succès à l'étranger) dans cette société de la parole. Les anthropologues continuent (in)consciemment à se bercer d'illusions en croyant que leurs œuvres (qui ne sont en fait que des traductions déformées des modes de vie des colonisés et néo-colonisés) contribueront à sauvegarder l'authenticité de nos sociétés, alors qu'en réalité, ces œuvres travaillent à la *''dés-authentification''* des entités concernées, dans un souci souvent non

---

[1] B. VERHAEGEN, *Introduction à l'histoire immédiate, op. cit.,* pp. 182-183.

avoué de contribuer à la construction du *"bâtiment universel"*[1] dont les maîtres d'ouvrages sont les Occidentaux, une sorte de réponse au *"rendez-vous du donner et du recevoir"* theillardo-senghorien.

Certains sociologues dits radicaux ne se rendent pas compte que leur radicalisme n'a de radical que la phraséologie et que pour les opprimés, « *il est plus agréable et plus utile de faire "l'expérience de la révolution" que d'écrire à son sujet* »[2]. Lorsque les économistes parlent de l'impact de tel investissement sur le développement du milieu environnant, ils s'érigent en juges pour ces masses et parlent à leur place en s'appuyant sur les chiffres d'affaires dudit investissement, méthode d'investissement basée sur la trop fausse équation *croissance= développement*. Ils restent évidemment à l'abri de toute critique de la part des masses car ils écrivent en français et dans un *"ecospeak"* (jargon économique) indéchiffrable. Ce qui leur permet de dire n'importe quoi.

N'est-ce pas se moquer des pauvres que de prétendre défendre leur cause par des écrits inconnus d'eux-mêmes à l'instar de cette poétesse (peut-être connue de ceux qui nous lisent mais) tout à fait inconnue des masses même urbaines qui fait de son poème l'ambassadeur de celle-ci ? On lira en effet sous la plus de FAIK NZUJI (née Clémentine NZUJI) les vers suivants :

> « *Accepte de parler pour sa faim*
> *Prend sa forme fais tienne sa misère*
> *O poème de ceux qui vivent faim au ventre*
> *Rapaces grouillants dans les rues de la ville*
> *Qui s'auto-déchirent les entrailles*
> *Croyant saisir l'espoir qui les fuit...*
> *O mon poème*
> *Fais-toi ambassadeur de ceux-ci*
> *Ceux qui ne peuvent parler ni se défendre*
> *Rapaces affamés de justice et de vie...* »[3]

Quelle peut être la valeur pratique d'un tel poème et de tous les autres textes analogues ? Quelle prise de conscience pense-t-on pouvoir susciter par des phrases aussi belles que creuses et incompréhensibles par nos concitoyens, sujets de nos discours ? Auprès de qui et pourquoi sommes-nous ambassadeurs des opprimés ? Plutôt que leurs défenseurs, ne sommes-

---

[1] Nous voulons désigner par là ce que THEILLARD de Chardin appelait *civilisation de l'universel*, termes devenus chers à SENGHOR.
[2] LENINE, Postface à la 2ème édition de l'État et la Révolution, *op. cit.*, p. 180.
[3] Extrait de « Lianes », cité par MUKALA KADIMA-NZUJI, Littérature Zaïroise contemporaine d'expression française, in *Zaïre-Afrique* n° 96, juin-juillet 1975, p. 368.

nous pas les *marchands* de leur misère ? Ne vendons-nous pas la misère du peuple comme les photographes vendent les clichés des objets d'art ou de tout autre chose ? N'avons-nous pas transformé les masses en objets de la sociologie ou de la poésie comme les primitifs le sont de l'ethnologie ? Pour imiter ADOVETI qui parle des ''*négrologues*'', ne sommes-nous pas devenus des ''*Misérologues*'' dont le plus grand souci est de voir la misère se perpétuer pour avoir de quoi traiter à l'instar de M. THIERS qui, « *il y a un siècle, reprochait aux communistes de vouloir lui arracher ses pauvres et de le priver ainsi de la joie de faire la charité et de gagner le Paradis* » ?[1]

Que signifie pour 99 % des Zaïrois, par exemple, le succès des ouvrages de MUDIMBE ? Tous ces fanatiques (la compagnie des chercheurs de la faculté des lettres) qui font de trop grands cas autour de ses œuvres, ont-ils vraiment conscience du ridicule de leur tapage ? En effet, leur maître n'est connu que de nom ; ses œuvres sont méconnues même par les intellectuels zaïrois qui, peu prédisposés à la lecture en général, le sont encore moins des ouvrages de celui qui, par un style hautement boursouflé, veut se faire passer pour un ''hyper-intellectuel''. Il est tout aussi ridicule de vanter le grand prix catholique de littérature dont il fut auréolé en 1975 car cette récompense n'a rien apporté au Zaïre, sauf peut-être le prestige (?) dont on ne peut se nourrir[2]. Par ailleurs, la recherche de la gloire par le style ne peut que se comprendre dans le contexte de la concurrence universitaire. En effet, « *dans l'université d'aujourd'hui, celui qui écrit des choses que tout le monde peut comprendre se verra traiter de littéraire ou de journaliste. Vous savez peut-être déjà ce que cela veut dire : on est superficiel parce qu'on est lisible... Être traité de journaliste, c'est perdre dignité et profondeur. Et cela explique en partie... le vocabulaire recherché et le style compliqué* »[3]. Alors qu'en réalité, il n'y a aucun lien entre verbiage et profondeur de la pensée.

Nous, producteurs des livres et utilisateurs du français, que nous soyons journalistes, chercheurs, écrivains, poètes ou autre chose, devons reconnaître que nous gardons une fausse certitude de la vérité que nous croyons exprimer dans des langages ésotériques. Nous protégeons cette certitude-illusion car elle nous met à l'abri des critiques fondées des masses et nous garantit quelque situation matérielle. Nous nous enfermons « *dans la réflexion sur, à propos de, autour de...* » dans un langage mystificateur. Nous vendons la misère du peuple et leur ''*primitivité*'' à nos maîtres occidentaux comme les matières premières. Nous nous nourrissons de la famine des pauvres. Bref, leur désenchantement nous enchante.

---

[1] Cfr. Comité d'information Sahel, *op. cit.*, p. 14.
[2] Au fond, à quoi servent les prix scientifiques et littéraires ? Lire à ce sujet *(Auto)critique de la Science, op. cit.*
[3] W. MILLS, *op. cit.*, pp. 227-228.

Nous devrions pourtant cesser de chanter notre contribution au développement du pays. Car, tout auteur produit « *de l'information – comme un ouvrier dans une chaîne qui fabrique des pièces détachées – sans s'occuper de son utilisation finale. [Or,] cette aliénation scientifique se trouve contredire totalement le rôle de l'intellectuel dans la société, en tant qu'humanisme et que critique social* »[1]. Nous ne travaillons donc pas pour le développement du pays[2].

En effet, pour citer ADOTEVI dont les observations peu flatteuses dans ce monde des flatteurs paraissent à certains être « *d'une violence extrême, parfois injuste* » (MUDIMBE), « *la parole du livre, quelle chance a-t-elle de rencontrer celle d'une civilisation qui commence précisément à s'interroger sur sa propre parole ? Enfin, ce que dit le livre, de quel usage est-il pour l'Afrique tant que le langage écrit se nourrit de la forme d'une civilisation dont l'écriture expose la solitude ? Il nous faudra bien constater que si le livre fascine, éblouit, c'est parce qu'il est doté en Afrique d'un pouvoir autonome presque magique et sans aucune prise sur la réalité quotidienne des Africains. Splendide, il exprime à la limite le mode privilégié de cheminement des privilégiés de la société africaine. Forme sans hérédité, absence, le livre est aujourd'hui en Afrique le scandale qui autorise tous les bricolages d'une politique de la croissance qui tourne le dos au développement, c'est-à-dire au fondement culturel* »[3].

Si la littérature existe seulement quand il y a, selon SARTRE « *un acte concret qui s'appelle lecture* », et qu'elle « *ne dure qu'autant que cette lecture peut durer* », disons qu'au Zaïre, il n'y a que des tracés noirs sur le papier et pas de littérature. Si nous admettons avec W. MILLS (p. 228) que « *écrire c'est se faire comprendre, telle est la loi de tout style* », force nous oblige à constater qu'au Zaïre il n'y a pas d'écrits. Il y a des dessins (lettres de l'alphabet) et signes imprimés sur les feuilles blanches. Et c'est pourquoi on nous lit si peu. Aux yeux des Zaïrois, nous valons moins que les écrivailleurs. Plutôt que de parler de la publication de nos travaux, il serait

---

[1] R. STAVENHAGEN, *Sept thèses erronées sur l'Amérique Latine ou Comment décoloniser les sciences humaines,* Anthropos, 1973, p. 188.

[2] En honnête homme, le Professeur MUDIMBE reconnaissait implicitement cette vérité lorsque, en parlant du succès du Séminaire International sur les langues et l'éducation en Afrique tenu à Kinshasa en décembre 1976, il écrivait : « *Comment assumer sans mauvaise conscience des rencontres financièrement aussi lourdes lorsqu'on voit les aggravations des conditions d'existence qui caractérisent, aujourd'hui plus qu'hier, les pays du tiers monde ? Quelle éthique invoquer et quelle praxis mettre en œuvre pour que les fantasmes qui parviennent à "travailler" les chercheurs rencontrent les aspirations du peuple ?* », in MUDIMBE V. Y.et NGANDU K., Les rencontres internationales de Kinshasa, *Zaïre-Afrique,* n° 113, pp. 171-176.

[3] S. ADOTEVI, *op. cit.,* pp. 276-277.

beaucoup plus indiqué de parler de leur parution ou, mieux encore, de leur impression car ils ne peuvent être rendus publics que par la lecture. A moins qu'on ne fasse abstraction de l'existence des larges masses illettrées et du plus grand nombre de lettrés zaïrois de tous les niveaux qui ont horreur de la lecture.

On objectera peut-être que le français aidera les opprimés à accéder aux connaissances qui leur permettront de combattre les systèmes d'oppression. Outre le fait que cette attitude est opportuniste, elle est aussi élitiste en ce sens qu'elle vise à conserver le monopole de la connaissance à la clique des intellectuels, donc à conserver ''*les habituelles sottises hiérarchiques des comités*'' et à susciter les aliénations et mystifications y afférentes. Par ailleurs, une telle affirmation reposerait sur le faux postulat de l'intraduisibilité des théories dites scientifiques en nos langues (et la Bible ?)

* * *

Il ne fait aucun doute que c'est l'enseignement, lui-même dépendant de l'idéologie dominante au sein du système, qui est à la base de cette sorte de déformation intellectuelle qui fait de nous des éternels incompris, qui fait de nous des personnes préparées à des *"choses vagues"*... du moins du point de vue des intérêts réels et non imaginaires de notre société. C'est dans cet ordre d'idées que nous analysons les causes de la crise de la recherche au Zaïre.

2. *Le pourquoi de la crise de la recherche au Zaïre*

Après avoir proposé cette réflexion sur les producteurs des livres où il est plutôt question du problème de la langue et du langage utilisé dans nos écrits et qui constituent de véritables obstacles à leur diffusion réelle, il est utile de relever certaines autres causes de la crise des recherches au Zaïre en nous posant les questions suivantes : qui est demandeur de la recherche ? Quels intérêts cherche-t-on à servir ? Quels sont les thèmes de recherche favoris ? Qui sont préposés à la recherche ? Quelles sont nos limites ?

Il est bien entendu que nous minimisons, sans pour autant les ignorer, les plaintes fréquentes relatives au manque de moyens ou de têtes valables. B. VERHAEGEN a suffisamment montré qu'il s'agissait là de faux problèmes car, pour rédiger un Mémoire de fin d'études ou une Thèse doctorale, les chercheurs zaïrois surmontent les crises matérielles ; il cite l'exemple des grands classiques comme K. MARX, LENINE, GRAMSCI, FANON, MAO, qui ont produit des œuvres restées presque immortelles dans des situations peu commodes : en prison, en exil, dans la misère ou encore en guerre. Aussi, en d'autres circonstances, ce n'est pas l'argent qui a manqué (comme c'est le cas de l'ONRD devenu l'IRS). D'autre part, il signale que depuis un certain temps, des Zaïrois diplômés des universités étrangères et nationales les plus renommées ont atteint des niveaux de leurs homologues occidentaux[1]. On doit donc chercher ailleurs les raisons de cette impasse.

a) Qui demande ?

Dans toute activité de recherche, on ne peut opérer sans être guidé par une demande ouverte ou tacite. En effet, même dans le cas des recherches menées à titre purement individuel ou promotionnel (comme c'est le cas de la plupart de celles effectuées au Zaïre), les choix des sujets de recherche sont toujours effectués en fonction d'éventuelles utilisations des résultats par des instances compétentes. C'est pour cela que l'on parle de plus en plus de la non neutralité de la science car les recherches dites fondamentales (ce qu'on désigne par l'expression péjorative : *la science pour la science*) sont de moins en moins financées. La recherche est donc toujours au service de certains intérêts, d'une certaine idéologie, tant dans le domaine des sciences humaines que dans celui des sciences exactes sur lesquelles le pouvoir compte beaucoup pour renforcer sa position et sa domination (voir par exemple, en Occident, la militarisation de la recherche).

Les recherches en tout domaine constituent donc des réponses à des questions vitales que se posent les sociétés humaines. Mais il est un fait dont on ne se rend souvent pas compte. C'est que dans toute communauté humaine, ce n'est pas tout le monde qui décide : la pensée commune n'est pas l'émanation de l'ensemble de la communauté, mais le fait de la poignée dirigeante qui, du fait de sa position dominante, s'est arrogée le droit de penser et d'agir au nom du reste de la population. Même dans les régimes qui se réclament de la démocratie, on parle de plus en plus de la *"dictature des élus"*. De ce fait, en prétendant parler au nom du peuple, ce sont leurs propres intérêts qui motivent les classes dominantes. Par des mécanismes divers (école, église, propagande, publicité, contrainte...), celles-ci parviennent à faire intérioriser leurs idéologies dans le chef des masses laborieuses au point que ces dernières, même quand elles font de la contestation, se servent toujours de la logique du système codifiée sur des bases pseudo-scientifiques.

En ce qui nous concerne, il est utile de rappeler que l'Afrique, au moment du contact décisif avec l'Occident, était en position de faiblesse face à ce dernier qui débutait déjà sa révolution industrielle et son expansionnisme. « *L'on comprend donc pourquoi l'Occident a pu ainsi pénétrer jusque dans la moelle épinière de l'Afrique. Et si souvent cette pénétration contient des éléments positifs certains, elle reste souvent, dans certains aspects, inhibitrice pour l'évolution de l'Afrique, surtout dans le*

---

[1] L'enseignement..., *op. cit.*, pp. 171-191.

domaine de la tradition scientifique »[1]. En effet, lorsque nous prenons des initiatives sur le plan scientifique, nous oublions souvent que du fait de notre aliénation, nous ne faisons que répondre à des questions que le système pose pour son maintien. Ainsi donc, comme le dit J. GUIGOU, « *une analyse-diagnostic sur les causes de la demande, le statut et la position sociale de celui ou de ceux qui l'expriment, les canaux qu'elle emprunte et le langage qu'elle utilise seront autant d'indices – voire de symptômes – à examiner avec intérêts»*[2].

Si l'on s'interroge sur la demande, on s'aperçoit que les demandeurs effectifs ou potentiels des recherches sont les puissants du système. Et que ces demandes sont fonction de leurs propres objectifs et intérêts. Les réponses que nous donnons à ces questions sont autant d'éléments qui leur permettent de consolider leur pouvoir. On peut bien le remarquer en examinant les différents thèmes de recherche, par exemple dans le domaine des sciences humaines que nous connaissons le mieux. Tout est conçu ou presque en fonction du mythe non dévoilé d'un développement à l'occidentale. Nous nous fions, comme dit LONGANDJO, « *aux priorités scientifiques de nos sciences positives respectives »*[3]. Les bailleurs de fonds de recherches ne nous imposent pas seulement les théories et les méthodes, mais aussi les problèmes à étudier. Ainsi par exemple, on aura les thèmes suivants qui reviennent en sciences sociales :

- Industrialisation, urbanisation et développement
- Agriculture et développement
- Éducation et développement
- Projet de développement communautaire (intégration des ruraux au développement)
- Opinions, attitudes et aspiration des ouvriers, ruraux, étudiants…
- Syndicat, emploi et développement
- Financement extérieur, banques et développement
- Management et développement
- Changement des mentalités et développement
- Application des tests d'intelligence aux enfants zaïrois
- Structure et organisation de l'ethnie X, ethnicité…
- Rites d'initiation, les mariages traditionnels chez les Y
- Droit zaïrois moderne et développement

---

[1] BOTOLO M., MAKAMU M., et MANSOMBI P., La question d'une "Science africaine", *Zaïre-Afrique*, n° 95, mai 1975, pp. 261-271.

[2] Jacques GUIGOU, Le sociologue rural et l'idéologie du changement, *L'homme et la société*, n° 19, 1971, pp. 93-100.

[3] LONGANDJO O. A. L., *La crise zaïroise et les modes de production anthro-sociologiques. Pour une pratique anti (ethno)-sociocidaire ou insurrectionnelle*, document inédit, 1979, p. 4.

- Etc.

Sans minimiser l'importance de ces phénomènes, on peut cependant faire remarquer que le développement dont il s'agit ici devait être appelé croissance capitaliste. Il est ici question du type d'investissement pour la croissance et qui « *ne nécessite aucune recherche pour le développement ; il est d'ailleurs la négation même du développement, pas plus que du temps colonial, les investisseurs ne s'encombraient de chercheurs et de planificateurs* »[1]. Dans ces conditions, la demande, virtuelle ou pas, étant étrangère et plus précisément métropolitaine, nous menons nos recherches en vue d'une consommation étrangère ; il s'agit « *plus ou moins de vendre sa marchandise, et étant donné les espoirs qu'on veut faire naître, on risque de tomber dans le prétentieux ; on ''dore la pilule'', on enveloppe le projet dans une forme arbitraire bien avant terme ; c'est souvent le moyen de faire une affaire, destinée à drainer de l'argent pour des fins qui peuvent être avouables, mais dont la recherche proposée n'est que prétexte* »[2].

Nous sommes alors réduits au niveau d'une lumpen-intelligentsia dépendant scientifiquement de l'intelligentsia métropolitaine, créatrice des théories que nous devons appliquer si nous voulons être pris au sérieux. Il est dès lors normal que nos travaux ne relèvent que des sous-recherches en vue de fournir des matières brutes à traiter à l'intelligentsia métropolitaine qui est chargée de les théoriser.

On comprend aussi pourquoi sont méconnues les institutions de recherches et les chercheurs nationaux au profit des experts et bureaux d'études du centre dominant ; pourquoi le chercheur étranger est plus rémunéré que son homologue zaïrois au Zaïre et pourquoi, quand les centres de recherche universitaire reçoivent 50 à 200 Zaïres par mois pour leur fonctionnement, un bureau d'études étranger, la SICAI, en percevait 120.000 de l'Etat[3]. On comprend aussi pourquoi « *la règle du jeu veut qu'un chercheur zaïrois ou un centre de recherche réellement zaïrois n'est reconnu et utilisé que comme auxiliaire ou sous-traitant d'un organisme étranger ou international* » (*Ibid.*). Sur ce point précis, nous avons été nous-mêmes témoins de ces nombreux cas où des experts étrangers effectuent des missions pour travailler sur des recherches effectuées par nous ; ils ne font que recueillir nos informations (sans les vérifier ni les approfondir) pour rédiger leurs rapports à proposer à l'Etat. Ainsi, « *les informations et les analyses que [nous avons] produites – souvent sans qu'il en coûte un Zaïre – sont vendues à l'Etat à des prix exorbitants par les experts étrangers* »[4].

---

[1] B. VERHAEGEN, *L'enseignement ..., op. cit.*, p. 79.
[2] W. MILLS, *op. cit.*, p. 207.
[3] B. VERHAEGEN, *op. cit.*, p. 178.
[4] *Ibid.*

Cette forme de dépendance scientifique est encore plus radicale en ce qui concerne les sciences exactes. En effet, étant donné que les recherches en ce domaine nécessitent des matériels trop sophistiqués, elles sont presque inexistantes ici chez nous. C'est ici où nos spécialistes sont des véritables répétiteurs des théories et découvertes élaborées dans les centres dominants. « *Au nom de la scientificité, ils resteront dans les sillons, dans les voies tracées, dans le connu et reconnu, incapables d'invention et de créativité* »[1]. Dans le domaine médical par exemple, les travaux qui s'effectuent dans un cadre purement promotionnel ne sont point orientés vers l'exploration des champs inconnus. Il s'agit pour chaque chercheur de faire état de ses expériences dans le traitement de tel cas selon tel procédé, par tel ou tel produit pharmaceutique. Le travail se réduit souvent à des analyses statistiques et tout se déroule dans cet univers occidental où aucun élément étranger n'a accès.

Un expert de l'UNESCO disait tout bonnement ceci : « *Au cours des dix prochaines décennies, il faut s'attendre que ce soit les sciences sociales – et non point les sciences exactes et naturelles – qui contribuent le plus efficacement à accroître le potentiel scientifique général des pays en voie de développement. Ces pays pourront laisser pour le moment aux nations plus avancées le soin de faire progresser les sciences physiques et biologiques, du moment que les résultats d'ordre technologiques peuvent ''s'acheter'' dans une certaine mesure* »[2]. On décèle ici le parti pris de l'UNESCO en matière de colonisation scientifique. Même pour les sciences humaines, E. TRIST pense qu'il appartient aux pays avancés d'aider les pays en voie de développement à acquérir les aptitudes dont ils ont besoin en matière de sciences sociales et d'exécuter des plans.

Cette colonisation est facilitée par la monopolisation de la profession de chercheur par une catégorie de personnes préparées à l'esclavagisme scientifique. Ce qui nous amène à parler des caractéristiques des chercheurs.

b) Qui cherche ? ou ''*mandarinisation*'' de la recherche

Une question sur le statut académique des chercheurs peut être utile si l'on veut saisir les raisons des orientations extraverties des recherches scientifiques actuellement menées au Zaïre par des Zaïrois. Nous avons parlé de l'idéologie de la demande qui est aussi celle de ceux qui financent directement ou indirectement les projets et centres de recherches. Il s'agit pour l'idéologie dominante de promouvoir des recherches qui puissent déboucher sur des connaissances susceptibles de renforcer le pouvoir du plus

---

[1] BOTOLO et alii, *art. cit.*, p. 462.
[2] Éric TRIST, Organisation et financement de la recherche, in *Tendances principales de la recherche dans les sciences sociales et humaines I*, Mouton/UNESCO, 1971, pp. 825-980, p. 968.

fort. On ne peut donc laisser au hasard une activité aussi importante tant il est vrai que la force aujourd'hui revient au *"plus savant"*. Il est donc opposé à ceux des masses (dont on a toujours, ô paradoxe !, prétendu être au service) – non seulement d'imposer les problèmes à étudier, mais aussi des théories et méthodes de recherches.

En ce qui concerne par exemple la sociologie rurale, J. GUIGOU fait remarquer qu'il existe deux types de démarche : l'un, traditionnel, consiste à renforcer l'idéologie dominante en matière de changement social et l'autre à l'élaboration collective d'un nouveau savoir. La première démarche est celle diffusée par l'institution universitaire. En effet, « *calquée sur le modèle de la pédagogie universitaire, la démarche traditionnelle va orienter sa réponse du côté d'une accumulation de connaissances, abstraitement compilées, sur le phénomène associationniste, son histoire, ses inspirateurs, ses théoriciens. Coupé de l'expérience et du vocabulaire familier des "auditeurs", ce discours risque de rester lettre morte, même s'il satisfait, comme c'est souvent le cas, le désir de ceux qui recherchent un "fondement historique et scientifique" à l'idéologie qu'ils veulent défendre. D'autre part, le sociologue non-intervenant aura tendance, pour assurer le second volet de la demande, à présenter de manière didactique des connaissances générales sur les outils de la recherche sociologique qu'il estimera les mieux adaptés à son public. Au mieux, conclura-t-il en abordant par des anecdotes sur ses propres recherches, car il faut bien détendre son auditoire ! Un certain nombre de savoir-faire et de recettes à l'usage du parfait enquêteur. Tout au long des exposés, théories et méthodes sociologiques seront présentées comme des savoirs clos, définitifs et universels, comme si les bouleversements sociaux des campagnes et les pratiques politiques des "usagers" de la sociologie rurale ne pouvaient en rien les modifier* »[1].

Il n'est donc que de l'intérêt même du pouvoir demandeur de recherche de ne se confier qu'aux experts préparés à opérer selon le sens souhaité. Ces experts sont les universitaires qu'en principe on prépare au dogme de l'universalité, à l'acceptation aveugle du connu européen et à l'intériorisation de la rationalité bourgeoise euro-centrique. Comme, ainsi qu'on l'a vu plus haut, plus on s'élève dans la hiérarchie du savoir à l'université (selon les graduations des diplômes), plus on est préposé ''aux choses vagues'' (à l'admiration aveugle, voire fanatique, du savoir acquis), la hiérarchie dans l'organisation de la recherche sera purement mandarinale. Plus grand sera son titre académique, plus on attendra du chercheur ; et, quelle que soit sa compétence, le moins scolarisé restera toujours sous les ordres du plus diplômé. Cette *mandarinisation* de la recherche nuit sensiblement à l'activité scientifique. Ainsi, « *au nom de la prétendue universalité de la science et de l'identité de la nature humaine* », nous nous

---

[1] *Art. cit.*, p. 99.

cantonnons « *dans la réceptivité et la répétition, dans l'assimilation pure et simple en restant dans les canons tracés* ».

Or, dans cette condition, on ne peut rien attendre de neuf de notre part. En effet, les connaissances nouvelles naissent toujours à partir d'une certaine contestation de ce qui est connu et accepté officiellement. Les COPERNIC, MARX, FREUD, PASTEUR, EINSTEIN... n'ont pas eu facile à faire accréditer leurs découvertes. GALILEE, par exemple, a risqué sa peau, pour avoir osé contredire la Bible ; K. MARX, pour avoir osé remettre en question toute l'idéologie dominante de son temps, a mené une vie misérable, malgré son génie. Un cas qui nous concerne directement est celui de Cheik A. DIOP dont les travaux sur l'antériorité des civilisations nègres de l'Égypte pharaonique lui ont coûté toutes sortes d'injures et il a fallu plusieurs années pour reconnaître la validité de ses thèses (sauf en Égypte où, pour des raisons commerciales, on ne peut se permettre de reconnaître le caractère nègre de la civilisation égyptienne).

Chez nous, par contre, c'est surtout au niveau des institutions de recherche que la servilité vis-à-vis des maîtres penseurs occidentaux est d'évidence. Comme l'écrivait P. van Den BERGHE, « *beaucoup d'Africains remplissant des fonctions académiques, au lieu de se demander comment ils pourraient le mieux adapter leur bagage intellectuel étranger aux besoins de leur pays, sont avant tout visiblement préoccupés à ''maintenir le niveau modèle'' de leur* alma mater. *Leur statut en tant qu'homme de science semble presque uniquement dépendre de leur capacité à prouver qu'ils peuvent écrire avec autant de pédantisme que leurs collègues européens dans les revues ésotériques, et qu'ils peuvent former des étudiants qui réussissent aussi bien que les Européens à faire des examens hautement ritualisés qui se rapportent d'ailleurs si peu aux conditions européennes et encore moins aux conditions africaines* »[1]. L'université n'est-elle pas reconnue comme une des institutions les plus conservatrices ?

Ainsi donc, par la grâce de l'université, l'idéologie dominante a réussi à monopoliser les activités de recherches, étouffant par là même l'esprit créateur des populations subjuguées. Ainsi sont oubliées certaines ingéniosités seulement parce que leurs auteurs n'ont pas de lettres de créances, entendez diplômes universitaires. Tout autodidacte devient gênant, à priori jugé incompétent. Or, comme nous le dit Susan GEORGE, « *le mot ''recherche'' ne doit pas... intimider ; toute personne intéressée par un sujet peut l'approfondir et il n'est pas besoin pour cela d'avoir une licence et un doctorat* »[2] dont nous venons de voir le pouvoir déviationniste et limitatif.

---

[1] Pierre van Den BERGHE, Les langues européennes et les Mandarins Noirs, *Présence Africaine*, n° 68, 1968, pp. 3-14.
[2] Cité par E. B. DONGALA, *art. cit,*

D'ailleurs, l'histoire nous offre des exemples de ces bricoleurs insuffisamment scolarisés qui ont produit des œuvres qui forcent bien notre admiration.

L'origine même de la révolution industrielle n'est pas académique, ainsi que le montrent ces propos d'E. ASHBY : « *The industrial revolution was accomplished by heads and clevers fingers. Men like Bramah and Maudalay, Arkwiright and Crompton, the Darkbys of coalbrookdale and Neilson of Glasgow, had no systematic education in science and technology. Britain's industrial strength lay in its amateurs and self-made men : the craftsman-inventor, the mill-owner, the iron-master... In this rise of british industry, the British universities played no part ; indeedformal education of any sort was a negligible factor in its success. The schools attended scarcely changed since the school days of John Milton two centuriesearlier. Ear the working classes there was no systematic schooling. Illiteracy was widespread: even as late as 1841, a third of the men and nearly half the women who were married in England and Wales signed the register with a mark* »[1].

Le recours à cet exemple historique ne signifie nullement qu'on nie la valeur de l'université ; mais nous voulons bien insister sur le fait qu'il n'est pas indispensable de passer par l'université pour faire des recherches. Les Frères WRIGHT, inventeurs de l'aviation, n'étaient que de vils bricoleurs fabricants de bicyclette. MAO, un des plus grands – si pas le plus grand – hommes politiques de tous les temps et une grande figure scientifique, n'était qu'un simple instituteur. C'est encore lui qui mettait en garde contre l'académisme en parlant du culte du livre. Ainsi, disait-il, « *la méthode qui consiste à étudier exclusivement dans les livres est on ne peut plus dangereuse, elle peut conduire à la contre révolution... Nous avons besoin des livres, mais nous devons absolument nous débarrasser du culte que nous leur vouons au mépris de la réalité* »[2].

En ce qui concerne l'Afrique, nous avons cité plus haut le cas des bricoleurs signalés par NGUVULU dans certains pays d'Afrique Noire à vocation industrielle, des jeunes gens en majorité non universitaires, ou même des bricoleurs, ont mis au point des recettes inédites « *allant de la calculatrice mécanique à l'équipement de laboratoire le plus complexe, en passant par l'énergie solaire, le moteur à pression, les appareils de télécommunications, etc.* »

Il nous semble que le fait d'écarter purement et simplement les non-universitaires du circuit institutionnel qui bénéficie des crédits officiels

---

[1] *Ibidem.*
[2] MAO TSE TOUNG, *Écrits choisis en trois volumes I*, Maspero, Paris, 1969, P. 61.

relève d'un acte arbitraire visant à faire oublier certaines ingéniosités locales et à renforcer le contrôle métropolitain sur les recherches.

Conclusion sur la recherche

En guise de conclusion, nous ferons nôtre cette anecdote de ENGELS selon laquelle « *quand une société a besoin de technique, cela donne plus d'impulsion à la science que ne le feraient dix universités* ». Notre difficulté réside dans ce fait que la science que nous pratiquons n'est pas née de nos besoins fondamentaux réels ; mais cette science nous est tombée de l'école, nous est parachutée par une idéologie étrangère qui nous obscurcit – sous prétexte de nous éclairer – jusqu'à nous faire perdre notre propre identité. Les cas des performances spécialisées de certains pays ne s'expliquent que par leurs nécessités prioritaires respectives.

Si le Japon est reconnu pour ses capacités de produire en série des objets exportables (articles électroniques, véhicules…), c'est parce que, dépendant presque exclusivement du marché extérieur pour son approvisionnement en matières premières, ce pays doit chercher des moyens pour compenser ses lacunes. Les Britanniques ont inventé le radar pour parer à la menace de l'aviation hitlérienne, de même que la bombe atomique américaine a été mise au point pour dissuader le militarisme japonais menaçant. Les USA et l'URSS excellent en matière d'armement parce qu'ils doivent satisfaire leurs besoins hégémoniques. La Hollande est réputée pour la construction des digues à cause de son altitude basse tandis que la Suisse, face à ses montagnes, a dû exceller dans la construction des tunnels. Les Chinois ont développé l'agriculture et la médecine pour résoudre leurs problèmes d'alimentation et de santé, jugés prioritaires lors de l'accession de MAO au pouvoir. On peut prolonger la liste : l'Italie et les barrages hydroélectriques, l'Inde et l'énergie solaire…

Mais chez nous, nos priorités sont dressées à partir des besoins étrangers. Or, nous avise le Professeur MUTUZA, « *il serait maladroit et dommageable… de développer notre pouvoir scientifique, économique ou culturel, sans maîtriser d'abord ce qui, de notre héritage, est encore vivace et fécond pour servir de base à nos initiatives, à notre créativité et à l'exercice de nos responsabilités et bâtir une civilisation nouvelle* »[1]. Paradoxalement, nous précipitons, de diverses manières, nos idéaux culturels originels dans une mort lente mais sûre, au nom d'un idéal de civilisation dont nous avons, du reste, difficile à saisir le sens profond. Dans ces conditions, il ne peut sortir de notre *lumpen-intelligentsia* que des *lumpen-chercheurs* scientifiques pour une *lumpen-recherche scientifique*. Ce domaine n'a pas non plus échappé au phénomène de *"compradorisation"*.

---

[1] MUTUZA KABE, Mise en question du concept d'État et de civilisation, *Présence Africaine*, n° 108, 1978, pp. 3-18.

D'où, les recherches ne seront fructueuses pour le développement du pays que lorsqu'elles seront fondées sur les problèmes vitaux de nos populations, celles-ci doivent dès lors, y être associées à titre non plus de simples pourvoyeuses d'informations, mais à titre de participantes à l'élaboration des connaissances les concernant. Or, l'université actuelle ne nous prépare pas à pratiquer l'humilité dans ce domaine, bien au contraire.

2. Le JAPON *"à la poursuite générale de la connaissance"*[1]

...Si un facteur explique le succès japonais, c'est la recherche permanente et collective de la connaissance. Quand Daniel Bell, Peter Drucker et quelques autres annonçaient l'avènement de la société postindustrielle dans laquelle le savoir remplacerait comme ressource essentielle le capital, ils n'imaginaient pas à quel point ce nouveau concept ferait son chemin, à une vitesse fulgurante, dans tous les cercles dirigeants du Japon et bientôt dans toutes les couches de la population. Le consensus du pays s'est fait autour de l'importance suprême accordée à la poursuite permanente, tout au long de la vie, de l'apprentissage et de la connaissance.

Même lorsque ce que l'on cherche n'est pas encore bien précisé, les groupes humains qui se forment partout accumulent les connaissances avec la conviction absolue qu'un jour elles serviront. La collecte d'informations sous toutes les formes, du général au particulier, du court terme au long terme, du formel à l'informel, irrigue toute la société japonaise : dans les classes des écoles, sur les terrains de golf, lors des conférences et des réunions, dans les instituts de recherche comme dans les débats télévisés, etc. On apprend de tout le monde : des professionnels, des amateurs, des amis comme des ennemis, de tout ce qui s'exprime. On se fait des relations nouvelles lorsqu'apparaît l'idée qu'on en tirera des connaissances neuves et qu'un processus mutuel d'informations s'établira. Le processus d'ailleurs n'est jamais considéré avec intérêt s'il n'est pas total, sans réserve.

L'étude et la connaissance sont des activités qui s'étendent d'un bout à l'autre de la vie. Lorsque les jeunes japonais ont terminé leurs études, ce n'est pas essentiellement un ensemble de connaissances qu'ils ont acquises : **ils ont appris à apprendre**. Et même lorsqu'ils lisent seuls chez eux, c'est ensuite pour en discuter avec les autres.

Un employé, un salarié est encouragé, chacun séparément, à réclamer, en dehors du travail, des cours de formation supplémentaire. Et lorsqu'il n'y a pas de groupes constitués, on en fait autant pour les femmes qui restent à la maison, jeunes ou moins jeunes. On motive les familles et les amis pour entourer et entretenir ceux qui restent chez eux et qui pourraient être coupés de cette circulation permanente de communications et d'informations. Des cours de formation pour adultes sont partout organisés : par les villes et les municipalités, par les sociétés industrielles et commerciales, par les associations locales et régionales, par les journaux et par les commerçants

---

[1] Extrait de Ezra VOGEL (Professeur à Harvard), *Le Japon, champion du monde*, cité par KASONGO-NUMBI Kashemukunda, *L'Afrique se recolonise. Une relecture du demi-siècle de l'indépendance du Congo-Kinshasa*, L'Harmattan, Paris, 2008, pp. 341-344.

aussi bien que pour les universités. Et partout ils sont encore insuffisants face à la demande.

Un salarié lorsqu'il quitte son travail, est d'abord à la recherche d'occasions qu'il peut trouver d'apprendre quelque chose qui va enrichir ses connaissances et améliorer son efficacité. Mais il apprend aussi, sans faire distinction, tout ce qui peut l'intéresser hors de toute relation directe avec sa profession. Il pense qu'il y trouvera un avantage à terme. Et quand un visiteur étranger vient séjourner au Japon, chaque Japonais qu'il rencontre pense instinctivement : qu'est-ce qu'il peut m'apprendre ? Sans compter les millions de Japonais qui, maintenant, chaque année, sortent de leur pays pour aller regarder partout dans le monde ce qu'ils ne connaissent pas et qui pourraient bien leur apporter une idée à appliquer chez eux.

Les magazines sportifs, les bandes dessinées, les hebdomadaires illustrés, les programmes de télévision, sont naturellement conçus pour distraire, mais aucun d'entre eux ne pourrait se permettre de ne pas apporter une part substantielle d'informations à côté de la distraction.

Non seulement les Japonais passent infiniment plus de temps que les Américains à lire, mais la proportion d'informations dans ce qu'ils lisent est beaucoup plus grande : tout y est pour enseigner.

Chacun des deux quotidiens japonais a un tirage de plus de sept millions d'exemplaires – quatre fois plus, chacun, que les plus puissants quotidiens américains.

Herbert Passin, président du département de sociologie à l'université de Columbia, a déclaré récemment que lorsqu'il souhaite voir des idées nouvelles être débattues au Japon, lui et ses collègues universitaires japonais trouvent à leur disposition un très grand nombre de publications prêtes à les publier immédiatement ; tandis qu'en Amérique, il leur faut souvent plusieurs mois avant de trouver un véhicule pour leurs idées. Près de 30 000 livres nouveaux sont publiés chaque année au Japon. Depuis la guerre, c'est environ 150 000 livres qui ont été traduits pour être diffusés au Japon. La somme d'informations qui, chaque année, est traduite en langue anglaise est minuscule comparée au volume de ce qui se traduit en japonais.

Bien que l'habitude d'apprendre se perpétue à tout âge, il arrive à intervalles réguliers que l'on aille plus loin et qu'un groupe décide, à l'occasion d'événements ou pour un besoin reconnu, de concentrer ses efforts sur une question particulière.

Un tel processus se met en marche bien avant que ce qui est recherché ait été complètement défini. On part d'une situation. A ce stade, on consulte tous ceux, à tous les niveaux, qui peuvent apporter un point de vue ou une compétence, de quelque ordre qu'elle soit, ayant un lien avec l'objet de la recherche. Après une certaine période, longue et méthodique, de consultations de cette nature, on précise alors un peu mieux la tâche de chacun et l'on répartit la recherche d'informations et les études. On se met à rassembler et à traduire articles, enquêtes et livres. Les groupes se divisent et se subdivisent pour préciser davantage les réponses à trouver à la somme des questions posées, autour de l'objet central de recherche, et ils ne cessent de se multiplier.

Ensuite, les réunions se multiplient pour un travail d'appréciation de ce qui a été accumulé, et de définition de ce qu'il reste encore à chercher. Les membres des groupes et sous-groupes sont de nouveau envoyés enquêter sur des points précis pour compléter toute l'information manquante. D'une manière générale, cette formule est employée, avec toutes les variantes qui dépendent des initiatives particulières, pour faire le tour d'un problème et y trouver des réponses, tant au niveau des administrations gouvernementales, des sociétés industrielles, des associations locales, que des groupes privés.

Les fonctionnaires des administrations centrales considèrent qu'il est de leur première responsabilité de rester à tout instant aussi bien avertis que possibles des informations les plus récentes dans les domaines de leurs compétences. Ils n'hésitent jamais à mobiliser les institutions privées pour les aider à compléter leurs efforts.

Dans les décennies qui ont suivi la guerre, les membres du MITI (Ministère japonais du commerce extérieur et de l'industrie) considèrent que la priorité devait être accordée par la constitution par le Japon d'industries de base comme l'acier et l'électricité. Ils concentrèrent tous leurs efforts d'information, grâce aux renseignements qu'ils pouvaient collecter à travers le monde, sur ces secteurs. C'est au milieu des années 1950 qu'ils ont amorcé un processus de même nature pour les autres industries, et, vers la fin des années 1960 seulement, pour ce qui concernait les ordinateurs. Après les chocs pétroliers du début des années 1970, tout ce qui avait trait à l'énergie a pris la priorité ; et toutes les industries ont été mobilisées pour trouver, pour le Japon, les moyens d'échange nécessaires à un approvisionnement régulier en pétrole. On a ainsi inventé des projets technologiques nouveaux, adaptés au Moyen-Orient, qui ont rendu progressivement les pays du Golfe de plus en plus liés à la technologie japonaise. Pour y parvenir encore mieux, un nombre rapidement croissant d'étudiants ont été lancés dans l'étude de la langue arabe et de la culture islamique, avec vocation d'établir des liens durables au Moyen-Orient.

Enfin, tout ce qui est reconnu à l'étranger comme autorités, dans quelque domaine que ce soit, est invité par les autorités gouvernementales ou par d'innombrables groupes privés à écrire ou à parler au Japon. Les personnalités étrangères qui viennent ici au Japon sont reçues avec une générosité et intérêt tout à fait frappants. Dans l'ensemble, les Japonais préfèrent ne pas gaspiller trop de temps dans les programmes de leurs invités, en discussions et controverses ; ils préfèrent écouter attentivement, en prenant assidûment des notes, pour accroître la somme de leurs connaissances. Ils en discutent plus tard...

3. L'innovation comme paradigme – le cas israélien

R&DStart-up 31 January 2014 **Elad Ratson,**

par Thierry BERTHIER[1]

Historiquement, on attribue la première approche scientifique de l'innovation à Joseph Schumpeter qui publie en 1912 *La théorie de l'évolution économique*. Il est le premier à mettre en évidence le rôle de l'innovation dans les ruptures qui font passer des économies stationnaires aux économies évolutives. Il situe l'entrepreneur et ses créations à l'origine des transformations qualitatives des systèmes de production, des processus de croissance et des mutations structurelles.

Les *grappes d'innovations* sur les produits ou les procédés de production brisent ainsi les routines économiques, les stabilités et les équilibres qui sont sources de scléroses et de crises majeures. L'innovation constitue bien le premier moteur de croissance mais induit parfois un processus de *destruction créatrice* introduit et étudié par Schumpeter.

On doit s'interroger aujourd'hui sur la composition de l'écosystème le plus adapté à l'émergence d'innovations. Une démarche naturelle consiste à passer en revue les nations où l'innovation technologique est prépondérante et prioritaire dans les politiques mises en œuvre.

Les exemples canoniques ne manquent pas mais ne concernent que trop rarement la France…

Le géant américain possède des pôles technologiques mondialement connus comme la Silicon Valley qui reste le berceau de nombreuses avancées numériques.

Singapour figure également parmi les leaders en termes de créativité technologique. Enfin, Israël illustre parfaitement ce que peut être une *nation technologique* en 2014.

Le cas israélien mérite à ce titre une étude attentive car il constitue le premier exemple de *Start-Up Nation,* c'est-à-dire de nation où l'innovation technologique devenue prioritaire et prépondérante à toute échelle, impacte

---

[1]Cet article a été publié sur *Alliancegeostrategique.org* par Thierry BERTHIER, Maître de Conférences en Mathématiques. Il étudie les phénomènes d'émergence dans les systèmes dynamiques et leur caractérisation par la théorie de la complexité algorithmique.

l'ensemble des secteurs d'activités du pays et finit par induire une boucle rétroactive dans laquelle l'innovation favorise l'innovation.

Dans la suite de l'article, nous proposons un état des lieux détaillé de l'implantation des grands groupes High-Tech en Israël et du foisonnement remarquable de Start-Up dynamiques et créatrices de richesses. L'exemple israélien démontre ainsi qu'il peut exister une gouvernance innovante parfaitement compatible avec le développement de structures génératrices de progrès technologiques et que cette *harmonie* systémique diffuse et profite à la nation toute entière.

Nous tenterons, dans une seconde partie, de définir les critères objectifs fondateurs d'une nation technologique. Enfin, nous nous interrogerons sur ce qui, du modèle israélien, demeure transposable ou adaptable en France et proposerons quelques mesures préparatoires au statut de nation technologique.

Israël, l'une des premières « Start-Up Nation »
Des chiffres qui parlent

Plusieurs études récentes et indépendantes ont classé Israël dans le top 5 des pays les plus dynamiques au monde. Fin 2012, le cabinet d'études Grant Thornton plaçait cet État en quatrième position des économies les plus attrayantes (derrière Singapour, la Suède et la Scandinavie) en particulier pour sa capacité à mettre en place un environnement favorable au développement des entreprises, pour le niveau de formation de sa population, pour sa productivité et son niveau de développement technologique et scientifique.

Dans ce dernier domaine, Israël occupe la première place en investissant 4.3% de son PIB en recherche et développement, alors que la tendance mondiale est à la baisse. Début 2013, le rapport mondial *Start-up Ecosystem Report* consacrait Tel-Aviv comme le $2^{\text{ème}}$ plus grand centre de High-Tech au monde juste derrière la Silicon Valley Californienne.

De la taille de la Bretagne, Israël (20.770 km^2) représente moins de $1/1000^{\text{ème}}$ de la population mondiale, pourtant, son positionnement technologique fait de cet État un acteur majeur de l'innovation au niveau mondial.

Les chiffres et classements qui suivent sont issus de l'article *Impressionnant ! Le secteur High Tech israélien en chiffres*.

- Israël dispose du plus fort indice mondial d'investissement en recherche par tête d'habitant.
- Israël est le pays qui compte le plus de scientifiques et de techniciens au sein de sa population active : 145 pour 10 000 (85 pour 10 000 aux USA).
- Israël compte le nombre le plus élevé au monde de publications scientifiques par habitant ainsi que l'un des taux les plus élevés de brevets déposés par rapport à sa population.
- Israël compte le plus grand nombre d'entreprises Start-up au monde rapporté à sa population et tient la seconde position après les USA.
- Israël possède le pourcentage le plus élevé d'ordinateurs par habitant : 122.1 ordinateurs pour 100 habitants.
- Israël occupe la troisième place en nombre de compagnies cotées au NASDAQ, après les USA et le Canada.
- Le niveau de vie d'Israël est le plus élevé du moyen orient. Selon l'Indice de développement humain 2013 (IDH) duPNUD, Israël (16ème) est en fait classée devant la France (20ème).
- Israël possède la concentration la plus élevée d'entreprises High tech au monde, après la Silicon Valley, avec plus de 3000 sociétés High tech et Start-up.
- La technologie du Pentium MMX a été conçue en Israël dans les laboratoires d'Intel.
- 40 % de la population active d'Israël est diplômée de l'université, ce qui place ce pays en troisième position mondiale après les USA et la Hollande.
- Israël offre la plus forte concentration de médecins avec 1.1% de sa population, ses secteurs d'instrumentation médicale, biotechnologique et pharmaceutique figurent parmi les leaders mondiaux.
- En Israël, 25% de la population active occupe des professions techniques, c'est le pourcentage le plus élevé au niveau mondial.
- Israël occupe le premier rang mondial pour la concentration du nombre de compagnies en biotechnologies par habitant.
- Avec plus de 35.000 programmeurs spécialisés, Israël produit 15% des logiciels mondiaux.
- Microsoft et Cisco ont ouvert en Israël leur seul centre de recherche et développement en dehors du sol américain.

- La technologie des boites téléphoniques vocales a été développée en Israël.
- La messagerie instantanée a été développée en Israël par la société Mirabilis (1995).
- La clé USB a été développée par Dov Moran, un informaticien israélien (2000).
- Le dictionnaire en ligne Babylon qui traduit 75 langues est une production israélienne.
- Le MIT Boston vient de classer une chercheuse israélienne parmi les 35 jeunes les plus innovants au monde : Kira Radinsky, en coopération avec Microsoft, vient d'inventer un algorithme prédictif appliqué à l'étude des catastrophes, des grands mouvements de violence ou des maladies, basé sur l'analyse Big Data.
- La technologie des drones israéliens, depuis 1979, place cet état parmi les leaders du marché mondial.
- En moyenne, 33% des citoyens des pays de l'OCDE ont reçu un enseignement supérieur contre 47% pour les Israéliens.
- Le total des transactions impliquant les Start-up israéliennes en 2012 a dépassé les 5 milliards de dollars. C'est la troisième année consécutive que ce résultat est obtenu.

Cette série de classements performants permet de mesurer l'excellence du secteur technologique israélien et son impact direct sur les sphères économiques, sociales et politiques de la nation.

Les multinationales High Tech en terre promise

La montée en puissance d'Israël en qualité de nation technologique doit nous interpeller lorsque l'on croise cette réussite avec les données de démographie et de superficie de cet État.

Rapporté à ces deux facteurs, Israël concentre en lui un niveau d'innovation technologique et de développement High-Tech rivalisant avec celui de la Silicon Valley Californienne.

C'est d'ailleurs de cette comparaison qu'est né le nom de Silicon Wadi israélienne.

Israël a su devenir en quelques années une terre d'accueil pour de nombreuses multinationales, laboratoires de recherche, et Start-Up. Plus de 250 multinationales possèdent des centres de recherche et développement sur le territoire. Ces groupes sont au deux tiers américains et leurs activités constituent le deuxième pilier du high-tech israélien.

Leurs implantations débutent souvent par le rachat de Start-Up locales comme en témoignent les opérations de Cisco, Intel, Facebook ou EMC. En 2011, ces rachats ont représenté plus de cinq milliards de dollars pour 83 entreprises. Intel, installé depuis 1974 fait figure de pionnier dans cette implantation massive. Son centre de recherche situé à Haïfa a participé au développement d'une large gamme de microprocesseurs de la marque (8088 équipant le premier PC d'IBM, Pentium, Centrino, Sandy et Ivy Bridge). Les usines Intel Israël de Kyriat Gat emploient 8000 personnes... Ses exportations représentent à elles-seules 10% des exportations totales de l'État et un tiers des exportations vers la Chine.

On retrouve ensuite HP avec plus de 6000 employés sur le territoire et des acquisitions dans les systèmes d'impression (Indigo, Scitex) qui ont abouti à la création de 7 centres de recherche et développement et qui engendrent 55% de toutes les applications logicielles de HP au niveau mondial. Raffi Margaliot, patron d'HP Israël, indique que les capacités d'innovation de son entreprise représentent un modèle pour les autres filiales HP dans le monde qui viennent les étudier sur place.

Le groupe Marvell Technology, leader dans le design et le marketing des processeurs emploie 1200 personnes en Israël, ce qui représente 20% des effectifs du groupe. A l'exception des États-Unis, Israël est le seul pays dans lequel **Apple** dispose de centres de recherche et développement.

Après **Apple** qui a annoncé en février 2013 la création de trois centres de recherche en Israël, c'est le géant coréen **Samsung** qui investit massivement dans la recherche et le développement en Israël, et en particulier à Ramat Gan, en « Silicon Wadi », dans la banlieue de Tel-Aviv, avec la création d'un centre international d'innovation et de stratégie. Celui-ci viendra renforcer l'actuel centre de recherche et développement dans les semi-conducteurs de Samsung avec le rachat de l'entreprise israélienne Transchip spécialisée dans la conception de capteurs d'images.

Les nouveaux investissements de Samsung en Israël devraient viser trois domaines : les jeunes Start-up israéliennes (par investissement direct ou coopérations actives), le monde universitaire israélien afin de profiter du dynamisme local en recherche et développement, et enfin, l'investissement dans des fonds locaux de capital-risque centrés sur les Start-up locales.

Les technologies sur lesquelles le nouveau centre travaillera couvriront un large spectre, des smartphones, tablettes, écrans LED, produit médicaux, Cloud computing, protection des données... Samsung, via le lancement d'un important fond d'investissement, s'engage ainsi fortement sur le marché israélien.

General Electric vient d'ouvrir un centre de recherche et développement en Israël dédié au développement de logiciels, à l'utilisation d'internet dans l'industrie et l'aviation centrée sur des applications de Big Data et de sécurité.

Le géant Google s'est installé sur le territoire israélien depuis 2006 ; son centre de recherche de Haïfa est à l'origine de la fonction Google suggest qui permet d'affiner une recherche par *suggestionsintelligentes*.

Yahoo s'est également installé à Haïfa et a développé un laboratoire de recherche performant sur place.

Microsoft, présent en Israël depuis 1991, a ouvert un centre de recherche et développement en 2006 et dispose de deux implantations importantes (Haïfa et Herzliya Pituah) employant plusieurs centaines d'ingénieurs. Les outils de reconnaissance de mouvement de la console de jeux Kinect ont été, en partie, développés par le centre d'Haïfa.

Le programme *Microsoft Accelerator* destiné à aider des Start-ups à se développer en mettant à leur disposition espaces de travail, outils et financements, complète le dispositif mis en place par Microsoft et démontre une forte volonté d'investissement local.

Les entreprises françaises s'intéressent depuis peu à l'Eldorado High Tech israélien : Alstom pour le tramway de Jérusalem, Véolia pour le traitement des eaux ou EDF pour les centrales solaires.

Alcatel a développé depuis 2011 un centre de recherche dédié au cloud computing. Gemalto a remporté l'appel d'offre pour les futurs passeports biométriques d'Israël. Publicis est présent et emploie 400 personnes sur place. StMicroelectronics a acheté en 2012 la Start-up bTendo spécialisée dans les pico projecteurs laser intégrés à un smartphone ou une console de jeux. France Telecom, après l'acquisition en 2008 d'ORCA Interactive, s'installe sur le marché local des services de télévision sur internet. Le groupe EADS collabore avec IAI (Israël Aerospace Industries) pour le développement de l'Airbus militaire de surveillance. Globalement, la présence française en Israël dans la recherche, le développement et les acquisitions de Start-up, reste faible.

Des synergies puissantes entre les sphères civiles et militaires

C'est certainement l'une des origines du succès d'innovation israélien. Les transferts technologiques qui ont lieu depuis longtemps entre certaines composantes de l'armée israélienne et des Start-up civiles contribuent à diffuser rapidement les progrès high-tech dans l'ensemble du pays. L'Unité 8200 des renseignements militaires réunit une communauté d'informaticiens, d'électroniciens, de mathématiciens de haut niveau autour de missions de surveillance, d'écoute et de collecte d'informations.

Il s'agit d'une composante renseignement de toute première importance dans l'infrastructure de défense de l'État d'Israël qui lui garantit un haut niveau de connaissance sur les forces ennemies et d'une façon générale, une bonne capacité de perception – détection des menaces extérieures.

Parmi les jeunes israéliens en âge d'effectuer leur service national, on identifie ceux qui présentent de fortes aptitudes à la programmation et à l'algorithmique ; ils intègrent alors rapidement la prestigieuse Unité 8200 au sein de laquelle ils vont servir leur pays, poursuivre leur formation initiale et développer leurs qualités créatives dans le secteur du numérique militaire.

Une fois démobilisés, ces experts en informatique deviennent créateurs de Start-up souvent liées aux domaines de la sécurité, de la surveillance automatisée, de la reconnaissance biométrique ou de la collecte d'information pour des applications d'intelligence économique.

Les compétences acquises au sein de l'Unité 8200se diffusent alors naturellement vers les sphères civiles et l'innovation émerge à l'interface des domaines civils et militaires. La réputation des jeunes ingénieurs ou techniciens ayant servi l'Unité 8200 surpasse souvent celle qu'ils auraient pu se forger en sortant d'instituts ou d'universités prestigieuses.

Des sociétés comme Checkpoint, NICE ou KELA ont été fondées par des anciens de 8200 comme Gill Shwed pour Checkpoint, ou Ygal Naveh et Nir Barak pour KELA.

KELA (qui signifie en hébreu la fronde de David terrassant Goliath) illustre parfaitement le processus de diffusion technologique militaire-civil qui forge le succès israélien. La Start-up KELA apporte aux entreprises l'information critique qui permet de prendre la bonne décision dans un environnement volatile, contraint et saturé d'information. Par des outils d'aide à la décision issus d'adaptations civiles de leurs jumeaux militaires, KELA transforme et réoriente des technologies qui ont fait leur preuve en environnement de conflit vers les domaines de l'entreprise, du marketing, de l'intelligence économique ou de la recherche d'informations concurrentielles.

Les clients de KELA sont, pour moitié, constitués de *hedge funds* qui utilisent son expertise pour compléter leur connaissance des sociétés dans lesquelles ils souhaitent investir et réduire le risque associé à ce type d'opération financière. Cette Start-up dynamique a réalisé 3,5 millions de dollars de chiffre d'affaire en 2013 avec une rentabilité de l'ordre de 35%.

En termes de ressources humaines, les jeunes talents en informatique, effectuent leur service national au sein d'unités de renseignement de Tsahal puis, de retour à la vie civile, se lancent sans délai dans la création d'une ou plusieurs Start-up en capitalisant l'expérience et l'excellence accumulées lors des périodes militaires. Ces dernières jouent alors un rôle important :

elles facilitent en effet la prise de responsabilités très jeune et renforcent la capacité à encadrer des équipes importantes tout en maintenant une forte cohésion dans la Start-up.

Les synergies qui s'installent entre les sphères militaires et civiles mettent en évidence un lien direct et fondamental entre le niveau des tensions géopolitiques au Proche-Orient et le développement de Start-up innovantes sur le sol israélien.

Il est alors tentant d'analyser la nature de ce lien par une approche économique, stratégique ou encore systémique. Quelque soit le prisme utilisé, c'est bien la qualité d'anti-fragilité d'un système, définie et étudiée par Nassim Nicholas Taleb, qui permet l'interprétation la plus efficace. Sous une pression constante et un niveau de menace élevé, l'État Hébreu devient anti fragile par résistance en développant une infrastructure de défense qui intègre l'innovation technologique dans sa *génétique*. Le système israélien se nourrit des menaces, des instabilités et des petites agressions récurrentes pour se renforcer de façon proactive et atteindre l'anti fragilité.

L'émergence de l'innovation s'interprète finalement comme une manifestation systémique participant à la résilience globale de la nation.

Ce phénomène se concrétise notamment dans le domaine de la cyber-défense où Israël occupe une position de leader. Figurant parmi les nations les plus attaquées, elle a su développer une technologie à la fois défensive et offensive en mobilisant l'ensemble des compétences locales. On peut encore interpréter cette réaction comme une nouvelle étape vers l'anti fragilité.

Une éducation et une culture compatibles avec *l'esprit Start-Up*

L'éducation et la culture forgent l'incubateur de l'innovation et la formation des esprits contribue au potentiel créateur du futur inventeur. Cette évidence triviale est bien trop souvent oubliée ou négligée dans la construction des programmes pédagogiques nationaux.

Ce n'est pas le cas en Israël où tout est fait dès le lycée pour construire et transmettre une culture compatible avec la création d'entreprises. L'effort se poursuit au niveau universitaire avec des programmes d'entrepreneuriat (comme le *Zell Entrepreneurship Program*) accessibles aux étudiants durant le cursus universitaire. Ces derniers sont constamment mis en situation de créateurs de Start-up, ils participent à des conseils d'administrations reproduits à l'identique, apprennent à gérer une entreprise naissante, à lever des fonds, à présenter un projet et à le vendre à des investisseurs étrangers. Des enseignements académiques et pratiques complètent et renforcent la formation.

Ce dispositif pédagogique est très largement soutenu par les entreprises israéliennes et étrangères. Google et Ebay ont en effet investi plus de 120 millions de dollars dans l'achat de Start-up créées durant leur phase de formation par les étudiants de ce programme.

Il est ainsi possible d'être à la fois étudiant, créateur, dirigeant de Start-up et de lever un million de dollars auprès d'investisseurs. L'homme d'affaires américain Sam Zell à l'origine de ce programme efficace déclare qu'il ne donne pas d'argent pour des bâtiments mais qu'il investit seulement dans les gens.

La force du programme Zell réside également dans l'hétérogénéité des étudiants qui le composent. Ces derniers viennent de tous les cursus de l'Université : sciences, commerce, droit, communication, psychologie. Cette transversalité induit une forte diversité dans les projets proposés par les étudiants. La relation aux anciens élèves et le réseau *d'alumni* complètent et renforcent la pertinence du dispositif pédagogique.

A quand une structure française équivalente parrainée par Google et Ebay ?

La morphologie et la taille d'universités comme le très dynamique Technion (Université d'Haïfa) participent à l'émergence des futurs succès d'innovation. La proximité des laboratoires de recherche avec les grands groupes de la High-Tech mondiale et les établissements d'enseignement supérieur a démontré son efficacité en termes de niveau de créativité technologique.

Enfin, une des clés du succès technologique israélien réside certainement dans une approche positive de l'échec et dans la promotion d'une forme d'audace qui facilite la prise de risque.

L'alliance *gestion de l'échec, culture de l'audace et prise de risque* donne le rythme et banalise les créations d'entreprises innovantes.

Selon Shlomo Maital, chercheur au Technion, Professeur associé au MIT, enseignant au Global MBA de l'EDHEC, l'alchimie qui produit l'esprit Start-up doit nécessairement conjuguer le dépassement de sa peur initiale de l'échec, l'audace dans la prise de décisions, la patience et la ténacité devant les difficultés du projet.

On notera que si l'audace, la *Houtspah*, vieux mot yiddish signifiant culot monstre, est une caractéristique typique de la culture israélienne, la France peut, elle aussi, revendiquer cette parcelle d'audace lorsque Napoléon Bonaparte écrit dans ses mémoires en 1821 que « *la prudence est plus dangereuse que l'audace* ».

Presque deux cents ans plus tard, l'adage s'applique parfaitement aux mécanismes de l'innovation à tel point qu'en France, l'École Polytechnique projette d'intégrer la notion de *Houtspah* à la formation de ses élèves…

La peur de l'échec puis la réaction face à cet échec influencent directement le taux de créations innovantes d'une nation technologique. Il faut alors agir dès les premières années d'écoles pour enseigner l'acceptation de l'échec, sa gestion et sa perception comme une étape utile sur le chemin du succès.

Par des choix et des orientations pertinentes, Israël a su devenir en quelques années un acteur majeur du high-tech mondial. Le volume des innovations d'origine israélienne, l'évolution du tissu industriel, des infrastructures économiques et des compétences technologiques de sa population doivent nous interroger sur ce que peut constituer, en 2014, une nation technologique.

À partir de quels critères quantitatifs et de quelles mesures peut-on parler de nation technologique ? En quoi le modèle israélien peut-il inspirer la France ? Existe-t-il des adaptations compatibles avec nos spécificités?

Nous tenterons de répondre à ces questions dans la partie II de l'article *Vers une nation technologique…*

Table des matières

REMERCIEMENTS 11

Introduction 13

1. Éloge de la techno science 19

   Secrets des nations colonisatrices 24

   Le savoir scientifique vs sens commun 28

   La recherche scientifique 31

   Recherche scientifique et production des connaissances 36

   Recherche fondamentale et recherche appliquée 37

   La Recherche-action 43

   Notion d'intelligence collective 45

   Convictions imaginaires 47

   Action publique incitative 50

   Organisation de la recherche 53

   Les institutions de la science 54

   Normes et procédures scientifiques 59

   Volonté de puissance et esprit scientifique 63

   Disponibilité des connaissances scientifiques 66

2. La recherche scientifique en RDC 73

   Organisation de la recherche en période coloniale 77

   - L'Institut National pour l'Étude Agronomique au Congo (INEAC) .. 78
   - L'Institut pour la Recherche Scientifique en Afrique Centrale (IRSAC) 78

   Institutions de recherche en période postcoloniale 80

3. Pistes de recherches utiles et citoyennes en RDC 87

   Débats sur la science 87

   L'émergence par la science 91

- Cas de la Chine 91
- Cas de l'Inde 95
- Cas du Brésil 98
- Le pouvoir d'organisation et la science 100
- Modèle nippon suivi par les Dragons d'Asie 101
- Lecture et quête du savoir ! 105
- Questions épistémologiques 111

On ne peut promouvoir de recherche scientifique citoyenne sans poser le préalable des questions épistémologiques. 111

- Neutralité, objectivité ou subjectivité 118
- "L'odeur du père" 120
- Intellectuel de la crise 123
- Pistes de recherches utiles et citoyennes 126
- Philosophie comme discipline de base 127
- L'Utilitarisme comme philosophie de base 132
- sIdéologies 137
- Vérité ou vérités 139
- Irrationalités des croyances religieuses 142
- Volonté de puissance et émergence des Nations 147

II Ambition collective de puissance 155

Organisation politique 158

Sur les élites 168

Le droit 169

Administration publique 173

Domaines économique et social 176

Action économique de l'État 179

Économie rurale 188

Sociologie des villes ruralisées 190

Construire une économie forte 191

Domaines de la diplomatie et de la défense	193
Un monde conflictuel	195
Guerre	200
Géopolitique stratégique	204
Domaines social, culturel et cognitif	206
Éducation	207
Démographie	209
Acculturation et sauvegarde des valeurs culturelles	211
Religion : fétichisme des temps modernes ?	223
Musique et arts	226
Hygiène et santé	230
Agronomie, zootechnie et chimie des plantes	233
Bois et métiers de bois	237
Arts et métiers	238
Construction Bâtiments et Travaux Publics	238
Construction des machines artisanales motorisées	239
Construction métallique	240
Énergie : sources multiformes	240
Industrialisation et diversification de l'économie	242
Armée	246
Conclusions	253
Annexes	267
1. La recherche bloquée	267
2. Le pourquoi de la crise de la recherche au Zaïre	274
3. L'innovation comme paradigme – le cas israélien	288
Table des matières	299

République démocratique du Congo
aux éditions L'Harmattan

Dernières parutions

LE CONGO-KINSHASA, UNE RÉPUBLIQUE DÉMOCRATIQUE ?
N'Kupa Ntikala E-Benya Didier - Préface d'Edmond Jouve
Depuis son accession à l'indépendance, la République Démocratique du Congo a traversé différentes crises politiques qui laissaient croire à sa partition imminente. Face à toutes les menaces et agressions, le peuple a toujours néanmoins gardé son influence sur les politiques pour la sauvegarde de l'unité de ce majestueux pays dont la construction peine à venir. Voici une vision synthétique retraçant les faits annonciateurs de la naissance d'une forte nation qui s'affranchit des pactes secrets qui l'ont condamnée avant même son indépendance.
(Coll. Études africaines, série Politique, 55.00 euros, 670 p.)
ISBN : 978-2-343-08997-3, ISBN EBOOK : 978-2-14-001648-6

LES ÉLECTIONS EN RÉPUBLIQUE DÉMOCRATIQUE DU CONGO
Contribution à une pratique électorale efficiente et aisée
Kamufuenkete Luvumbu Pascal
Les élections s'imposent, jusqu'à preuve du contraire, comme la voie obligée pour garantir la démocratie. Hélas, en Afrique les élections sont souvent l'occasion de conflits violents et source de grosses dépenses publiques pour lesquelles l'aide financière internationale devient une nécessité. Comment conjurer cette situation qui est présentée comme une fatalité ? Ce livre offre des solutions rationnelles et raisonnables à emprunter en vue de la mise en place d'une législation et d'une pratique électorale efficiente et aisée.
(10.00 euros, 96 p.)
ISBN : 978-2-343-09669-8, ISBN EBOOK : 978-2-14-001596-0

LA JUSTICE TRANSITIONNELLE EN RDC
Quelle place pour la commission vérité et réconciliation ?
Mwamba Matanzi Godefroid
La justice transitionnelle est sans juges ni tribunaux ; mais grâce à elle, les sociétés démocratiques apprennent à affronter la part sombre de leur histoire. Ses objectifs ultimes consistent à faire la vérité sur les sales guerres menées par les princes contre leur population pour se donner une chance de reconstruire une société plus juste et plus équitable. L'idée de mettre en place une Commission Vérité Réconciliation procédait de la nature particulièrement délicate de la gestion de l'après-guerre en RDC en termes de paix. Et ainsi avoir une capacité de panser toutes sortes de blessures et de plaies dues aux affres d'un tel contexte.
(Harmattan RDC, 18.00 euros, 168 p., Illustré en noir et blanc)
ISBN : 978-2-343-09478-6, ISBN EBOOK : 978-2-14-001548-9

L'INVENTION DU CONGO CONTEMPORAIN
Traditions, mémoires, modernités (Tome 1)
Ndaywel E Nziem Isidore - Préface de Martin Kalulambi Pongo
On peut lire l'ouvrage du professeur Ndaywel de deux manières : comme un essai politique offrant une critique démystificatrice des formes contemporaines de gestion politique depuis l'indépendance, ou bien comme une étude d'histoire des procédures de réinvention du Congo dans sa « modernité » postcoloniale. Sites d'affrontement entre l'État et la société, le passé et la

mémoire conservent un pouvoir de construction de la réalité, du pouvoir et de la légitimité. Or parmi les grandes questions qu'affronte la société congolaise d'aujourd'hui figure celle de savoir comment améliorer l'art de gouverner et reconfigurer le rapport de l'individu à l'État.
(Harmattan RDC, 27.00 euros, 264 p.)
ISBN : 978-2-343-09498-4, ISBN EBOOK : 978-2-14-001559-5

L'INVENTION DU CONGO CONTEMPORAIN
Traditions, mémoires, modernités (Tome 2)
Ndaywel E Nziem Isidore
Les séquences de l'Histoire congolaise révélées dans ce livre enseignent à qui sait les interroger ce qu'il convient de faire. Elles sont l'école de l'homme politique qui est assuré d'y rencontrer, s'il le veut bien, le modèle à suivre ou encore l'exemple à éviter. Elles sont, pour tous les Congolais, un répertoire inépuisable, qu'ils ne consulteront jamais en pure perte.
(Harmattan RDC, 31.00 euros, 294 p.)
ISBN : 978-2-336-30583-7, ISBN EBOOK : 978-2-14-001560-1

LA THÉORIE GÉNÉRALE DU DROIT CONSTITUTIONNEL ET LES INSTITUTIONS POLITIQUES
Sous la Ire, IIe et IIIe République de la République démocratique du Congo
Makengo Nkutu Alphonse
Cet ouvrage s'intéresse dans une première partie aux éléments de base du droit constitutionnel, en abordant l'examen des concepts de base et la hiérarchie des règles de droit, l'État, la Constitution et le pouvoir politique, et dans une seconde partie il analyse les institutions politiques sous la Première, Deuxième et Troisième République en RD Congo.
(Coll. Études africaines, 25,50 euros, 250 p.)
ISBN : 978-2-343-09617-9, ISBN EBOOK : 978-2-14-001354-6

L'ÉLECTRIFICATION TOTALE DE LA RDC À L'HORIZON 2060
Mwemena Kamabwe Nestor - Préface du Professeur Ilunga Ilunkamba
L'électrification totale de la RDC est une œuvre de très grande envergure. Elle exige des moyens financiers, techniques et légaux gigantesques. Ni la SNEL, qui a été transformée en société commerciale, ni les privés qui sont des sociétés à but lucratif ne sont en mesure de réaliser cette électrification dont la rentabilité financière n'est pas évidente. Pour répondre aux besoins d'électrification totale du pays, il est indispensable de définir davantage les standards de production, de transport, de distribution et de commercialisation.
(Harmattan RDC, 45.00 euros, 446 p., Illustré en noir et blanc)
ISBN : 978-2-343-08309-4, ISBN EBOOK : 978-2-14-000826-9

LA PROTECTION DES DROITS DE L'HOMME PAR LE JUGE CONSTITUTIONNEL CONGOLAIS
Analyse critique et jurisprudence (2003-2013)
Wetsh'Okonda Koso Marcel - Préface de Jean-Louis Esambo Kangashe
Depuis son institution en 1968, la Cour suprême de justice a exercé les attributions de juge constitutionnel, y compris celles de juge des libertés. L'objet de ce livre consiste à dresser le bilan, à la fois quantitatif et qualitatif, de cette juridiction en matière de protection de ces dernières. La première partie passe en revue les attributions de la Cour ainsi que son organisation et son fonctionnement et la seconde partie s'intéresse à sa jurisprudence en matière de protection des droits de l'Homme.
(Coll. Notes de cours, 30.00 euros, 286 p.)
ISBN : 978-2-343-08677-4, ISBN EBOOK : 978-2-14-001588-5

COMMUNICATION DES ENTREPRISES COMMERCIALES EN RÉPUBLIQUE DÉMOCRATIQUE DU CONGO
Pombo Ngunza Dyna Albert - Préface de Mwayila Tshiyembe
Après un constat de défaillance de la pratique de la communication institutionnelle en RDC, l'auteur a assigné un double objectif à cet ouvrage : plaider et sensibiliser les dirigeants

des institutions commerciales congolaises sur la nécessité de pratiquer la communication institutionnelle afin de créer, soigner et/ou entretenir une bonne image de leur institution. Le deuxième objectif est de venir en aide aux dirigeants qui voudraient la pratiquer, en leur donnant un schéma pratique et clair à suivre.
(Coll. Géopolitique mondiale, 15.00 euros, 136 p.)
ISBN : 978-2-343-07640-9, ISBN EBOOK : 978-2-14-001472-7

LES EXONÉRATIONS FISCALES DES INVESTISSEMENTS EN RDC
Kabanda Matanda Boniface
La concurrence fiscale comme mesure incitative ou attractive des investissements directs étrangers s'est révélée inefficace. Cette leçon a servi d'exemple à l'État Indépendant du Congo et à la Colonie Congo-Belge qui limitèrent la défiscalisation aux seuls grands projets de développement orientés dans la logique de l'économie mixte. Dès lors, nous voilà dans l'institutionnalisation de l'injustice fiscale qui nous fait assister impuissants à la création simultanée de l'enfer fiscal, du purgatoire fiscal et du paradis fiscal en RDC. Au total les investissements directs étrangers en appellent plutôt à la globalité des politiques publiques et privées.
(Harmattan RDC, 55.00 euros, 830 p.)
ISBN : 978-2-343-09469-4, ISBN EBOOK : 978-2-14-001585-4

LE DÉVELOPPEMENT DU KATANGA MÉRIDIONAL
Tambwe Nyumbaiza, Nkulu Kasongo, Kya Ghoanys Kitaba, Mwanachilongwe Kunkuzya, Mpyana Kaimbi, Bukasa Kayiba
Les réflexions contenues dans cet ouvrage nous donnent assez de lumière sur le Katanga méridional, les actions de développement entreprises, les acteurs en présence, mais aussi et surtout le dynamisme de la population locale dans sa quête d'améliorer les conditions d'existence. En dépit de l'augmentation en nombre des entreprises minières dans cette partie de la République Démocratique du Congo, sa population demeure pauvre dans l'ensemble.
(Coll. Études africaines, 20.50 euros, 212 p.)
ISBN : 978-2-343-06314-0, ISBN EBOOK : 978-2-336-39799-3

LE CONGO BELGE DANS LA PREMIÈRE GUERRE MONDIALE (1914-1918)
Ndaywel E Nziem Isidore, Mabiala Mantuba-Ngoma Pamphile
L'histoire congolaise de la Première Guerre mondiale existe. Les contributions, belges et congolaises, qui font l'objet de ce livre l'affirment et le démontrent. Dès que la Belgique, la métropole du Congo, avait vécu la violation de sa neutralité par l'Allemagne, le Congo belge n'est pas resté longtemps dans le doute. La guerre exclusivement européenne devint une guerre mondiale, impliquant en Afrique les colonies allemandes et celles des alliés.
(Coll. Harmattan RDC, 37.00 euros, 358 p.)
ISBN : 978-2-343-07554-9, ISBN EBOOK : 978-2-336-39906-5

GUERRE ET PAIX : LEÇONS DE L'INTERVENTION DE L'ONU EN RÉPUBLIQUE DÉMOCRATIQUE DU CONGO
Olombi Jean-Claude
L'objet principal de cet ouvrage est de mesurer et de comprendre les causes de la crise en RDC, depuis son accession à l'indépendance, le 30 juin 1960, jusqu'à nos jours et le rôle que joue l'ONU dans ce pays, depuis plus d'une décennie. L'auteur analyse les acquis en matière de sécurité et les actions à mener en matière de gouvernance démocratique et de stabilisation du pays.
(Coll. Études africaines, 23.00 euros, 232 p.)
ISBN : 978-2-343-06177-1, ISBN EBOOK : 978-2-336-39790-0

SÉRAPHIN NGONDO A PITSCHANDENGE
Vie et œuvres d'un professeur émérite
Mandjwandju Mabele Odon
Préface de Léon de Saint Moulin, s.j.
Ce livre est une biographie sur Séraphin Ngondo A Pitschandenge, premier démographe congolais, qui a consacré son existence à l'enseignement et à la recherche au sein de l'Université

congolaise. Il présente le modèle d'un professeur d'université qui aura cherché à combiner sa personnalité scientifique avec ses devoirs de citoyen. Comment dès lors rester scientifique tout en étant dans les méandres de la politique ?
(Coll. Harmattan RDC, 16.50 euros, 154 p.)
ISBN : 978-2-343-08037-6, ISBN EBOOK : 978-2-336-39908-9

KABILA ET LE RÉVEIL DU GÉANT
Le regard des uns et des autres
Sous la direction de Lambert Mende Omalanga
Préface de Matata Ponyo Mapon
Produit par un groupe de témoins de l'histoire immédiate de la République démocratique du Congo constitué par le ministère de la Communication et des Médias, ce livre est une compilation de mises au point et de contre-analyses, reflétant la vision de l'exécutif congolais. C'est également l'occasion d'un compte rendu à la nation et au monde de l'action de stabilisation et de normalisation en cours dans ce pays. Il y est montré que la RDC devient de plus en plus une *success story* grâce à Joseph Kabila et son gouvernement.
(29.00 euros, 264 p., Illustré en couleur, Quadrichromie)
ISBN : 978-2-343-07440-5, ISBN EBOOK : 978-2-336-39537-1

LES NOUVELLES PROVINCES EN RÉPUBLIQUE DÉMOCRATIQUE DU CONGO
État de la question
Muzito Adolphe - Tribunes d'Adolphe Muzito
Adolphe Muzito, ancien Premier ministre de la RDC, évoque dans huit tribunes le problème du découpage territorial prôné par la Constitution du 18 février 2006 et le passage de 11 à 26 provinces. Il y sonne l'alarme sur la « provincialisation » à outrance du pays, qui semble se faire dans la précipitation et qui arrive à un mauvais moment, juste quelques mois avant l'organisation d'une multitude d'élections (locales, législatives et présidentielle). L'ouvrage rassemble ces tribunes.
(Coll. Dossiers, Études et Documents, 18.00 euros, 182 p.)
ISBN : 978-2-343-07720-8, ISBN EBOOK : 978-2-336-39502-9

INSTALLATION DE NOUVELLES PROVINCES EN RDC
Défis et contraintes
Muzito Adolphe
Pour lutter contre la centralisation et créer de nouveaux centres d'impulsion, le nombre de provinces est passé de 11 à 26 en RDC L'auteur note que, sur les 26 nouvelles provinces à installer, 20 ne sont pas en mesure de couvrir les dépenses contraignantes liées à leur fonctionnement. Il explore quelques pistes d'installation effective et heureuse de ces provinces, consistant à lever obstacles et difficultés de tout ordre. (Fascicule broché.)
(Coll. Dossiers, Études et Documents, 6.00 euros, 52 p.)
ISBN : 978-2-343-07711-6, ISBN EBOOK : 978-2-336-39495-4

LA RÉPUBLIQUE DÉMOCRATIQUE DU CONGO : UN ÉTAT SANS PROVINCES (1re tribune)
Muzito Adolphe
L'auteur analyse la situation de la RDC 10 ans après le programme de décentralisation qui est pour lui un demi-échec. Faute de volonté et de vision politique, de culture démocratique, les nouvelles provinces sont restées des coquilles vides sans pouvoir et sans ressources. Ce passage de 11 à 26 provinces est-il alors opportun ? (Fascicule broché.)
(Coll. Dossiers, Études et Documents, 4.00 euros, 26 p.)
ISBN : 978-2-343-07712-3, ISBN EBOOK : 978-2-336-39494-7

L'HARMATTAN ITALIA
Via Degli Artisti 15; 10124 Torino
harmattan.italia@gmail.com

L'HARMATTAN HONGRIE
Könyvesbolt ; Kossuth L. u. 14-16
1053 Budapest

L'HARMATTAN KINSHASA
185, avenue Nyangwe
Commune de Lingwala
Kinshasa, R.D. Congo
(00243) 998697603 ou (00243) 999229662

L'HARMATTAN CONGO
67, av. E. P. Lumumba
Bât. – Congo Pharmacie (Bib. Nat.)
BP2874 Brazzaville
harmattan.congo@yahoo.fr

L'HARMATTAN GUINÉE
Almamya Rue KA 028, en face
du restaurant Le Cèdre
OKB agency BP 3470 Conakry
(00224) 657 20 85 08 / 664 28 91 96
harmattanguinee@yahoo.fr

L'HARMATTAN MALI
Rue 73, Porte 536, Niamakoro,
Cité Unicef, Bamako
Tél. 00 (223) 20205724 / +(223) 76378082
poudiougopaul@yahoo.fr
pp.harmattan@gmail.com

L'HARMATTAN CAMEROUN
TSINGA/FECAFOOT
BP 11486 Yaoundé
699198028/675441949
harmattancam@yahoo.com

L'HARMATTAN CÔTE D'IVOIRE
Résidence Karl / cité des arts
Abidjan-Cocody 03 BP 1588 Abidjan 03
(00225) 05 77 87 31
etien_nda@yahoo.fr

L'HARMATTAN BURKINA
Penou Achille Some
Ouagadougou
(+226) 70 26 88 27

L'HARMATTAN SÉNÉGAL
10 VDN en face Mermoz, après le pont de Fann
BP 45034 Dakar Fann
33 825 98 58 / 33 860 9858
senharmattan@gmail.com / senlibraire@gmail.com
www.harmattansenegal.com

Achevé d'imprimer par Corlet Numérique - 14110 Condé-sur-Noireau
N° d'Imprimeur : 136847 - Dépôt légal : mars 2017 - *Imprimé en France*